住房和城乡建设领域施工现场专业人员继续教育培训教材

施工员（土建方向）岗位知识

中国建设教育协会继续教育委员会　组织编写

中国建筑工业出版社

图书在版编目（CIP）数据

施工员（土建方向）岗位知识/中国建设教育协会
继续教育委员会组织编写.—北京：中国建筑工业出
版社，2019.6（2020.9重印）
住房和城乡建设领域施工现场专业人员继续教育
培训教材
ISBN 978-7-112-23820-0

Ⅰ.①施…　Ⅱ.①中…　Ⅲ.①建筑施工-继续教
育-教材　Ⅳ.①TU7

中国版本图书馆 CIP 数据核字（2019）第 105285 号

全书共分为 4 章，内容包括：新颁布或更新的法律法规；新标准、新规范；
新材料、新设备；新技术、新工艺。全书以近年来与建筑工程施工与质量验收相
关的法律法规、标准规范、材料设备、技术工艺为主要内容。

本书既可作为建筑工程施工员岗位继续教育培训考核的指导用书，又可作为
施工现场相关岗位专业人员的实用工具书，也可供建设单位、施工单位及相关高
职高专、中职中专学校师生和相关专业技术人员参考使用。

责任编辑：李　杰　李　明
责任校对：张　颖

住房和城乡建设领域施工现场专业人员继续教育培训教材
施工员（土建方向）岗位知识
中国建设教育协会继续教育委员会　组织编写

*

中国建筑工业出版社出版、发行（北京海淀三里河路 9 号）
各地新华书店、建筑书店经销
北京鸿文瀚海文化传媒有限公司制版
北京市密东印刷有限公司印刷

*

开本：787×1092 毫米　1/16　印张：16¾　字数：413 千字
2019 年 8 月第一版　2020 年 9 月第四次印刷
定价：**60.00** 元
ISBN 978-7-112-23820-0
（34057）

丛书编委会

出版说明

　　住房和城乡建设领域施工现场专业人员（以下简称施工现场专业人员）是工程建设项目现场技术和管理关键岗位从业人员，人员队伍素质是影响工程质量和安全生产的关键因素。当前，我国建筑行业仍处于较快发展进程中，城镇化建设方兴未艾，城市房屋建设、基础设施建设、工业与能源基地建设、交通设施建设等市场需求旺盛。为适应行业发展需求，各类新标准、新规范陆续颁布实施，各种新技术、新设备、新工艺、新材料不断涌现，工程建设领域的知识更新和技术创新进一步加快。

　　为加强住房和城乡建设领域人才队伍建设，提升施工现场专业人员职业水平，住房和城乡建设部印发了《关于改进住房和城乡建设领域施工现场专业人员职业培训工作的指导意见》（建人〔2019〕9号）、《关于推进住房和城乡建设领域施工现场专业人员职业培训工作的通知》（建办人函〔2019〕384号），并委托中国建筑工业出版社组织制定了《住房和城乡建设领域施工现场专业人员继续教育大纲》。依据大纲，中国建筑工业出版社、中国建设教育协会继续教育委员会和江苏省建设教育协会，共同组织行业内具有多年教学和现场管理实践经验的专家编写了本套教材。

　　本套教材共14本，即：《公共基础知识》（各岗位通用）与《××员岗位知识》（13个岗位），覆盖了《建筑与市政工程施工现场专业人员职业标准》涉及的施工员、质量员、标准员、材料员、机械员、劳务员、资料员等13个岗位，结合企业发展与从业人员技能提升需求，精选教学内容，突出能力导向，助力施工现场专业人员更新专业知识，提升专业素质、职业水平和道德素养。

　　我们的编写工作难免存在不足，请使用本套教材的培训机构、教师和广大学员多提宝贵意见，以便进一步修订完善。

前　言

为贯彻落实《关于改进住房和建设领域施工现场专业人员职业培训工作的指导意见》（建人〔2019〕9号），规范开展住房和城乡建设领域施工现场专业人员培训工作，受住房和城乡建设部人事司委托，由中国建筑工业出版社组织开展《住房和城乡建设领域施工现场专业人员继续教育培训教材》的编写工作。

本教材共分为4章，内容包括：1.新颁布或更新的法律法规；2.新标准、新规范；3.新材料、新设备；4.新技术、新工艺。其中第1章是新颁布或更新的法律法规，收集和汇总了近年来新颁布或更新的法律法规，并对工程质量安全提升行动方案、建设工程消防监督管理规定、"十三五"装配式建筑行动方案和大力发展装配式建筑的指导意见做了全文收录；第2章是新规范、新标准，按国家、行业、团体标准，分类收集了汇总近年来新颁布或更新的规范、规程及标准，并对部分规范、规程及标准中与施工技术、质量检验和安全技术等相关的内容进行摘要收录；第3章是新材料、新设备，针对建筑工程中使用的新材料和新设备做了介绍；第4章主要介绍了建筑工程中出现的新技术、新工艺及其应用实例，为从事建筑工程施工员等岗位的专业技术人员提供全新的视野。

本书由苏州市智信建设职业培训学校黄玥主编，其中第1章、第2章由黄玥编写，第3章由南京市城建中专朱翔编写，第4章由江苏信息职业技术学校张克纯编写。

本书既可作为建筑工程施工员岗位继续教育培训考核的指导用书，又可作为施工现场相关岗位专业人员的实用工具书，也可供建设单位、施工单位及相关高职高专、中职中专学校师生和相关专业技术人员参考使用。

本书在中国建筑工业出版社、江苏省建设教育协会协调指导下组织编写，历经多次讨论补充、修改完善，最终成稿，在编审人员的反复校对后，得以出版发行。在此对各位编审人员在成书过程中的辛勤劳动，对大力支持本书编写和出版的企业，对教材编写过程中提供帮助的金孝权、郭清平、张卫国等同志，表示衷心的感谢！本书在编写过程中，参阅和引用了不少专家学者的著作，在此也一并表示衷心的感谢！

限于编者水平有限、编制时间仓促，书中难免存在不妥之处，敬请广大读者批评指正。

编　者

2019年5月

目　　录

第 1 章　新颁布或更新的法律法规

第 1 节　了解《关于深化公共建筑能效提升重点
城市建设有关工作的通知》（建办科函〔2017〕409 号）
关于公共建筑节能管理重点任务和保障机制的相关内容

为进一步强化公共建筑节能管理，充分挖掘节能潜力，解决当前仍存在的用能管理水平低、节能改造进展缓慢等问题，确保完成国务院印发的《"十三五"节能减排综合工作方案》确定的目标任务。中华人民共和国住房和城乡建设部办公厅、中国银行业监督管理委员会办公厅于 2017 年 6 月 14 日发布《关于深化公共建筑能效提升重点城市建设有关工作的通知》。

1.1.1　重点任务

（1）提高新建公共建筑节能标准执行质量。新建公共建筑项目应按照"适用、经济、绿色、美观"的建筑方针进行规划设计，严格执行《公共建筑节能设计标准》GB 50189，强化标准在规划、设计、施工、竣工验收等环节的执行监管，落实各方主体责任，确保标准执行到位。对大型公共建筑及超高超大公共建筑项目，研究建立节能及促进可再生能源优先应用的专项论证制度。对政府投资公共建筑项目，探索开展建筑及用能系统设计方案专项评估，约束建筑体型系数、用能系统设计参数及系统配置。

（2）建立节能信息服务及披露机制。重点城市住房城乡建设主管部门应充分整合公共建筑能耗统计、能源审计及能耗动态监测数据信息，构建面向政府、市场、业主、金融机构、社会团体等利益相关方的公共建筑节能信息服务平台。建立公共建筑用能信息面向社会的公示制度和"数据换服务"机制，形成倒逼节能的社会监管机制，对主动向平台上传建筑和能耗信息的公共建筑，提供节能诊断等咨询服务。建立基于公共建筑节能信息服务平台的能耗限额管理、能耗数据报告和节能量第三方核定等工作机制，积极开展公共建筑电力需求侧响应、能效交易等试点。

（3）强化公共建筑用能管理。重点城市住房城乡建设主管部门应分类制定公共建筑能耗限额指标，划分不同类型公共建筑能耗合理区间，将能耗超过限额的公共建筑确定为重点用能建筑。积极探索基于能耗限额的用能管理制度，实行公共建筑能源系统运行调适制度，推行专业化用能管理。引导公共建筑按照《既有建筑绿色改造评价标准》GB/T 51141 要求进行绿色化改造，并积极申报绿色建筑运行标识。

（4）完善节能改造市场机制。重点城市住房城乡建设主管部门应全面推行合同能源管理模式，为公共建筑业主提供节能咨询、诊断、设计、融资、改造、运行托管等全过程服务。大型公共建筑及学校、医院等，应采用购买服务的方式实施节能运行管理与改造，按照合同能源管理合同支付给节能服务公司的支出，视同能源费用支出。对大型商务区、办公区等建筑集聚区及清洁取暖改造重点地区，可采用政府和社会资本合作（PPP）的方式实施集中的节能运行管理与改造。研究推动将公共建筑节能改造纳入全国碳排放权交易市场。

（5）完善技术管理服务体系。综合考虑地方气候特点、经济条件、不同类型建筑使用功能要求及用能特点，完善优化公共建筑节能改造技术路线，加大对经济、适用节能改造技术的集成、创新和应用力度，积极推广应用新技术、新产品。采用合同能源管理模式的项目，应对合同中约定的节能效益确定方式、节能量核定方式的合理性进行论证，论证结果可作为金融机构融资的参考。对节能改造后进入运营阶段的项目，应委托第三方机构对项目全年典型工况条件下的实际节能效果进行核定，相关结果向项目利益相关方披露。

1.1.2 保障机制

（1）强化目标责任考核。将公共建筑能效提升重点城市建设工作列为建筑节能与绿色建筑年度检查重点内容，检查结果与国家对省级人民政府能源消耗总量和强度"双控"考核相挂钩。建立重点城市信息通报、绩效评估与日常督导工作机制，住房城乡建设部将对各城市工作进展情况进行定期通报。

（2）完善法规政策体系。推动公共建筑节能相关法规、规章、制度建设。研究建立建筑节能服务公司、节能量第三方审核机构诚信"白名单"和失信"黑名单"制度。鼓励各地在总结现有合同能源管理项目或 PPP 项目等经验的基础上，出台更具操作性的实施细则。尽快制定建筑节能服务市场监管办法、服务质量评价标准以及公共建筑合同能源管理合同范本等。

（3）加强能力建设。加强公共建筑节能管理能力建设，打造公共建筑节能管理、监督、服务"三位一体"的管理体系。持续推进公共建筑能耗统计、能源审计、用能监测、节能量审核、节能服务等方面能力建设，提高相关机构及人员能力水平。

（4）完善组织管理。重点城市住房城乡建设主管部门要积极建立组织协调机制，加强与财政、金融、电力、供气、供暖、教育、卫生、旅游、商务、国资、机关事务等部门和单位沟通协调，推动落实节能改造项目及相应的支持政策。省级住房城乡建设主管部门应会同有关部门加强监督指导，帮助协调解决重点城市建设中的困难和问题，并及时总结推广建设经验，积极扩大重点城市建设数量，提高本地区公共建筑能效水平。

（5）做好宣传培训工作。充分利用各类媒体宣传公共建筑节能先进典型、经验和做法，曝光用能浪费行为。完善公众参与制度，提高公共建筑业主、物业公司及公众对提升能源利用效率的认识，积极参与节能工作。

第 2 节   了解《国务院办公厅关于大力发展装配式建筑的指导意见》（国办发〔2016〕71 号）的相关内容

装配式建筑是用预制部品部件在工地装配而成的建筑。发展装配式建筑是建造方式的重大变革，是推进供给侧结构性改革和新型城镇化发展的重要举措，有利于节约资源能源、减少施工污染、提升劳动生产效率和质量安全水平，有利于促进建筑业与信息化工业化深度融合、培育新产业新动能、推动化解过剩产能。近年来，我国积极探索发展装配式建筑，但建造方式大多仍以现场浇筑为主，装配式建筑比例和规模化程度较低，与发展绿色建筑的有关要求以及先进建造方式相比还有很大差距。为贯彻落实《中共中央国务院关于进一步加强城市规划建设管理工作的若干意见》和《政府工作报告》部署，大力发展装配式建筑，经国务院同意，国务院办公厅提出以下意见。

1.2.1　总体要求

1. 指导思想

全面贯彻党的十八大和十八届三中、四中、五中全会以及中央城镇化工作会议、中央城市工作会议精神，认真落实党中央、国务院决策部署，按照"五位一体"总体布局和"四个全面"战略布局，牢固树立和贯彻落实创新、协调、绿色、开放、共享的发展理念，按照适用、经济、安全、绿色、美观的要求，推动建造方式创新，大力发展装配式混凝土建筑和钢结构建筑，在具备条件的地方倡导发展现代木结构建筑，不断提高装配式建筑在新建建筑中的比例。坚持标准化设计、工厂化生产、装配化施工、一体化装修、信息化管理、智能化应用，提高技术水平和工程质量，促进建筑产业转型升级。

2. 基本原则

坚持市场主导、政府推动。适应市场需求，充分发挥市场在资源配置中的决定性作用，更好地发挥政府规划引导和政策支持作用，形成有利的体制机制和市场环境，促进市场主体积极参与、协同配合，有序发展装配式建筑。

坚持分区推进、逐步推广。根据不同地区的经济社会发展状况和产业技术条件，划分重点推进地区、积极推进地区和鼓励推进地区，因地制宜、循序渐进，以点带面、试点先行，及时总结经验，形成局部带动整体的工作格局。

坚持顶层设计、协调发展。把协同推进标准、设计、生产、施工、使用维护等作为发展装配式建筑的有效抓手，推动各个环节有机结合，以建造方式变革促进工程建设全过程提质增效，带动建筑业整体水平的提升。

3. 工作目标

以京津冀、长三角、珠三角三大城市群为重点推进地区，常住人口超过 300 万的其他城市为积极推进地区，其余城市为鼓励推进地区，因地制宜发展装配式混凝土结构、钢结构和现代木结构等装配式建筑。力争用 10 年左右的时间，使装配式建筑占新建建筑面积的比例达到 30%。同时，逐步完善法律法规、技术标准和监管体系，推动形成一批设计、施工、部品部件规模化生产企业，具有现代装配建造水平的工程总承包企业以及与之相适应的专业化技能队伍。

1.2.2　重点任务

1. 健全标准规范体系

加快编制装配式建筑国家标准、行业标准和地方标准，支持企业编制标准、加强技术创新，鼓励社会组织编制团体标准，促进关键技术和成套技术研究成果转化为标准规范。强化建筑材料标准、部品部件标准、工程标准之间的衔接。制修订装配式建筑工程定额等计价依据。完善装配式建筑防火抗震防灾标准。研究建立装配式建筑评价标准和方法。逐步建立完善覆盖设计、生产、施工和使用维护全过程的装配式建筑标准规范体系。

2. 创新装配式建筑设计

统筹建筑结构、机电设备、部品部件、装配施工、装饰装修，推行装配式建筑一体化集成设计。推广通用化、模数化、标准化设计方式，积极应用建筑信息模型技术，提高建筑领域各专业协同设计能力，加强对装配式建筑建设全过程的指导和服务。鼓励设计单位与科研院所、高校等联合开发装配式建筑设计技术和通用设计软件。

3. 优化部品部件生产

引导建筑行业部品部件生产企业合理布局，提高产业聚集度，培育一批技术先进、专业配套、管理规范的骨干企业和生产基地。支持部品部件生产企业完善产品品种和规格，促进专业化、标准化、规模化、信息化生产，优化物流管理，合理组织配送。积极引导设备制造企业研发部品部件生产装备机具，提高自动化和柔性加工技术水平。建立部品部件质量验收机制，确保产品质量。

4. 提升装配施工水平

引导企业研发应用与装配式施工相适应的技术、设备和机具，提高部品部件的装配施工连接质量和建筑安全性能。鼓励企业创新施工组织方式，推行绿色施工，应用结构工程与分部分项工程协同施工新模式。支持施工企业总结编制施工工法，提高装配施工技能，实现技术工艺、组织管理、技能队伍的转变，打造一批具有较高装配施工技术水平的骨干企业。

5. 推进建筑全装修

实行装配式建筑装饰装修与主体结构、机电设备协同施工。积极推广标准化、集成化、模块化的装修模式，促进整体厨卫、轻质隔墙等材料、产品和设备管线集成化技术的应用，提高装配化装修水平。倡导菜单式全装修，满足消费者个性化需求。

6. 推广绿色建材

提高绿色建材在装配式建筑中的应用比例。开发应用品质优良、节能环保、功能良好的新型建筑材料，并加快推进绿色建材评价。鼓励装饰与保温隔热材料一体化应用。推广应用高性能节能门窗。强制淘汰不符合节能环保要求、质量性能差的建筑材料，确保安全、绿色、环保。

7. 推行工程总承包

装配式建筑原则上应采用工程总承包模式，可按照技术复杂类工程项目招投标。工程总承包企业要对工程质量、安全、进度、造价负总责。要健全与装配式建筑总承包相适应的发包承包、施工许可、分包管理、工程造价、质量安全监管、竣工验收等制度，实现工程设计、部品部件生产、施工及采购的统一管理和深度融合，优化项目管理方式。鼓励建立装配式建筑产业技术创新联盟，加大研发投入，增强创新能力。支持大型设计、施工和部品部件生产企业通过调整组织架构、健全管理体系，向具有工程管理、设计、施工、生产、采购能力的工程总承包企业转型。

8. 确保工程质量安全

完善装配式建筑工程质量安全管理制度，健全质量安全责任体系，落实各方主体质量安全责任。加强全过程监管，建设和监理等相关方可采用驻厂监造等方式加强部品部件生产质量管控；施工企业要加强施工过程质量安全控制和检验检测，完善装配施工质量保证体系；在建筑物明显部位设置永久性标牌，公示质量安全责任主体和主要责任人。加强行业监管，明确符合装配式建筑特点的施工图审查要求，建立全过程质量追溯制度，加大抽查抽测力度，严肃查处质量安全违法违规行为。

1.2.3　保障措施

1. 加强组织领导

各地区要因地制宜研究提出发展装配式建筑的目标和任务，建立健全工作机制，完善配套政策，组织具体实施，确保各项任务落到实处。各有关部门要加大指导、协调和支持力度，将发展装配式建筑作为贯彻落实中央城市工作会议精神的重要工作，列入城市规划建设管理工作监督考核指标体系，定期通报考核结果。

2. 加大政策支持

建立健全装配式建筑相关法律法规体系。结合节能减排、产业发展、科技创新、污染防治等方面政策，加大对装配式建筑的支持力度。支持符合高新技术企业条件的装配式建筑部品部件生产企业享受相关优惠政策。符合新型墙体材料目录的部品部件生产企业，可按规定享受增值税即征即退优惠政策。在土地供应中，可将发展装配式建筑的相关要求纳入供地方案，并落实到土地使用合同中。鼓励各地结合实际出台支持装配式建筑发展的规划审批、土地供应、基础设施配套、财政金融等相关政策措施。政府投资工程要带头发展装配式建筑，推动装配式建筑"走出去"。在中国人居环境奖评选、国家生态园林城市评估、绿色建筑评价等工作中增加装配式建筑方面的指标要求。

3. 强化队伍建设

大力培养装配式建筑设计、生产、施工、管理等专业人才。鼓励高等学校、职业学校设置装配式建筑相关课程，推动装配式建筑企业开展校企合作，创新人才培养模式。在建筑行业专业技术人员继续教育中增加装配式建筑相关内容。加大职业技能培训资金投入，建立培训基地，加强岗位技能提升培训，促进建筑业农民工向技术工人转型。加强国际交流合作，积极引进海外专业人才参与装配式建筑的研发、生产和管理。

4. 做好宣传引导

通过多种形式深入宣传发展装配式建筑的经济社会效益，广泛宣传装配式建筑基本知识，提高社会认知度，营造各方共同关注、支持装配式建筑发展的良好氛围，促进装配式建筑相关产业和市场发展。

第 3 节　了解《"十三五"装配式建筑行动方案》（建科〔2017〕77 号）关于装配式建筑工作目标、重点任务和保障措施

为深入贯彻《国务院办公厅关于大力发展装配式建筑的指导意见》（国办发〔2016〕71 号）和《国务院办公厅关于促进建筑业持续健康发展的意见》（国办发〔2017〕19 号），进一步明确阶段性工作目标，落实重点任务，强化保障措施，突出抓规划、抓标准、抓产业、抓队伍，促进装配式建筑全面发展，中华人民共和国住房和城乡建设部于 2017 年 3 月 23 日发布了《"十三五"装配式建筑行动方案》。

1.3.1　确定工作目标

到 2020 年，全国装配式建筑占新建建筑的比例达到 15% 以上，其中重点推进地区达到 20% 以上，积极推进地区达到 15% 以上，鼓励推进地区达到 10% 以上。鼓励各地制定更高的发展目标。建立健全装配式建筑政策体系、规划体系、标准体系、技术体系、产品体系和监管体系，形成一批装配式建筑设计、施工、部品部件规模化生产企业和工程总承包企业，形成装配式建筑专业化队伍，全面提升装配式建筑质量、效益和品质，实现装配式建筑全面发展。

到 2020 年，培育 50 个以上装配式建筑示范城市，200 个以上装配式建筑产业基地，500 个以上装配式建筑示范工程，建设 30 个以上装配式建筑科技创新基地，充分发挥示范

引领和带动作用。

1.3.2 明确重点任务

1. 编制发展规划。

各省（区、市）和重点城市住房城乡建设主管部门要抓紧编制完成装配式建筑发展规划，明确发展目标和主要任务，细化阶段性工作安排，提出保障措施。重点做好装配式建筑产业发展规划，合理布局产业基地，实现市场供需基本平衡。

制定全国木结构建筑发展规划，明确发展目标和任务，确定重点发展地区，开展试点示范。具备木结构建筑发展条件的地区可编制专项规划。

2. 健全标准体系。

建立完善覆盖设计、生产、施工和使用维护全过程的装配式建筑标准规范体系。支持地方、社会团体和企业编制装配式建筑相关配套标准，促进关键技术和成套技术研究成果转化为标准规范。编制与装配式建筑相配套的标准图集、工法、手册、指南等。

强化建筑材料标准、部品部件标准、工程建设标准之间的衔接。建立统一的部品部件产品标准和认证、标识等体系，制定相关评价通则，健全部品部件设计、生产和施工工艺标准。严格执行《建筑模数协调标准》、部品部件公差标准，健全功能空间与部品部件之间的协调标准。

积极开展《装配式混凝土建筑技术标准》《装配式钢结构建筑技术标准》《装配式木结构建筑技术标准》以及《装配式建筑评价标准》宣传贯彻和培训交流活动。

3. 完善技术体系。

建立装配式建筑技术体系和关键技术、配套部品部件评估机制，梳理先进成熟可靠的新技术、新产品、新工艺，定期发布装配式建筑技术和产品公告。

加大研发力度。研究装配率较高的多高层装配式混凝土建筑的基础理论、技术体系和施工工艺工法，研究高性能混凝土、高强钢筋和消能减震、预应力技术在装配式建筑中的应用。突破钢结构建筑在围护体系、材料性能、连接工艺等方面的技术瓶颈。推进中国特色现代木结构建筑技术体系及中高层木结构建筑研究。推动"钢-混""钢-木""木-混"等装配式组合结构的研发应用。

4. 提高设计能力。

全面提升装配式建筑设计水平。推行装配式建筑一体化集成设计，强化装配式建筑设计对部品部件生产、安装施工、装饰装修等环节的统筹。推进装配式建筑标准化设计，提高标准化部品部件的应用比例。装配式建筑设计深度要达到相关要求。

提升设计人员装配式建筑设计理论水平和全产业链统筹把握能力，发挥设计人员主导作用，为装配式建筑提供全过程指导。提倡装配式建筑在方案策划阶段进行专家论证和技术咨询，促进各参与主体形成协同合作机制。

建立适合建筑信息模型（BIM）技术应用的装配式建筑工程管理模式，推进 BIM 技术在装配式建筑规划、勘察、设计、生产、施工、装修、运行维护全过程的集成应用，实现工程建设项目全生命周期数据共享和信息化管理。

5. 增强产业配套能力。

统筹发展装配式建筑设计、生产、施工及设备制造、运输、装修和运行维护等全产业链，增强产业配套能力。

建立装配式建筑部品部件库,编制装配式混凝土建筑、钢结构建筑、木结构建筑、装配化装修的标准化部品部件目录,促进部品部件社会化生产。采用植入芯片或标注二维码等方式,实现部品部件生产、安装、维护全过程质量可追溯。建立统一的部品部件标准、认证与标识信息平台,公开发布相关政策、标准、规则程序、认证结果及采信信息。建立部品部件质量验收机制,确保产品质量。

完善装配式建筑施工工艺和工法,研发与装配式建筑相适应的生产设备、施工设备、机具和配套产品,提高装配施工、安全防护、质量检验、组织管理的能力和水平,提升部品部件的施工质量和整体安全性能。

培育一批设计、生产、施工一体化的装配式建筑骨干企业,促进建筑企业转型发展。发挥装配式建筑产业技术创新联盟的作用,加强产学研用等各种市场主体的协同创新能力,促进新技术、新产品的研发与应用。

6. 推行工程总承包。

各省(区、市)住房城乡建设主管部门要按照"装配式建筑原则上应采用工程总承包模式,可按照技术复杂类工程项目招投标"的要求,制定具体措施,加快推进装配式建筑项目采用工程总承包模式。工程总承包企业要对工程质量、安全、进度、造价负总责。

装配式建筑项目可采用"设计-采购-施工"(EPC)总承包或"设计-施工"(D-B)总承包等工程项目管理模式。政府投资工程应带头采用工程总承包模式。设计、施工、开发、生产企业可单独或组成联合体承接装配式建筑工程总承包项目,实施具体的设计、施工任务时应由有相应资质的单位承担。

7. 推进建筑全装修。

推行装配式建筑全装修成品交房。各省(区、市)住房城乡建设主管部门要制定政策措施,明确装配式建筑全装修的目标和要求。推行装配式建筑全装修与主体结构、机电设备一体化设计和协同施工。全装修要提供大空间灵活分隔及不同档次和风格的菜单式装修方案,满足消费者个性化需求。完善《住宅质量保证书》和《住宅使用说明书》中关于装修的相关内容。

加快推进装配化装修,提倡干法施工,减少现场湿作业。推广集成厨房和卫生间、预制隔墙、主体结构与管线相分离等技术体系。建设装配化装修试点示范工程,通过示范项目的现场观摩与交流培训等活动,不断提高全装修综合水平。

8. 促进绿色发展。

积极推进绿色建材在装配式建筑中的应用。编制装配式建筑绿色建材产品目录。推广绿色多功能复合材料,发展环保型木质复合、金属复合、优质化学建材及新型建筑陶瓷等绿色建材。到 2020 年,绿色建材在装配式建筑中的应用比例达到 50% 以上。

装配式建筑要与绿色建筑、超低能耗建筑等相结合,鼓励建设综合示范工程。装配式建筑要全面执行绿色建筑标准,并在绿色建筑评价中逐步加大装配式建筑的权重。推动太阳能光热光伏、地源热泵、空气源热泵等可再生能源与装配式建筑一体化应用。

9. 提高工程质量安全。

加强装配式建筑工程质量安全监管,严格控制装配式建筑现场施工安全和工程质量,强化质量安全责任。

加强装配式建筑工程质量安全检查,重点检查连接节点施工质量、起重机械安全管理等，全面落实装配式建筑工程建设过程中各方责任主体履行责任情况。

加强工程质量安全监管人员业务培训，提升适应装配式建筑的质量安全监管能力。

10. 培育产业队伍。

开展装配式建筑人才和产业队伍专题研究，摸清行业人才基数及需求规模，制定装配式建筑人才培育相关政策措施，明确目标任务，建立有利于装配式建筑人才培养和发展的长效机制。

加快培养与装配式建筑发展相适应的技术和管理人才，包括行业管理人才、企业领军人才、专业技术人员、经营管理人员和产业工人队伍。开展装配式建筑工人技能评价，引导装配式建筑相关企业培养自有专业人才队伍，促进建筑业农民工转化为技术工人。促进建筑劳务企业转型创新发展，建设专业化的装配式建筑技术工人队伍。

依托相关的院校、骨干企业、职业培训机构和公共实训基地，设置装配式建筑相关课程，建立若干装配式建筑人才教育培训基地。在建筑行业相关人才培养和继续教育中增加装配式建筑相关内容。推动装配式建筑企业开展校企合作，创新人才培养模式。

1.3.3 保障措施

1. 落实支持政策。

各省（区、市）住房城乡建设主管部门要制定贯彻国办发〔2016〕71 号文件的实施方案，逐项提出落实政策和措施。鼓励各地创新支持政策，加强对供给侧和需求侧的双向支持力度，利用各种资源和渠道，支持装配式建筑的发展，特别是要积极协调国土部门在土地出让或划拨时，将装配式建筑作为建设条件内容，在土地出让合同或土地划拨决定书中明确具体要求。装配式建筑工程可参照重点工程报建流程纳入工程审批绿色通道。各地可将装配率水平作为支持鼓励政策的依据。

强化项目落地，要在政府投资和社会投资工程中落实装配式建筑要求，将装配式建筑工作细化为具体的工程项目，建立装配式建筑项目库，于每年第一季度向社会发布当年项目的名称、位置、类型、规模、开工竣工时间等信息。

在中国人居环境奖评选、国家生态园林城市评估、绿色建筑等工作中增加装配式建筑方面的指标要求，并不断完善。

2. 创新工程管理。

各级住房城乡建设主管部门要改革现行工程建设管理制度和模式，在招标投标、施工许可、部品部件生产、工程计价、质量监督和竣工验收等环节进行建设管理制度改革，促进装配式建筑发展。

建立装配式建筑全过程信息追溯机制，把生产、施工、装修、运行维护等全过程纳入信息化平台，实现数据即时上传、汇总、监测及电子归档管理等，增强行业监管能力。

3. 建立统计上报制度。

建立装配式建筑信息统计制度，搭建全国装配式建筑信息统计平台。要重点统计装配式建筑总体情况和项目进展、部品部件生产状况及其产能、市场供需情况、产业队伍等信息，并定期上报。按照《装配式建筑评价标准》规定，用装配率作为装配式建筑认定指标。

4. 强化考核监督。

住房城乡建设部每年 4 月底前对各地进行建筑节能与装配式建筑专项检查，重点检查各地装配式建筑发展目标完成情况、产业发展情况、政策出台情况、标准规范编制情况、质量安全情况等，并通报考核结果。

各省（区、市）住房城乡建设主管部门要将装配式建筑发展情况列入重点考核督查项目，作为住房城乡建设领域的一项重要考核指标。

5. 加强宣传推广。

各省（区、市）住房城乡建设主管部门要积极行动，广泛宣传推广装配式建筑示范城市、产业基地、示范工程的经验。充分发挥相关企事业单位、行业学协会的作用，开展装配式建筑的技术经济政策解读和宣传贯彻活动。鼓励各地举办或积极参加各种形式的装配式建筑展览会、交流会等活动，加强行业交流。

要通过电视、报刊、网络等多种媒体和售楼处等多种场所，以及宣传手册、专家解读文章、典型案例等各种形式普及装配式建筑相关知识，宣传发展装配式建筑的经济、社会、环境效益和装配式建筑的优越性，提高公众对装配式建筑的认知度，营造各方共同关注、支持装配式建筑发展的良好氛围。

各省（区、市）住房城乡建设主管部门要切实加强对装配式建筑工作的组织领导，建立健全工作和协商机制，落实责任分工，加强监督考核，扎实推进装配式建筑全面发展。

第 4 节　熟悉《建设工程消防监督管理规定》 2016 版（公安部 119 号令）的相关规定

1.4.1　《建设工程消防监督管理规定》（公安部令第 119 号）

《建设工程消防监督管理规定》于 2009 年 4 月 30 日以中华人民共和国公安部令第 106 号发布，根据 2012 年 7 月 17 日中华人民共和国公安部令第 119 号公布的公安部《关于修改〈建设工程消防监督管理规定〉的决定》的修订，自 2012 年 11 月 1 日起施行。

1. 总则

为了加强建设工程消防监督管理，落实建设工程消防设计、施工质量和安全责任，规范消防监督管理行为，依据《中华人民共和国消防法》《建设工程质量管理条例》，制定本规定。

本规定适用于新建、扩建、改建（含室内外装修、建筑保温、用途变更）等建设工程的消防监督管理。本规定不适用于住宅室内装修、村民自建住宅、救灾和其他非人员密集场所的临时性建筑的建设活动。

建设、设计、施工、工程监理等单位应当遵守消防法规、建设工程质量管理法规和国家消防技术标准，对建设工程消防设计、施工质量和安全负责。

公安机关消防机构依法实施建设工程消防设计审核、消防验收和备案、抽查，对建设工程进行消防监督。

建设工程的消防设计、施工必须符合国家工程建设消防技术标准。

2. 各主体的消防设计、施工的质量责任

（1）建设单位不得要求设计、施工、工程监理等有关单位和人员违反消防法规和国家工程建设消防技术标准，降低建设工程消防设计、施工质量，并承担下列消防设计、施工的质量责任：①依法申请建设工程消防设计审核、消防验收，依法办理消防设计和竣工验收消防备案手续并接受抽查；建设工程内设置的公众聚集场所未经消防安全检查或者经检查不符合消防安全要求的，不得投入使用、营业。②实行工程监理的建设工程，应当将消防施工质量一并委托监理。③选用具有国家规定资质等级的消防设计、施工单位。④选用合格的消防产品和满足防火性能要求的建筑构件、建筑材料及装修材料。⑤依法应当经消防设计审核、消防验收的建设工程，未经审核或者审核不合格的，不得组织施工；未经验收或者验收不合格的，不得交付使用。

（2）设计单位应当承担下列消防设计的质量责任：①根据消防法规和国家工程建设消防技术标准进行消防设计，编制符合要求的消防设计文件，不得违反国家工程建设消防技术标准强制性要求进行设计；②在设计中选用的消防产品和具有防火性能要求的建筑构件、建筑材料、装修材料，应当注明规格、性能等技术指标，其质量要求必须符合国家标准或者行业标准；③参加建设单位组织的建设工程竣工验收，对建设工程消防设计实施情况签字确认。

（3）施工单位应当承担下列消防施工的质量和安全责任：①按照国家工程建设消防技术标准和经消防设计审核合格或者备案的消防设计文件组织施工，不得擅自改变消防设计进行施工，降低消防施工质量；②查验消防产品和具有防火性能要求的建筑构件、建筑材料及装修材料的质量，使用合格产品，保证消防施工质量；③建立施工现场消防安全责任制度，确定消防安全负责人。加强对施工人员的消防教育培训，落实动火、用电、易燃可燃材料等消防管理制度和操作规程。保证在建工程竣工验收前消防通道、消防水源、消防设施和器材、消防安全标志等完好有效。

（4）工程监理单位应当承担下列消防施工的质量监理责任：①按照国家工程建设消防技术标准和经消防设计审核合格或者备案的消防设计文件实施工程监理；②在消防产品和具有防火性能要求的建筑构件、建筑材料、装修材料施工、安装前，核查产品质量证明文件，不得同意使用或者安装不合格的消防产品和防火性能不符合要求的建筑构件、建筑材料、装修材料；③参加建设单位组织的建设工程竣工验收，对建设工程消防施工质量签字确认。

（5）社会消防技术服务机构应当依法设立，社会消防技术服务工作应当依法开展。为建设工程消防设计、竣工验收提供图纸审查、安全评估、检测等消防技术服务的机构和人员，应当依法取得相应的资质、资格，按照法律、行政法规、国家标准、行业标准和执业准则提供消防技术服务，并对出具的审查、评估、检验、检测意见负责。

3. 消防设计审核和消防验收

（1）对具有下列情形之一的人员密集场所，建设单位应当向公安机关消防机构申请消防设计审核，并在建设工程竣工后向出具消防设计审核意见的公安机关消防机构申请消防验收：①建筑总面积大于 2 万 m^2 的体育场馆、会堂、公共展览馆、博物馆的展示厅；②建筑总面积大于 1.5 万 m^2 的民用机场航站楼、客运车站候车室、客运码头候船厅；③建筑总面积大于 1 万 m^2 的宾馆、饭店、商场、市场；④建筑总面积大于 2500m^2 的影剧院，公共图书馆的阅览室，营业性室内健身、休闲场馆，医院的门诊楼，大学的教学楼、图书馆、食堂，劳动密集型企业的生产加工车间，寺庙、教堂；⑤建筑总面积大于 1000m^2 的托儿所、幼儿园的儿童用房、儿童游乐厅等室内儿童活动场所，养老院、福利院，医院、疗养院的病房楼，中小学校的教学楼、图书馆、食堂，学校的集体宿舍，劳动密集型企业的员工集体宿舍；⑥建筑总面积大于 500m^2 的歌舞厅、录像厅、放映厅、卡拉 OK 厅、夜总会、游艺厅、桑拿浴室、网吧、酒吧，具有娱乐功能的餐馆、茶馆、咖啡厅。

对具有下列情形之一的特殊建设工程，建设单位应当向公安机关消防机构申请消防设计审核，并在建设工程竣工后向出具消防设计审核意见的公安机关消防机构申请消防验收：①设有本规定所列的人员密集场所的建设工程；②国家机关办公楼、电力调度楼、电信楼、邮政楼、防灾指挥调度楼、广播电视楼、档案楼；③其他单体建筑面积大于 4 万 m^2 或者建筑高度超过 50m 的公共建筑；④国家标准规定的一类高层住宅建筑；⑤城市轨道交通、隧道工程，大型发电、变配电工程；⑥生产、储存、装卸易燃易爆危险物品的工厂、仓库和专用车站、码头，易燃易爆气体和液体的充装站、供应站、调压站。

（2）建设单位申请消防设计审核应当提供下列材料：①建设工程消防设计审核申报表；②建设单位的工商营业执照等合法身份证明文件；③设计单位资质证明文件；④消防设计文件；⑤法律、行政法规规定的其他材料。

依法需要办理建设工程规划许可的，应当提供建设工程规划许可证明文件；依法需要城乡规划主管部门批准的临时性建筑，属于人员密集场所的，应当提供城乡规划主管部门批准的证明文件。

具有下列情形之一的，建设单位除提供上述所列材料外，应当同时提供特殊消防设计文件，或者设计采用的国际标准、境外消防技术标准的中文文本，以及其他有关消防设计的应用实例、产品说明等技术资料：①国家工程建设消防技术标准没有规定的；②消防设计文件拟采用的新技术、新工艺、新材料可能影响建设工程消防安全，不符合国家标准规定的；③拟采用国际标准或者境外消防技术标准的。

（3）公安机关消防机构应当自受理消防设计审核申请之日起 20 日内出具书面审核意见。但是依照本规定需要组织专家评审的，专家评审时间不计算在审核时间内。

公安机关消防机构应当依照消防法规和国家工程建设消防技术标准对申报的消防设计文件进行审核。对符合下列条件的，公安机关消防机构应当出具消防设计审核合格意见；对不符合条件的，应当出具消防设计审核不合格意见，并说明理由：①设计单位具备相应的资质；②消防设计文件的编制符合公安部规定的消防设计文件申报要求；③建筑的总平面布局和平面布置、耐火等级、建筑构造、安全疏散、消防给水、消防电源及配电、消防设施等的消防设计符合国家工程建设消防技术标准；④选用的消防产品和具有防火性能要求的建筑材料符合国家工程建设消防技术标准和有关管理规定。

对具有下列情形之一的建设工程，公安机关消防机构应当在受理消防设计审核申请之日起 5 日内将申请材料报送省级人民政府公安机关消防机构组织专家评审：①国家工程建设消防技术标准没有规定的；②消防设计文件拟采用的新技术、新工艺、新材料可能影响建设工程消防安全，不符合国家标准规定的；③拟采用国际标准或者境外消防技术标准的。

省级人民政府公安机关消防机构应当在收到申请材料之日起 30 日内会同同级住房和城乡建设行政主管部门召开专家评审会，对建设单位提交的特殊消防设计文件进行评审。参加评审的专家应当具有相关专业高级技术职称，总数不应少于 7 人，并应当出具专家评审意见。评审专家有不同意见的，应当注明。

省级人民政府公安机关消防机构应当在专家评审会后 5 日内将专家评审意见书面通知

报送申请材料的公安机关消防机构，同时报公安部消防局备案。

对 2/3 以上评审专家同意的特殊消防设计文件，可以作为消防设计审核的依据。

（4）建设、设计、施工单位不得擅自修改经公安机关消防机构审核合格的建设工程消防设计。确需修改的，建设单位应当向出具消防设计审核意见的公安机关消防机构重新申请消防设计审核。

（5）建设单位申请消防验收应当提供下列材料：①建设工程消防验收申报表；②竣工验收报告和有关消防设施的工程竣工图纸；③工程消防产品质量合格证明文件；④具有防火性能要求的建筑构件、建筑材料、装修材料符合国家标准或者行业标准的证明文件、出厂合格证；⑤消防设施检测合格证明文件；⑥施工、工程监理、检测单位的合法身份证明和资质等级证明文件；⑦建设单位的工商营业执照等合法身份证明文件；⑧法律、行政法规规定的其他材料。

公安机关消防机构应当自受理消防验收申请之日起 20 日内组织消防验收，并出具消防验收意见。

公安机关消防机构对申报消防验收的建设工程，应当依照建设工程消防验收评定标准对消防设计已经审核合格的内容组织消防验收。对综合评定结论为合格的建设工程，公安机关消防机构应当出具消防验收合格意见；对综合评定结论为不合格的，应当出具消防验收不合格意见，并说明理由。

4. 消防设计和竣工验收的备案抽查

（1）对本节 3.（1）条规定以外的建设工程，建设单位应当在取得施工许可、工程竣工验收合格之日起 7 日内，通过省级公安机关消防机构网站进行消防设计、竣工验收消防备案，或者到公安机关消防机构业务受理场所进行消防设计、竣工验收消防备案。

建设单位在进行建设工程消防设计或者竣工验收消防备案时，应当分别向公安机关消防机构提供备案申报表、上述申请消防设计审核应当提供的相关材料及施工许可文件复印件或者申请消防验收应当提供的相关材料。按照住房和城乡建设行政主管部门的有关规定进行施工图审查的，还应当提供施工图审查机构出具的审查合格文件复印件。

依法不需要取得施工许可的建设工程，可以不进行消防设计、竣工验收消防备案。

（2）公安机关消防机构收到消防设计、竣工验收消防备案申报后，对备案材料齐全的，应当出具备案凭证；备案材料不齐全或者不符合法定形式的，应当当场或者在 5 日内一次告知需要补正的全部内容。

公安机关消防机构应当在已经备案的消防设计、竣工验收工程中，随机确定检查对象并向社会公告。对确定为检查对象的，公安机关消防机构应当在 20 日内按照消防法规和国家工程建设消防技术标准完成图纸检查，或者按照建设工程消防验收评定标准完成工程检查，制作检查记录。检查结果应当向社会公告，检查不合格的，还应当书面通知建设单位。

建设单位收到通知后，应当停止施工或者停止使用，组织整改后向公安机关消防机构申请复查。公安机关消防机构应当在收到书面申请之日起 20 日内进行复查并出具书面复查意见。

（3）建设、设计、施工单位不得擅自修改已经依法备案的建设工程消防设计。确需修改的，建设单位应当重新申报消防设计备案。

（4）建设工程的消防设计、竣工验收未依法报公安机关消防机构备案的，公安机关消防机构应当依法处罚，责令建设单位在 5 日内备案，并确定为检查对象；对逾期不备案的，公安机关消防机构应当在备案期限届满之日起 5 日内通知建设单位停止施工或者停止使用。

5. 执法监督

（1）公安机关消防机构实施消防设计审核、消防验收的相关职责。公安机关消防机构实施消防设计审核、消防验收的主责承办人、技术复核人和行政审批人应当依照职责对消防执法质量负责。

建设工程消防设计与竣工验收消防备案的抽查比例由省级公安机关消防机构结合辖区内施工图审查机构的审查质量、消防设计和施工质量情况确定并向社会公告。对设有人员密集场所的建设工程的抽查比例不应低于 50%。

公安机关消防机构及其工作人员应当依照本规定对建设工程消防设计和竣工验收实施备案抽查，不得擅自确定检查对象。

公安机关消防机构实施建设工程消防监督管理的依据、范围、条件、程序、期限及其需要提交的全部材料的目录和申请书示范文本应当在互联网网站、受理场所、办公场所公示。

消防设计审核、消防验收、备案抽查的结果，除涉及国家秘密、商业秘密和个人隐私的以外，应当予以公开，公众有权查阅。

公安机关消防机构接到公民、法人和其他组织有关建设工程违反消防法律法规和国家工程建设消防技术标准的举报，应当在 3 日内组织人员核查，核查处理情况应当及时告知举报人。

（2）公安机关消防机构的禁止性行为及其工作人员应回避的情形。公安机关消防机构实施建设工程消防监督管理时，不得对消防技术服务机构、消防产品设定法律法规规定以外的地区性准入条件。公安机关消防机构及其工作人员不得指定或者变相指定建设工程的消防设计、施工、工程监理单位和消防技术服务机构。不得指定消防产品和建筑材料的品牌、销售单位。不得参与或者干预建设工程消防设施施工、消防产品和建筑材料采购的招投标活动。

公安机关消防机构实施消防设计审核、消防验收和备案、抽查，不得收取任何费用。

办理消防设计审核、消防验收、备案抽查的公安机关消防机构工作人员是申请人、利害关系人的近亲属，或者与申请人、利害关系人有其他关系可能影响办理公正的，应当回避。

（3）可依法撤销消防设计审核合格意见、消防验收合格意见的情形。消防设计审核合格意见、消防验收合格意见具有下列情形之一的，出具许可意见的公安机关消防机构或者其上级公安机关消防机构，根据利害关系人的请求或者依据职权，可以依法撤销许可意见：①对不具备申请资格或者不符合法定条件的申请人作出的；②建设单位以欺骗、贿赂等不正当手段取得的；③公安机关消防机构超出法定职责和权限作出的；④公安机关消防机构违反法定程序作出的；⑤公安机关消防机构工作人员滥用职权、玩忽职守作出的。

依照上述规定撤销消防设计审核合格意见、消防验收合格意见，可能对公共利益造成重大损害的，不予撤销。

（4）公民、法人和其他组织对公安机关消防机构建设工程消防监督管理中做出的具体行政行为不服的，可以向本级人民政府公安机关申请行政复议。

6. 法律责任

（1）违反本规定的，依照《中华人民共和国消防法》相关规定给予处罚；构成犯罪的，依法追究刑事责任。

建设、设计、施工、工程监理单位、消防技术服务机构及其从业人员违反有关消防法规、国家工程建设消防技术标准，造成危害后果的，除依法给予行政处罚或者追究刑事责任外，还应当依法承担民事赔偿责任。

（2）建设单位在申请消防设计审核、消防验收时，提供虚假材料的，公安机关消防机构不予受理或者不予许可并处警告。

（3）违反本规定并及时纠正，未造成危害后果的，可以从轻、减轻或者免予处罚。

（4）依法应当经公安机关消防机构进行消防设计审核的建设工程未经消防设计审核和消防验收，擅自投入使用的，分别处罚，合并执行。

（5）有下列情形之一的，应当依法从重处罚：①已经通过消防设计审核，擅自改变消防设计，降低消防安全标准的；②建设工程未依法进行备案，且不符合国家工程建设消防技术标准强制性要求的；③经责令限期备案逾期不备案的；④工程监理单位与建设单位或者施工单位串通，弄虚作假，降低消防施工质量的。

（6）有下列情形之一的，公安机关消防机构应当函告同级住房和城乡建设行政主管部门：①建设工程被公安机关消防机构责令停止施工、停止使用的；②建设工程经消防设计、竣工验收抽查不合格的；③其他需要函告的。

1.4.2 公安部关于修改《建设工程消防监督管理规定》的决定（草案送审稿）

1. 关于《建设工程消防监督管理规定》修改决定（草案送审稿）的说明

（1）修订的必要性。公安部《建设工程消防监督管理规定》自 2009 年施行、2012 年修订以来，对规范公安消防监督管理、推动社会单位依法履职发挥了重要作用。

但随着经济社会发展，部分内容已不适应当前形势：一是党的十八大以来，中央对全面深化改革、全面推进依法治国提出了新的要求，国务院就转变政府职能、简政放权、服务经济发展作出了具体部署。二是《关于全面深化公安改革若干重大问题的框架意见》对缩小审批范围、简化办事程序、加强执法监督提出了具体要求。三是实践中暴露出消防监督检查重点不够突出、行业监管责任和单位主体责任未有效落实、执法监督不够严密等问题，有必要通过修订规章予以明确。

（2）修订思路。贯彻中央和国务院关于全面推进依法治国、转变政府职能的要求，落实公安改革框架意见，兼顾改革创新和安全发展，缩小审批范围，简化办事程序；改革监督检查模式，建立以人员密集场所为重点的监督抽查制度；推进综合治理，强化单位主体责任；完善监督制约机制，明晰监督执法责任。

（3）修订的主要内容。①缩小审核验收范围。在统筹安全和便民的基础上，缩小建设工程消防审批范围。一是缩小人员密集场所审批范围，整合建设工程类型，取消对消防设计内容较少的学校食堂、寺庙、教堂等 3 类工程的审批。二是缩小特殊建设工程审批范围，按照工程类型和消防设计特点，取消国家机关办公楼、电力工程等 2 类工程的审批。取消审批后的建设工程，均纳入备案抽查，强化事后监管。三是限定专家评审范围，修改和明确专家评审对象，明确专家评审责任。②简化办事程序。针对群众反映的突出问题，着力提升办事效能。一是减少申报材料，取消设计单位资质证明文件及兜底条款，审核申报材料从 5 项减少为 3 项；验收申报材料从 8 项减少为 6 项。二是明确审批依据，为便于群众了解审批标准、明确审批要求，规定由公安部消防局确定并公布消防审核依据的国家工程建设消防技术标准目录。三是降低备案抽查比例，弱化事前抽查，强化事后监督。③明晰执法责任。确保公安消防机构依法履职，进一步提升执法公信力。一是严格执法责任，规定消防监督执法中应当使用录音、录像设备记录，实行"谁办理、谁签字、谁负责"，在禁止性规定中增加相关内容。二是推进审验分离。三是对铁路、交通、民航、森林公安消防机构的管辖范围进行了明确。

2.《建设工程消防监督管理规定》的修改内容

为进一步改进建设工程消防监督管理工作，简化消防行政审批程序，公安部决定对《建设工程消防监督管理规定》作如下修改。

（1）将"本规定不适用于住宅室内装修、村民自建住宅、救灾和其他非人员密集场所的临时性建筑的建设活动"修改为"本规定不适用于公共消防设施、住宅室内装修、村民自建住宅、救灾和其他非人员密集场所的临时性建筑的建设活动"。

（2）增加："铁路公安机关消防机构负责铁路系统的火车站区域内，以及直接为其运营服务的段、所、厂、调度指挥中心、货场、仓库等，铁路沿线铁路用地范围和线路安全保护区的建设工程消防设计审核、消防验收和备案抽查工作。"

"交通公安机关消防机构负责港航管理机构管理的水域、水上设施和港口、码头区域内的建设工程消防设计审核、消防验收和备案抽查工作。"

"民航公安机关消防机构负责民航管理机构管理的机场区域内，以及机场外直接为航空运营服务的油库、仓库、导航台、发射台，军民合用机场民航部分的建设工程消防设计审核、消防验收和备案抽查工作。"

"森林公安机关消防机构负责国有林区内的建设工程消防设计审核、消防验收和备案抽查工作。"

（3）删去"社会消防技术服务机构应当依法设立，社会消防技术服务工作应当依法开展。为建设工程消防设计、竣工验收提供图纸审查、安全评估、检测等消防技术服务的机构和人员，应当依法取得相应的资质、资格，按照法律、行政法规、国家标准、行业标准和执业准则提供消防技术服务，并对出具的审查、评估、检验、检测意见负责。"

（4）增加："建设工程的建设、设计、施工、工程监理单位和消防技术服务机构的法定代表人及有关工作人员，按照各自职责依法对建设工程消防质量负终身责任。"

（5）"对具有下列情形之一的大型人员密集场所建设工程，建设单位应当向公安机关消防机构申请消防设计审核，并在建设工程竣工后向出具消防设计审核意见的公安机关消防机构申请消防验收"中的大型人员密集场所修改为："①建筑总面积 2 万 m² 以上的体育场馆、会堂、公共展览馆、博物馆，民用机场航站楼、客运车站候车室、客运码头候船厅；②建筑总面积 1 万 m² 以上的宾馆、饭店、商场、市场；③建筑总面积 5000m² 以上的影剧院，图书馆，营业性室内健身、休闲场馆，医院的门诊楼，学校的教学楼、集体宿舍，劳动密集型企业的生产加工车间，员工集体宿舍；④建筑总面积 1000m² 以上的托儿所、幼儿园，儿童游乐厅等室内儿童活动场所，养老院、福利院，医院、疗养院的病房楼；⑤建筑总面积 500m^2 以上的歌舞厅、录像厅、放映厅、卡拉 OK 厅、夜总会、游艺厅、桑拿浴室、网吧、酒吧，具有娱乐功能的餐馆、茶馆、咖啡厅。"

（6）"对具有下列情形之一的特殊建设工程，建设单位应当向公安机关消防机构申请消防设计审核，并在建设工程竣工后向出具消防设计审核意见的公安机关消防机构申请消防验收"中的特殊建设工程修改为："①单体建筑面积 4 万 m^2 以上或者建筑高度 50m 以上的公共建筑；②国家标准规定的一类高层住宅建筑；③城市轨道交通、隧道工程；④生产、储存、装卸易燃易爆危险物品的工厂、仓库和专用车站、码头，易燃易爆气体和液体的充装站、供应站、调压站。"

（7）"建设单位申请消防设计审核应当提供下列材料"中的材料修改为："①建设工程消防设计审核申报表；②建设单位的工商营业执照等合法身份证明文件；③消防设计文件。"

（8）"具有下列情形之一的，建设单位除提供本规定第十五条所列材料外，应当同时提供特殊消防设计文件，采用列入国务院相关部门公告的新技术、新工艺、新材料的证明材料，以及其他有关消防设计的应用实例、产品说明等技术资料"中的材料修改为："①超出国家工程建设消防技术标准适用范围的；②按照国家工程建设消防技术标准进行消防设计难以满足工程项目特殊使用功能，且国家工程建设消防技术标准强制性要求未作规定的。"

（9）"公安机关消防机构应当依照消防法规和国家工程建设消防技术标准对申报的消防设计文件进行审核。对符合下列条件的，公安机关消防机构应当出具消防设计审核合格意见；对不符合条件的，应当出具消防设计审核不合格意见，并说明理由"中的条件修改为："①消防设计文件的编制符合公安部规定的消防设计文件申报要求；②建筑的总平面布局和平面布置、耐火等级、建筑构造、安全疏散、消防给水、消防电源及配电、消防设施等的消防设计符合国家工程建设消防技术标准。"

增加："公安机关消防机构实施建设工程消防设计审核依据的国家工程建设消防技术标准目录，由公安部消防局确定并公布。"

（10）将"省级人民政府公安机关消防机构应当在专家评审会后 5 日内将专家评审意见书面通知报送申请材料的公安机关消防机构，同时报公安部消防局备案。"修改为"省级人民政府公安机关消防机构应当在专家评审会后 5 日内将专家评审意见书面通知报送申请材料的公安机关消防机构。"

（11）"建设单位申请消防验收应当提供下列材料"中的材料修改为："①建设工程消防验收申报表；②工程竣工验收报告和有关消防设施的工程竣工图纸；③消防产品市场准入证明文件；④具有防火性能要求的装修材料符合国家标准或者行业标准的证明文件；⑤消防设施检测合格证明文件；⑥建设单位的工商营业执照等合法身份证明文件。"

（12）增加："公安机关消防机构参加地方人民政府组织的行政许可联合办理、集中办理，应当按照地方人民政府规定的相关程序办理消防设计审核和消防验收。"

（13）将"公安机关消防机构实施消防设计审核、消防验收的主责承办人、技术复核人和行政审批人应当依照职责对消防执法质量负责"修改为"消防设计审核、消防验收和备案抽查实行谁办理、谁签字、谁负责。公安机关消防机构实施消防设计审核、消防验收的承办人、技术复核人和行政审批人应当在有关记录、文书上签名，并按照职责依法对消防执法质量负终身责任"。

增加："公安机关消防机构应当使用录音、录像设备，客观记录消防验收、竣工验收备案抽查过程。"

（14）增加："实施消防设计审核、消防验收和备案抽查的消防监督人员应当按照公安部有关规定取得相应岗位资格。"

"同一建设工程的消防设计审核和消防验收，应当由公安机关消防机构的不同消防监督人员分别承办。"

（15）将"建设工程消防设计与竣工验收消防备案的抽查比例由省级公安机关消防机构结合辖区内施工图审查机构的审查质量、消防设计和施工质量情况确定并向社会公告。对设有人员密集场所的建设工程的抽查比例不应低于50%"中的"50%"修改为"20%"。

（16）增加："公安机关消防机构应当建立信息库，记录单位和个人的建设工程消防安全违法行为信息；对情节严重的违法行为，应当按照法律、法规、规章和公安部的有关规定向社会公布，并通报行业主管部门。"

（17）在"有下列情形之一的，公安机关消防机构应当函告同级住房和城乡建设行政主管部门"中增加："建设、设计、施工、监理单位不履行法定职责，降低消防安全标准、消防施工质量的。"

1.4.3　《住房和城乡建设部 应急管理部 关于做好移交承接建设工程消防设计审查验收职责的通知》

为贯彻落实《中共中央办公厅 国务院办公厅关于调整住房和城乡建设部职责机构编制的通知》和《中央编办关于建设工程消防设计审查验收职责划转核增行政编制的通知》（中央编办发〔2018〕169号）要求，切实做好消防救援机构向住房和城乡建设主管部门移交建设工程消防设计审查验收职责工作，确保工作无缝衔接。现就有关事项通知如下。

（1）移交承接的范围为各级消防救援机构依据《中华人民共和国消防法》《建设工程消防监督管理规定》（公安部令第106号，第119号令修改）承担的建设工程消防设计审核、消防验收、备案和抽查职责。

（2）2019年4月1日—6月30日为建设工程消防设计审查验收职责移交承接期，各地应于6月30日前全部完成移交承接工作。

（3）自2019年4月1日起，已明确建设工程消防设计审查验收职责承接机构的地方，由承接机构受理并负责建设工程消防设计审查验收工作，当地消防救援机构可以派员协助；未明确承接机构的，由当地人民政府指定的机构受理并负责建设工程消防设计审查验收工作。

（4）建设工程消防设计审查验收职责移交完成后，各地住房和城乡建设主管部门或者其他负责建设工程消防设计审查验收工作的部门应当与消防救援机构共享建筑总平面、建筑平面、消防设施系统图等与消防安全检查和灭火救援有关的图纸、资料，以及消防验收结果等信息。

（5）移交承接建设工程消防设计审查验收职责时，要按照中央要求和财政部有关规定，妥善做好移交经费管理职能、及时足额划转各类资金，以及预算调剂、划转等工作。

第 5 节 掌握《住房城乡建设部关于印发工程质量安全提升行动方案的通知》（建质〔2017〕57 号）的相关规定

百年大计，质量第一；安全生产，人命关天。为进一步提升工程质量安全水平，确保人民群众生命财产安全，促进建筑业持续健康发展，中华人民共和国住房和城乡建设部于 2017 年 3 月 3 日印发工程质量安全提升行动方案。

1.5.1 指导思想

贯彻落实《中共中央国务院关于进一步加强城市规划建设管理工作的若干意见》和《国务院办公厅关于促进建筑业持续健康发展的意见》（国办发〔2017〕19 号）精神，巩固工程质量治理两年行动成果，围绕"落实主体责任"和"强化政府监管"两个重点，坚持企业管理与项目管理并重、企业责任与个人责任并重、质量安全行为与工程实体质量安全并重、深化建筑业改革与完善质量安全管理制度并重，严格监督管理，严格责任落实，严格责任追究，着力构建质量安全，提升长效机制，全面提升工程质量安全水平。

1.5.2 总体目标

通过开展工程质量安全提升行动（以下简称提升行动），用 3 年左右时间，进一步完善工程质量安全管理制度，落实工程质量安全主体责任，强化工程质量安全监管，提高工程项目质量安全管理水平，提高工程技术创新能力，使全国工程质量安全总体水平得到明显提升。

1.5.3 重点任务

1. 落实主体责任

（1）严格落实工程建设参建各方主体责任。进一步完善工程质量安全管理制度和责任体系，全面落实各方主体的质量安全责任，特别是要强化建设单位的首要责任和勘察、设计、施工单位的主体责任。

（2）严格落实项目负责人责任。严格执行建设、勘察、设计、施工、监理五方主体项目负责人质量安全责任规定，强化项目负责人的质量安全责任。

（3）严格落实从业人员责任。强化个人执业管理，落实注册执业人员的质量安全责任，规范从业行为，推动建立个人执业保险制度，加大执业责任追究力度。

（4）严格落实工程质量终身责任。进一步完善工程质量终身责任制，严格执行工程质量终身责任书面承诺、永久性标牌、质量信息档案等制度，加大质量责任追究力度。

2. 提升项目管理水平

（1）提升建筑设计水平。贯彻落实"适用、经济、绿色、美观"的新时期建筑方针，倡导开展建筑评论，促进建筑设计理念的融合和升华。探索建立大型公共建筑工程后评估制度。完善激励机制，引导激发优秀设计创作和建筑设计人才队伍建设。

（2）推进工程质量管理标准化。完善工程质量管控体系，建立质量管理标准化制度和评价体系，推进质量行为管理标准化和工程实体质量控制标准化。开展工程质量管理标准化示范活动，实施样板引路制度。制定并推广应用简洁、适用、易执行的岗位标准化手册，将质量责任落实到人。

（3）提升建筑施工本质安全水平。深入开展建筑施工企业和项目安全生产标准化考评，推动建筑施工企业实现安全行为规范化和安全管理标准化，提升施工人员的安全生产意识和安全技能。

（4）提升城市轨道交通工程风险管控水平。建立施工关键节点风险控制制度，强化工程重要部位和关键环节施工安全条件审查。构建风险分级管控和隐患排查治理双重预防工作机制，落实企业质量安全风险自辨自控、隐患自查自治责任。

3. 提升技术创新能力

（1）推进信息化技术应用。加快推进建筑信息模型（BIM）技术在规划、勘察、设计、施工和运营维护全过程的集成应用。推进勘察设计文件数字化交付、审查和存档工作。加强工程质量安全监管信息化建设，推行工程质量安全数字化监管。

（2）推广工程建设新技术。加快先进建造设备、智能设备的推广应用，大力推广建筑业 10 项新技术和城市轨道交通工程关键技术等先进适用技术，推广应用工程建设专有技术和工法，以技术进步支撑装配式建筑、绿色建造等新型建造方式发展。

（3）提升减隔震技术水平。推进减隔震技术应用，加强工程建设和使用维护管理，建立减隔震装置质量检测制度，提高减隔震工程质量。

4. 健全监督管理机制

（1）加强政府监管。强化对工程建设全过程的质量安全监管，重点加强对涉及公共安全的工程地基基础、主体结构等部位和竣工验收等环节的监督检查。完善施工图设计文件审查制度，规范设计变更行为。开展监理单位向政府主管部门报告质量监理情况的试点，充分发挥监理单位在质量控制中的作用。加强工程质量检测管理，严厉打击出具虚假报告等行为。推进质量安全诚信体系建设，建立健全信用评价和惩戒机制，强化信用约束。推动发展工程质量保险。

（2）加强监督检查。推行"双随机、一公开"检查方式，加大抽查抽测力度，加强工程质量安全监督执法检查。深入开展以深基坑、高支模、起重机械等危险性较大的分部分项工程为重点的建筑施工安全专项整治。加大对轨道交通工程新开工、风险事故频发以及发生较大事故城市的监督检查力度。组织开展新建工程抗震设防专项检查，重点检查超限高层建筑工程和减隔震工程。

（3）加强队伍建设。加强监督队伍建设，保障监督机构人员和经费。开展对监督机构人员配置和经费保障情况的督查。推进监管体制机制创新，不断提高监管执法的标准化、规范化、信息化水平。鼓励采取政府购买服务的方式，委托具备条件的社会力量进行监督检查。完善监督层级考核机制，落实监管责任。

1.5.4　实施步骤

1. 动员部署（2017 年 3 月）

各地住房城乡建设主管部门要按照本方案，因地制宜地制定具体实施方案，全面动员部署提升行动。各省、自治区、直辖市住房城乡建设主管部门要在 2017 年 3 月 31 日前将实施方案报住房城乡建设部工程质量安全监管司。

2. 组织实施（2017 年 3 月—2019 年 12 月）

各地住房城乡建设主管部门要加强监督检查，强化责任落实。各市、县住房城乡建设主管部门要在加强日常监督检查、抽查抽测的基础上，每半年对本地区在建工程项目全面排查一次；各省、自治区、直辖市住房城乡建设主管部门每半年对本行政区域工程项目进行一次重点抽查和提升行动督导检查。住房城乡建设部每年组织一次全国督查，并定期通报各地开展提升行动的进展情况。

3. 总结推广（2020 年 1 月）

各地住房城乡建设主管部门要认真总结经验，深入分析问题及原因，研究提出改进工作措施和建议。对提升行动中工作突出、成效显著的单位和个人，予以通报表扬。

第 2 章　新标准、新规范

第 1 节　了解《房屋建筑制图统一标准》GB/T 50001—2017

《房屋建筑制图统一标准》为国家标准，编号为 GB/T 50001—2017，自 2018 年 5 月 1 日起实施。原国家标准《房屋建筑制图统一标准》GB/T 50001—2010 同时废止。

2.1.1　主要内容

本标准主要技术内容是：（1）总则；（2）术语；（3）图纸幅面规格与图纸编排顺序；（4）图线；（5）字体；（6）比例；（7）符号；（8）定位轴线；（9）常用建筑材料图例；（10）图样画法；（11）尺寸标注；（12）计算机辅助制图文件；（13）计算机辅助制图文件图层；（14）计算机辅助制图规则；（15）协同设计。

本标准修订的主要技术内容是：（1）增加了协同设计的内容；（2）修改补充了计算机辅助制图文件、计算机辅助制图图层和计算机辅助制图规则等内容。

2.1.2　适用范围

本标准适用于房屋建筑总图和建筑、结构、给水排水、暖通空调、电气等各专业的下列工程制图：（1）新建、改建、扩建工程的各阶段设计图、竣工图；（2）原有建（构）筑物和总平面的实测图；（3）通用设计图、标准设计图。

本标准适用于下列制图方式绘制的图样：（1）计算机辅助制图；（2）手工制图。

第 2 节　了解《建筑拆除工程安全技术规范》JGJ 147—2016 的有关要求

《建筑拆除工程安全技术规范》为行业标准，编号为 JGJ 147—2016，自 2017 年 5 月 1 日起实施。原《建筑拆除工程安全技术规范》JGJ 147—2004 同时废止。

2.2.1　主要内容和适用范围

本规范的主要技术内容是：（1）总则；（2）术语；（3）基本规定；（4）施工准备；（5）拆除施工；（6）安全管理；（7）文明施工。

本规范修订的主要内容是：（1）增设相关术语；（2）基本规定作了调整、增加相应条文；（3）"机械拆除"一节中新增关于机械设备前端工作装置作业高度要求等条文；（4）对"爆破拆除"作出相应调整；（5）在"文明施工"一章中，增加了有关"节地、节水、节能、节材和环境保护"等绿色施工内容的条文；（6）依据现行法规标准，结合拆除工程施工技术现状，对相应条文内容进行了修订。

本规范适用于工业与民用建筑工程、市政基础设施等整体或局部拆除工程的施工及安全管理。

2.2.2　基本规定

拆除工程施工前，应签订施工合同和安全生产管理协议。

拆除工程施工前，应编制施工组织设计、安全专项施工方案和生产安全事故应急预案。

对危险性较大的拆除工程专项施工方案，应按相关规定组织专家论证。

拆除工程施工应按有关规定配备专职安全生产管理人员，对各项安全技术措施进行监督、检查。

拆除工程施工作业前，应对拟拆除物的实际状况、周边环境、防护措施、人员清场、施工机具及人员培训教育情况等进行检查；施工作业中，应根据作业环境变化及时调整安全防护措施，随时检查作业机具状况及物料堆放情况，施工作业后，应对场地的安全状况及环境保护措施进行检查。

拆除工程施工应先切断电源、水源和气源，再拆除设备管线设施及主体结构；主体结构拆除宜先拆除非承重结构及附属设施，再拆除承重结构。

拆除工程施工不得立体交叉作业。

拆除工程施工中，应对拟拆除物的稳定状态进行监测；当发现事故隐患时，必须停止作业。

对局部拆除影响结构安全的，应先加固后再拆除。

拆除地下物，应采取保证基坑边坡及周边建筑物、构筑物的安全与稳定的措施。

拆除工程作业中，发现不明物体应停止施工，并应采取相应的应急措施，保护现场并及时向有关部门报告。

对有限空间拆除施工时，应先采取通风措施，经检测合格后再进行作业。

当进入有限空间拆除作业时，应采取强制性持续通风措施，保持空气流通。严禁采用纯氧通风换气。

对生产、使用、储存危险品的拟拆除物，拆除施工前应先进行残留物的检测和处理，合格后方可进行施工。

拆卸的各种构件及物料应及时清理、分类存放，并应处于安全稳定状态。

2.2.3　强制性条文

1. 人工拆除

人工拆除施工应从上至下逐层拆除，并应分段进行，不得垂直交叉作业。当框架结构采用人工拆除施工时，应按楼板、次梁、主梁、结构柱的顺序依次进行。

当进行人工拆除作业时，水平构件上严禁人员聚集或集中堆放物料，作业人员应在稳定的结构或脚手架上操作。

当人工拆除建筑墙体时，严禁采用底部掏掘或推倒的方式。

2. 机械拆除

当采用机械拆除建筑时，应从上至下逐层拆除，并应分段进行；应先拆除非承重结构，再拆除承重结构。

3. 安全管理

拆除工程施工前，必须对施工作业人员进行书面安全技术交底，且应有记录并签字确认。

第 3 节　了解《轻钢轻混凝土结构技术规程》JGJ 383—2016 的有关规定

《轻钢轻混凝土结构技术规程》为行业标准，编号为 JGJ 383—2016，自 2016 年 8 月 1 日起实施。

2.3.1　主要内容和适用范围

本规程的主要技术内容是：（1）总则；（2）术语和符号；（3）材料；（4）结构设计；（5）构造措施；（6）施工；（7）验收。

本规程适用于抗震设防烈度为 8 度（0.2g）及 8 度以下地区，层数不大于 6 层、房屋高度不大于 20m 的标准设防类轻钢轻混凝土结构的设计、施工及验收。

2.3.2　强制性条文

抗震设防区采用泡沫混凝土的轻钢轻混凝土剪力墙设计时，应满足设防烈度地震作用下的抗震承载力要求。

2.3.3　轻钢轻混凝土结构基本概念

轻钢轻混凝土结构是以薄壁轻钢和轻混凝土为主要材料，以快速搭建的轻钢构架为依托，集成墙体用免拆模板、楼盖用聚苯免拆模板等技术，将轻钢预制装配和轻混凝土现浇相结合的新型结构体系。《轻钢轻混凝土结构技术规程》JGJ 383—2016 主要适用于抗震设防烈度为 8 度（0.2g）及 8 度以下地区，层数不大于 6 层、房屋高度不大于 20m 的标准设防类轻钢轻混凝土结构的设计、施工及验收。

2.3.4　轻钢轻混凝土结构体系的特点

轻钢构架具有良好的刚度和承载性能，可承担施工荷载，为简化模板安装工艺及构造创造了条件；轻混凝土现场浇筑，提高了结构整体性和抗震性能，实心墙体具有良好的隔声和防火性能，克服了空心墙居住舒适性差的缺陷；轻钢构架与轻混凝土具有良好的协同工作性能，可充分发挥两种材料的优势，比轻钢结构和钢筋混凝土结构节省钢材；轻混凝土材料具有良好的热工性能，墙体保温隔热性能优于混凝土结构和砌体结构，在特定气候区可以实现墙体结构保温一体化；聚苯免拆模板混凝土楼盖与相同跨度的现浇混凝土平板相比，具有自重轻、节省混凝土和钢筋、省工、降低造价等优点，同时楼板保温隔热隔声效果好，减少了层间热量传递，提高舒适性，节约能源。

轻钢构架工厂化生产现场装配，楼盖和墙体采用聚苯免拆模板、硅酸钙板和纤维水泥平板等免拆模板，工业化程度高；免拆模板替代传统模板，节材、节水、节能，减少建筑垃圾，绿色低碳环保。轻钢轻混凝土结构体系及建造方式，符合绿色施工和建筑工业化的行业发展方向。

2.3.5　轻钢轻混凝土结构施工要点

1. 一般规定

（1）轻钢轻混凝土结构的楼盖可采用轻钢轻混凝土楼盖、聚苯免拆模板混凝土密肋楼盖以及轻钢桁架混凝土楼盖。当采用聚苯免拆模板混凝土密肋楼盖以及轻钢桁架混凝土楼盖时，楼板中的钢筋工程、模板工程和混凝土工程的施工应符合现行国家标准《混凝土结构工程施工规范》GB 50666 的有关规定。

（2）施工单位应编制施工组织技术文件，明确材料选用、施工方法、进度计划、质量保证体系和安全技术措施等，保证轻钢轻混凝土结构施工质量。施工组织技术文件应经监理工程师审核确认后实施。

（3）为便于现场堆放、储存和正确装配，提高安装效率，满足工业化建筑技术的基本要求，轻钢构件和聚苯免拆模板等出厂前分别统一编号。施工现场必须对构件进行明确标识、分类并按批次存放，以确保有序施工。

（4）施工前应根据施工工况，分别验算轻钢构架的承载力和变形，当不满足要求时，应增加临时支撑等加固措施。

（5）在施工前，应根据施工荷载、墙体高度、楼板跨度等具体情况，结合模板安装、浇筑轻混凝土等主要工况进行免拆模板及支架的设计，保证其安全可靠，具有足够的承载力和刚度。免拆模板系统的设计应考虑免拆模板及支架自重、新浇轻混凝土自重、轻钢和钢筋自重、一次浇筑轻混凝土高度对免拆模板侧面的压力、施工人员及施工设备荷载、轻混凝土下料产生的荷载、泵送混凝土或不均匀堆载等因素产生的附加荷载以及风荷载等。

（6）硅酸钙板和纤维水泥平板表面光滑，与轻混凝土的粘结力弱，易出现空鼓现象，可在产品生产阶段采取增加单面粗糙度的措施。

（7）聚苯板的承载能力较差，外侧设置钢丝网抗裂砂浆可提高聚苯板的承载能力，要求砂浆达到设计规定强度后方可浇筑轻混凝土。

（8）轻钢轻混凝土结构的施工与其他结构体系的施工均应遵守国家现行有关安全防护和环境保护等规定。聚苯免拆模板的燃烧性能等级为 B_1 级，现场应采取有效的防火措施。

2. 轻钢工程施工要点

（1）轻钢构件在工厂生产加工，加工前应根据设计图纸进行深化设计，绘制构件下料加工图。轻钢构件可在工厂也可在现场预拼接成轻钢构件单元后原位安装。

（2）轻钢构件运输和吊装时应采取防护措施，堆放场地应平整、干燥，底部应设置垫木，垫木间距不宜大于2m，堆放高度不宜大于2m。

（3）矩形轻钢采用快装连接件连接时，螺栓的预紧扭矩宜为6~10N·m，确保轻钢的位置并协同工作。

（4）墙体轻钢构件单元安装时应设置临时支撑；楼板中垂直于轻钢梁的钢拉条安装前，轻钢梁不应直接承担施工荷载。

（5）未浇筑轻混凝土的轻钢构架安装层数不宜超过2层，且高度不宜超过8m。

（6）为避免施工期间杂物及水进入钢管内，竖向矩形轻钢安装后，端口应采用专用封堵帽封堵。

3. 免拆模板工程施工要点

（1）硅酸钙板、纤维水泥平板和聚苯免拆模板的运输和储存应采取防护措施，堆放场地应平整、干燥，底部应设置垫木，垫木间距不宜大于1.2m，堆放高度不宜大于2m。聚苯免拆模板的储存尚应采取防火措施。

（2）硅酸钙板、纤维水泥平板和聚苯免拆模板安装前应绘制模板排板图。

（3）硅酸钙板、纤维水泥平板墙体模板应采用螺钉与轻钢骨架连接，并宜采用对拉螺栓和背楞加强，尚应符合下列规定：①免拆模板竖向拼缝应设置在轻钢立柱上；②螺钉宜采用十字槽沉头自钻自攻螺钉，间距不宜大于200mm，螺钉应从模板中部向四边固定，钉头应沉入模板表面，钉头表面沉入深度不应大于 1mm；③底排对拉螺栓距墙脚不宜大于 200mm；④免拆模板拼缝宽度宜为 3～5mm。浇筑泡沫混凝土时，模板拼缝应采取专门密封措施；⑤墙体阴角宜设置 L 形或矩形构造轻钢。

（4）墙体免拆模板的背楞和对拉螺栓的设置应根据轻混凝土容重及浇筑高度，按现行国家标准《混凝土结构工程施工规范》GB 50666 的有关规定计算确定。

（5）楼盖用聚苯免拆模板的制作与安装应符合下列规定：①聚苯免拆模板宜在工厂制作，当需要在现场切割时，聚苯板宜采用钢锯条切割，龙骨宜采用无齿锯切割，严禁采用电气焊切割。②拼装时模板的企口应合槽，拼缝严密。拼缝局部破损处，可采用聚氨酯发泡胶等密封。③现场开槽时宜采用热熔方法，切割或开槽时应采取可靠的防火及防止聚苯碎块撒落的措施。④吊运时应采用专用吊架，吊绳不应接触聚苯免拆模板。⑤安装时应轻拿轻放，严禁抛投，避免磕碰破损。

（6）楼盖用聚苯免拆模板安装时，模板两端可利用墙体轻钢立柱作为竖向支撑，并应符合下列规定：①连接轻钢立柱侧边的角钢规格不宜小于 L40×40×2；②角钢与轻钢立柱每个接触面的螺钉数量应根据施工荷载计算确定，且不宜少于 3 个。

（7）硅酸钙板、纤维水泥平板作为楼盖底模时，应采用螺钉与轻钢梁或钢拉条连接，其制作与安装尚应符合下列规定：①模板拼缝应设置在轻钢梁或钢拉条处，拼缝宽度宜为 3～5mm；②螺钉宜采用十字槽沉头自钻自攻螺钉，间距不宜大于 200mm，螺钉钉头应沉入模板表面，钉头表面沉入深度不应大于 1mm。

（8）轻钢轻混凝土楼板、聚苯免拆模板混凝土楼板和轻钢桁架混凝土楼板的支架应根据施工工况、免拆模板和轻钢骨架的特点，按现行国家标准《混凝土结构工程施工规范》GB 50666 的相关规定进行设计和搭设。

4. 轻混凝土工程施工要点

（1）聚苯颗粒混凝土宜在工厂预拌；泡沫混凝土宜在工厂预拌砂浆，现场混泡。

（2）轻混凝土搅拌宜采用强制式搅拌机。

（3）轻混凝土的原材料除应符合国家现行相关标准的规定外，尚应符合下列规定：①水泥宜选用早强型硅酸盐水泥或普通硅酸盐水泥；②细骨料宜选用级配良好、质地坚硬、颗粒洁净的砂子，按质量计算的含泥量不应大于 5%，泥块含量不应大于 2%；③粉煤灰宜选用 II 级及以上粉煤灰；④聚苯颗粒粒径宜为 2～3mm，其堆积密度不宜小于 10kg/m³。

（4）轻混凝土试配抗压强度应大于设计强度等级值的 1.1 倍。

（5）轻混凝土原材料的计量宜按质量计，拌合水、外加剂溶液、发泡聚苯颗粒和泡沫可按体积计；水泥、砂子、粉煤灰允许偏差应为 ±2%，水和外加剂允许偏差应为 ±1%。

（6）聚苯颗粒混凝土拌制时，宜按下列规定投料和搅拌：①加入水，将外加剂放入水中搅拌 1min；②加入水泥和砂子搅拌 2min；③加入聚苯颗粒后再搅拌 3min。

（7）泡沫混凝土拌制时，宜按下列规定投料和搅拌：①加入水，将外加剂放入水中搅拌 1min；②加入水泥和砂子搅拌 2min；③加入泡沫后再搅拌 3min。

（8）轻混凝土稠度应满足施工要求，轻混凝土拌合物的扩展度宜控制在 350～400mm。

（9）轻混凝土的拌制、运输、浇筑及间歇的全部时间不应超过轻混凝土的初凝时间。

（10）轻混凝土输送应符合下列规定：①轻混凝土输送应采用专用泵送设备，泵送设备宜采用砂浆挤压泵，并应满足输送高度和距离的要求；②特殊部位和特殊情况下可采用吊车配合料斗容器输送轻混凝土。

（11）**墙体轻混凝土浇筑应符合下列规定**：①浇筑时不应机械振捣，墙角及轻钢密集等部位可采用人工插捣、敲击模板等方式辅助振捣；②同一施工段的墙体轻混凝土宜连续浇筑，分层浇筑时，应在底层轻混凝土终凝前将上一层轻混凝土浇筑完成；③轻混凝土施工缝应预先留置，后浇筑轻混凝土前应进行界面处理；④聚苯颗粒混凝土墙体一次浇筑高度不应大于 3m，泡沫混凝土墙体一次浇筑高度不应大于 1m。

（12）**轻混凝土浇筑后应按施工技术方案养护，并应符合下列规定**：①轻混凝土楼板应在浇筑后的 12h 内进行覆膜保湿养护，覆盖物可采用塑料薄膜或草帘子，养护时间不宜少于 14d；②轻混凝土强度达到 1.2N/mm² 前，不得在其上踩踏、堆放物料、安装模板和支架。

（13）**轻混凝土冬期、高温和雨期施工应符合现行国家标准《混凝土结构工程施工规范》GB 50666 的相关规定。**

第 4 节　了解《建筑工程饰面砖粘结强度检验标准》JGJ/T 110—2017 的有关规定

《建筑工程饰面砖粘结强度检验标准》为行业标准，编号为 JGJ/T 110—2017，自 2017 年 11 月 1 日起实施。原《建筑工程饰面砖粘结强度检验标准》JGJ 110—2008 同时废止。

2.4.1　主要内容和适用范围

本标准的主要技术内容是：（1）总则；（2）术语；（3）基本规定；（4）检验方法；（5）粘结强度计算；（6）粘结强度检验评定。

本标准修订的主要技术内容是：现场粘贴一部分外墙饰面砖后就可以进行外墙饰面砖粘结强度检验；以符合标准的瓷砖胶为基准调整饰面砖粘结强度检验时间。

本标准适用于建筑工程外墙饰面砖粘结强度的检验，也适用于水泥基粘结材料满粘内墙饰面砖的粘结强度检验。

2.4.2　基本规定

粘结强度检测仪每年校准不应少于一次。发现异常时应维修、校准。

带饰面砖的预制构件进入施工现场后，应对饰面砖粘结强度进行复验。

（1）带饰面砖的预制构件应符合下列规定：

① 生产厂应提供带饰面砖的预制构件质量及其他证明文件，其中饰面砖粘结强度检验结果应符合本标准的规定。

② 复验应以每 500m² 同类带饰面砖的预制构件为一个检验批，不足 500m² 应为一个检验批。每批应取一组 3 块板，每块板应制取 1 个试样对饰面砖粘结强度进行检验。

（2）现场粘贴外墙饰面砖应符合下列规定：

① 现场粘贴外墙饰面砖施工前应对饰面砖样板粘结强度进行检验。

② 每种类型的基体上应粘贴不小于 1m² 饰面砖样板，每个样板应各制取 1 组 3 个饰面砖粘结强度试样，取样间距不得小于 500mm。

③ 大面积施工应采用饰面砖样板粘结强度合格的饰面砖、粘结材料和施工工艺。

现场粘贴施工的外墙饰面砖，应对饰面砖粘结强度进行检验。

现场粘贴饰面砖粘结强度检验应以每 $500m^2$ 同类基体饰面砖为一个检验批，不足 $500m^2$ 应为一个检验批。每批应取不少于 1 组 3 个试样，每连续 3 个楼层应取不少于 1 组试样，取样宜均匀分布。

当按现行行业标准《外墙饰面砖工程施工及验收规程》JGJ 126 采用水泥基粘结材料粘贴外墙饰面砖后，可按水泥基粘结材料使用说明书的规定时间或样板饰面砖粘结强度达到合格的龄期，进行饰面砖粘结强度检验。当粘贴后 28d 以内达不到标准或有争议时，应以 28～60d 内约定时间检验的粘结强度为准。

第 5 节　了解《建筑信息模型施工应用标准》
GB/T 51235—2017 等标准的有关规定

《建筑信息模型施工应用标准》为国家标准，编号为 GB/T 51235—2017，自 2018 年 1 月 1 日起实施。

2.5.1　主要内容和适用范围

本标准的主要技术内容是：（1）总则；（2）术语；（3）基本规定；（4）施工模型；（5）深化设计；（6）施工模拟；（7）预制加工；（8）进度管理；（9）预算与成本管理；（10）质量与安全管理；（11）施工监理；（12）竣工验收。

本标准适用于施工阶段建筑信息模型的创建、使用和管理。

2.5.2　基本规定

1. 一般规定

施工 BIM 应用的目标和范围应根据项目特点、合约要求及工程项目相关方 BIM 应用水平等综合确定。

施工 BIM 应用宜覆盖包括工程项目深化设计、施工实施、竣工验收等的施工全过程，也可根据工程项目实际需要应用于某些环节或任务。

施工 BIM 应用应事先制定施工 BIM 应用策划，并遵照策划进行 BIM 应用的过程管理。

施工模型宜在施工图设计模型基础上创建，也可根据施工图等已有工程项目文件进行创建。

工程项目相关方在施工 BIM 应用中应采取协议约定等措施确定施工模型数据共享和协同工作的方式。

工程项目相关方应根据 BIM 应用目标和范围选用具有相应功能的 BIM 软件。

BIM 软件应具备下列基本功能：（1）模型输入、输出；（2）模型浏览或漫游；（3）模型信息处理；（4）相应的专业应用；（5）应用成果处理和输出；（6）支持开放的数据交换标准。

BIM 软件宜具有与物联网、移动通信、地理信息系统等技术集成或融合的能力。

2. 施工 BIM 应用管理

工程项目相关方应明确施工 BIM 应用的工作内容、技术要求、工作进度、岗位职责、人员及设备配置等。

工程项目相关方应建立 BIM 应用协同机制，制订模型质量控制计划，实施 BIM 应用过程管理。

模型质量控制措施应包括下列内容：（1）模型与工程项目的符合性检查；（2）不同模型元素之间的相互关系检查；（3）模型与相应标准规定的符合性检查；（4）模型信息的准确性和完整性检查。

工程项目相关方宜结合 BIM 应用阶段目标及最终目标，对 BIM 应用效果进行定性或定量评价，并总结实施经验，提出改进措施。

施工 BIM 应用的成果交付应按合约规定进行。

第 6 节　了解建筑工程有关团体标准

2.6.1　钢筋套筒灌浆连接施工技术规程

发布单位：中国建筑业协会；标准编号：T/CCIAT 04—2019；施行日期：2019 年 4 月 1 日。

主要技术内容：（1）总则；（2）术语；（3）材料和机具；（4）钢筋套筒灌浆连接施工；（5）质量检验。

2.6.2　装配式混凝土结构预制构件质量检验标准

发布单位：浙江省产品与工程标准化协会；标准编号：T/ZS 0023—2018；施行日期：2018 年 12 月 20 日。

主要技术内容：（1）范围；（2）规范性引用文件；（3）术语和定义；（4）基本要求；（5）原材料检验；（6）生产检验；（7）进场检验；（8）安装检验。

2.6.3　北京市优质安装工程奖工程质量评审标准

发布单位：北京市建筑业联合会；标准编号：T/BCAT 0003—2018；施行日期：2019 年 1 月 1 日。

主要技术内容：（1）总则；（2）基本规定；（3）工程项目管理工作质量评价；（4）工程资料质量评价；（5）推广应用新技术及技术创新；（6）节能及环保；（7）工业安装工程；（8）房屋建筑机电工程；（9）城市轨道交通（地铁）设备安装工程；（10）初评检查程序及评价。

2.6.4　建筑装饰装修施工测量放线技术规程

发布单位：中国建筑装饰协会；标准编号：T/CBDA 14—2018；施行日期：2018 年 8 月 28 日。

主要技术内容：（1）总则；（2）术语；（3）基本规定；（4）控制网测试；（5）测量；（6）施工放线；（7）施工放线的验收。

2.6.5　建设工程全过程质量控制管理规程

发布单位：中国施工企业管理协会；标准编号：T/ZSQX 002—2018；施行日期：2018 年 10 月 1 日。

主要技术内容：（1）范围；（2）规范性引用文件；（3）术语和定义；（4）基本规定；（5）工程勘察；（6）工程设计；（7）工程施工；（8）工程监理；（9）工程采购；（10）工程调式；（11）工程试车；（12）工程文件管理；（13）竣工验收与评价。

2.6.6　绿色建筑工程竣工验收标准

发布单位：中国工程建设标准化协会；标准编号：T/CECS 494—2017；施行日期：

2018 年 4 月 1 日。

主要技术内容：（1）总则；（2）术语；（3）基本规定；（4）节地与室外环境；（5）节能与能源利用；（6）节水与水资源利用；（7）节材与材料资源利用；（8）室内环境质量。

2.6.7 蒸压加气混凝土保温薄板

发布单位：江苏省新型墙体材料协会；标准编号：T/JSXQX 004—2019；施行日期：2019 年 5 月 29 日。

标准范围：本标准规定了蒸压加气混凝土保温薄板的定义、分类、技术要求、试验方法、检验规则、堆放和运输。本标准适用于民用与工业建筑物的热桥部位保温用的蒸压加气混凝土保温薄板（以下简称"保温薄板"）。保温薄板应用于热桥部位时，应根据建筑物性质、地区气候条件、围护结构构造形式，依照 DGJ32/TJ 107—2010 中第五章进行热工设计，并具有相应的保温性能。

主要技术内容：（1）范围、规范性引用文件。标准编制的固有章节，列出了标准的适用范围和适用条件，明确了所引用的国家（地方或行业）的现行标准。（2）术语和定义。本章节列出了标准内的主要术语，并给出定义，这部分内容可结合生产的实际情况加以修订。（3）产品分类。本章节规定了产品的分类与标准。（4）技术要求。本章节列出了原材料要求，包括了钙质材料和硅质材料的要求。还列出了产品的质量要求和产品的各项指标要求，包括外观、尺寸允许偏差、物理性能和抗冻性能的要求。（5）试验方法。本章节列出了第六章中各项指标的试验方法，与第六章一一对应，这部分可根据企业的实际操作情况及行业中的相关指标检测方法的不断发展进行修订，如有新的国家标准或行业标准，可直接采用国行标。（6）检验规则。本章节列出了产品检验的规则要求，包括出厂检验和型式检验，具体包括检验分类、出厂检验、型式检验、组批规则、抽样、判定规则和复验规则要求。（7）产品质量证明书。本章节列出了产品质量证明书中的内容要求。（8）堆放和运输。本章节列出了产品的出厂时间、堆放场地、包装运输方式和装卸方式的要求。

第 7 节　了解有关工程建设地方标准

工程建设标准分为国家标准、行业标准、地方标准和团体标准、企业标准。国家标准、行业标准分为强制性标准、推荐性标准。

工程建设地方标准在省、自治区、直辖市范围内由省、自治区、直辖市建设行政主管部门统一计划、统一审批、统一发布、统一管理。工程建设地方标准项目的确定，应当从本行政区域工程建设的需要出发，并应体现本行政区域的气候、地理、技术等特点。对没有国家标准、行业标准或国家标准、行业标准规定不具体，且需要在本行政区域内作出统一规定的工程建设技术要求，可制定相应的工程建设地方标准。工程建设地方标准不得与国家标准和行业标准相抵触。对与国家标准或行业标准相抵触的工程建设地方标准的规定，应当自行废止。当确有充分依据，且需要对国家标准或行业标准的条文进行修改的，必须经相应标准的批准部门审批。工程建设地方标准中，对直接涉及人民生命财产安全、人体健康、环境保护和公共利益的条文，经国务院建设行政主管部门确定后，可作为强制性条文。

全国各省（市）建设行政主管部门都有发布工程建设地方标准，数量众多，本书不作一一介绍。

第8节　了解《建设项目工程总承包管理规范》GB/T 50358—2017 对质量管理的要求

《建设项目工程总承包管理规范》为国家标准，编号为 GB/T 50358—2017，自 2018 年 1 月 1 日起实施。原国家标准《建设项目工程总承包管理规范》GB/T 50358—2005 同时废止。

2.8.1　主要内容和适用范围

本规范的主要技术内容是：（1）总则；（2）术语；（3）工程总承包管理的组织；（4）项目策划；（5）项目设计管理；（6）项目采购管理；（7）项目施工管理；（8）项目试运行管理；（9）项目风险管理；（10）项目进度管理；（11）项目质量管理；（12）项目费用管理；（13）项目安全、职业健康与环境管理；（14）项目资源管理；（15）项目沟通与信息管理；（16）项目合同管理；（17）项目收尾。

本规范修订的主要技术内容是：（1）删除了原规范"工程总承包管理内容与程序"一章，其内容并入相关章节条文说明；（2）新增加了"项目风险管理""项目收尾"两章；（3）将原规范相关章节的变更管理统一归集到项目合同管理一章。

本规范适用于工程总承包企业和项目组织对建设项目的设计、采购、施工和试运行全过程的管理。

2.8.2　相关定义

（1）工程总承包（EPC）：依据合同约定对建设项目的设计、采购、施工和试运行实行全过程或若干阶段的承包。

（2）项目管理：在项目实施过程中对项目的各方面进行策划、组织、监测和控制，并把项目管理知识、技能、工具和技术应用于项目活动中，以达到项目目标的全部活动。

（3）项目管理体系：为实现项目目标，保证项目管理质量而建立的，由项目管理各要素组成的有机整体。通常包括组织机构、职责、资源、过程、程序和方法。项目管理体系应形成文件。

（4）项目质量计划：依据合同约定的质量标准，提出如何满足这些标准，并由谁及何时应使用哪些程序和相关资源的计划。

（5）项目质量控制：为使项目的产品质量符合要求，在项目的实施过程中，对项目质量的实际情况进行监督，判断其是否符合相关的质量标准，并分析产生质量问题的原因，从而制定出相应的措施，确保项目质量持续改进。

（6）缺陷责任期：从合同约定的交工日期算起，项目发包人有权通知项目承包人修复工程存在缺陷的期限。

（7）保修期：项目承包人依据合同约定，对产品因质量问题而出现的故障提供免费维修及保养的时间段。

2.8.3　项目质量管理

1. 一般规定

工程总承包企业应按质量管理体系要求，规范工程总承包项目的质量管理。

项目质量管理应贯穿项目管理的全过程，按策划、实施、检查、处置循环的工作方法进行全过程的质量控制。

项目部应设专职质量管理人员，负责项目的质量管理工作。

项目质量管理应按下列程序进行：（1）明确项目质量目标；（2）建立项目质量管理体系；（3）实施项目质量管理体系；（4）监督检查项目质量管理体系的实施情况；（5）收集、分析和反馈质量信息，并制定纠正措施。

2. 质量计划

项目策划过程中应由质量经理负责组织编制质量计划，经项目经理批准发布。

项目质量计划应体现从资源投入到完成工程交付的全过程质量管理与控制要求。

项目质量计划的编制应依据下列主要内容：（1）合同中规定的产品质量特性、产品须达到的各项指标及其验收标准和其他质量要求；（2）项目实施计划；（3）相关的法律法规、技术标准；（4）工程总承包企业质量管理体系文件及其要求。

项目质量计划应包括下列主要内容：（1）项目的质量目标、指标和要求；（2）项目的质量管理组织与职责；（3）项目质量管理所需要的过程、文件和资源；（4）实施项目质量目标和要求采取的措施。

3. 质量控制

项目的质量控制应对项目所有输入的信息、要求和资源的有效性进行控制。

项目部应根据项目质量计划对设计、采购、施工和试运行阶段接口的质量进行重点控制。

项目质量经理应负责组织检查、监督、考核和评价项目质量计划的执行情况，验证实施效果并形成报告。对出现的问题、缺陷或不合格，应召开质量分析会，并制定整改措施。

项目部按规定应对项目实施过程中形成的质量记录进行标识、收集、保存和归档。

项目部应根据项目质量计划对分包工程项目质量进行控制。

4. 质量改进

项目部人员应收集和反馈项目的各种质量信息。

项目部应定期对收集的质量信息进行数据分析，召开质量分析会议，找出影响工程质量的原因，采取纠正措施，定期评价其有效性，并反馈给工程总承包企业。

工程总承包企业应依据合同约定对保修期或缺陷责任期内发生的质量问题提供保修服务。

工程总承包企业应收集并接受项目发包人意见，获取项目运行信息，应将回访和项目发包人满意度调查工作纳入企业的质量改进活动中。

第 9 节　了解《住宅建筑室内装修污染控制技术标准［含光盘］》JGJ/T 436—2018 的有关规定

《住宅建筑室内装修污染控制技术标准［含光盘］》为行业标准，编号为 JGJ/T 436—2018，自 2019 年 1 月 1 日起实施。

2.9.1　主要内容和适用范围

本标准的主要技术内容是：（1）总则；（2）术语和符号；（3）基本规定；（4）污染物控制设计；（5）施工阶段污染物控制；（6）室内空气质量检测与验收。

本标准适用于住宅室内装饰装修材料引起的空气污染物控制。

2.9.2 基本规定

1. 一般规定

住宅装饰装修可分为专业施工单位承建的装饰装修工程阶段和工程完成后业主自行添置活动家具阶段。

装饰装修工程应在合同中明确室内空气质量控制等级和验收要求，并应将其作为交付验收的依据。

室内装饰装修工程应进行污染物控制设计，在施工阶段应按设计要求进行材料采购与施工。

空调、消防等其他专业工程应选用符合环保要求的材料，且不应对室内空气质量产生不利影响。

室内局部装饰装修或配置家具，宜按本标准的方法进行污染物控制。

本标准控制的室内空气污染物应主要包括甲醛、苯、甲苯、二甲苯、总挥发性有机化合物（简称 TVOC）。

2. 室内空气质量控制要求

室内空气污染物浓度应分为Ⅰ、Ⅱ、Ⅲ级，各污染物浓度对应的等级应符合表 2-1 的规定。室内空气质量应按污染物中最差的等级进行评定。

污染物浓度分级　　　　　　　　　　　　　　　　　　　　　　　表 2-1

污染物	浓度		
	Ⅰ级	Ⅱ级	Ⅲ级
甲醛	$C \leqslant 0.03$	$0.03 < C \leqslant 0.05$	$0.05 < C \leqslant 0.08$
苯	$C \leqslant 0.02$	$0.02 < C \leqslant 0.05$	$0.05 < C \leqslant 0.09$
甲苯	$C \leqslant 0.10$	$0.10 < C \leqslant 0.15$	$0.15 < C \leqslant 0.20$
二甲苯	$C \leqslant 0.10$	$0.10 < C \leqslant 0.15$	$0.15 < C \leqslant 0.20$
TVOC	$C \leqslant 0.20$	$0.20 < C \leqslant 0.35$	$0.35 < C \leqslant 0.50$

室内空气质量控制应符合下列规定：（1）室内空气污染物浓度不应高于Ⅲ级的限量；（2）不含活动家具的装饰装修工程室内空气污染物浓度不应高于Ⅱ级限量。

3. 材料污染物释放率分级

材料污染物释放应以 168h 对应的污染物释放率进行分级。

材料的甲醛、苯、甲苯、二甲苯、TVOC 释放率应符合国家现行相关标准的规定，合格产品的污染物释放率及对应等级的确定应符合表 2-2 的规定。

材料污染物释放率等级及限量 $[mg/(m^2 \cdot h)]$　　　　　　表 2-2

污染物 \ 等级	F1	F2	F3	F4
甲醛	$E \leqslant 0.01$	$0.01 < E \leqslant 0.03$	$0.03 < E \leqslant 0.06$	$0.06 < C \leqslant 0.12$
苯	$E \leqslant 0.01$	$0.01 < E \leqslant 0.03$	$0.03 < E \leqslant 0.06$	$0.06 < C \leqslant 0.12$
甲苯	$E \leqslant 0.01$	$0.01 < E \leqslant 0.05$	$0.05 < E \leqslant 0.10$	$0.10 < C \leqslant 0.20$
二甲苯	$E \leqslant 0.01$	$0.01 < E \leqslant 0.05$	$0.05 < E \leqslant 0.10$	$0.10 < C \leqslant 0.20$
TVOC	$E \leqslant 0.04$	$0.04 < E \leqslant 0.20$	$0.20 < E \leqslant 0.40$	$0.40 < C \leqslant 0.80$

材料的型式检验报告、进场复检报告应包括污染物释放率检测结果，不同材料对应的污染物检测参数应符合表 2-3 的规定。

材料应控制释放率的污染物 表 2-3

类型＼污染物	甲醛	苯	甲苯	二甲苯	TVOC
木地板	●○	—	—	—	●○
人造板及饰面人造板	●○	—	—	—	●○
木制家具	●○	●	●	●	●
卷材地板	—	—	—	—	●○
墙纸	●○	—	—	—	—
地毯	●○	●	●	●	●○
水性涂料	●○	●	●	●	●○
溶剂型涂料	—	●	●	●	●○
水性胶粘剂	●○	●	●	●	●○
溶剂型胶粘剂	—	●	●	●	●○

注：1. ●表示型式检验项目。
2. ○表示进场复检项目。
3. —表示不需要。

2.9.3 施工阶段污染物控制

1. 一般规定

施工阶段应按设计文件要求进行施工。当需变更时，应按规定程序办理设计变更，并应重新进行污染物控制设计。

当室内装修工程重复使用同一设计方案时，宜先做样板间。

施工组织方案中应包括装修施工污染控制的内容。

现场施工应符合职业卫生的要求。

2. 施工辅助材料

装饰装修工程施工辅助材料中内墙底漆、防腐涂料、防锈涂料、防水涂料、阻燃剂（含防火涂料）、木器涂料、腻子和填缝剂的有害物限量应符合表 2-4 的规定。

施工辅助用涂料有害物限量 表 2-4

材料种类＼污染物参数	内墙底漆	防腐涂料、防锈涂料、防水涂料、阻燃剂（含防火涂料）、木器涂料	腻子、填缝剂
总挥发性有机物	≤50g/L	≤120g/L	≤10g/kg
苯、甲苯、二甲苯、乙苯总和(mg/kg)		≤100	
游离甲醛(mg/kg)	≤50	≤100	≤50

注：水泥基类填缝剂无须按此表控制有害物。

装饰装修工程施工辅助材料中胶粘剂有害物限量应符合表 2-5 的规定。

施工辅助用胶粘剂有害物限量   表 2-5

指标 污染物参数 ＼ 材料种类	氯丁橡胶 胶粘剂	SRS 胶粘剂	缩甲醛类 胶粘剂	聚乙酸 乙烯酯 胶粘剂	非氯丁与 SRS的橡 胶胶粘剂	聚氨酯类 胶粘剂	其他胶 粘剂
游离甲醛(g/kg)	≤0.50	≤0.50	≤1.00	≤1.00	≤1.00	—	≤1.00
苯(g/kg)	≤0.20						
甲苯＋二甲苯(g/kg)	≤10.00						
总挥发性有机物(g/L)	≤250.00	≤250.00	≤350.00	≤110.00	≤250.00	≤100.00	≤350.00

3. 材料采购与抽检

工程使用的主要材料应按污染物控制设计要求进行采购。

材料进场时，应对主要材料的污染物释放率检测报告进行复核，材料应满足设计和采购合同要求；应对辅助材料有害物含量检测报告进行复核。

当装修材料使用面积大于 500m^2 时，应按本教材表 2-3 的规定进行抽检复验。

当工程中所用材料抽检复验指标不满足控制要求时，宜采用性能指示法进行设计调整，若调整仍不满足室内空气质量控制要求，该批材料不得用于工程。

4. 施工要求

室内装修施工材料使用应符合下列规定：（1）室内装修时不得使用苯、工业苯、石油苯、重质苯及混苯作为稀释剂和溶剂；（2）木地板及其他木质材料不得采用沥青、煤焦油类作为防腐、防潮处理剂；（3）不得使用以甲醛作为原料的胶粘剂；（4）不得采用溶剂型涂料如光油作为防潮基层材料。

室内装饰装修施工时，不应使用苯、甲苯、二甲苯及汽油进行除油和清除旧油漆作业。

涂料、胶粘剂、水性处理剂、稀释剂和溶剂等使用后应及时封闭存放，废料应及时清出现场。

室内不应使用有机溶剂清洗施工、保洁用具。

工程中使用的部品宜采用工厂制作。

第 10 节 熟悉《建筑施工脚手架安全技术统一标准》
GB 51210—2016 等标准的有关规定

《建筑施工脚手架安全技术统一标准》为国家标准，编号为 GB 51210—2016，自 2017 年 7 月 1 日起实施。

2.10.1 主要内容和适用范围

本标准的主要技术内容是：（1）总则；（2）术语和符号；（3）基本规定；（4）材料、构配件；（5）荷载；（6）设计；（7）结构试验与分析；（8）构造要求；（9）搭设与拆除；（10）质量控制；（11）安全管理。

本标准适用于房屋建筑工程和市政工程施工用脚手架的设计、施工、使用及管理。

2.10.2 基本规定

1. 一般规定

在脚手架搭设和拆除前，应根据工程特点编制专项施工方案，并经审批后组织实施。

脚手架的构造设计应能保证脚手架结构体系的稳定。

脚手架的设计、搭设、使用和维护应满足下列要求：(1) 应能承受设计荷载；(2) 结构应稳固，不得发生影响正常使用的变形；(3) 应满足使用要求，具有安全防护功能；(4) 在使用中，脚手架结构性能不得发生明显改变；(5) 当遇意外作用或偶然超载时，不得发生整体破坏；(6) 脚手架所依附、承受的工程结构不应受到损害。

脚手架应构造合理、连接牢固、搭设与拆除方便、使用安全可靠。

2. 安全等级和安全系数

脚手架结构设计应根据脚手架种类、搭设高度和荷载采用不同的安全等级。脚手架安全等级的划分应符合表 2-6 的规定。

脚手架的安全等级　　　　　　　　　　　　　　　　　　　表 2-6

落地作业脚手架		悬挑脚手架		满堂支撑脚手架		支撑脚手架		安全等级
搭设高度 (m)	荷载标准值(kN)	搭设高度(m)	荷载标准值(kN)	搭设高度(m)	荷载标准值(kN)	搭设高度(m)	荷载标准值(kN)	
≤40	—	≤20	—	≤16	—	≤8	≤15kN/m^2 或≤20kN/m 或≤7kN/点	Ⅱ
>40	—	>20	—	>16	—	>8	>15kN/m^2 或>20kN/m 或>7kN/点	Ⅰ

注：1. 支撑脚手架的搭设高度、荷载中任一项不满足安全等级为Ⅱ级的条件时，其安全等级应划为Ⅰ级。

2. 附着式升降脚手架安全等级均为Ⅰ级。

3. 竹、木脚手架搭设高度在现行行业标准规定的限值内，其安全等级均为Ⅱ级。

在脚手架结构或构配件抗力设计值确定时，综合安全系数指标应满足下列要求：

$$\beta = \gamma_0 \times \gamma_u \times \gamma_m \times \gamma'_m \tag{2-1}$$

强度：$\qquad\qquad\qquad\qquad \beta \geqslant 1.5$

稳定：

作业脚手架：$\qquad\qquad\qquad \beta \geqslant 2.0$

支撑脚手架、新研制的脚手架：$\qquad \beta \geqslant 2.2$

式中　β——脚手架结构、构配件综合安全系数；

γ_0——结构重要性系数，应根据本章表 2-7 的规定取值；

γ_u——永久荷载和可变荷载分项系数加权平均值，取为 1.254（由可变荷载起控制作用的荷载基本组合）、1.363（由永久荷载起控制作用的荷载基本组合）；

γ_m——材料抗力分项系数，对于钢管脚手架应按现行国家标准《冷弯薄壁型钢结构技术规范》GB 50018 的规定取 1.165；

γ'_m——材料强度附加系数，构配件及节点连接强度取 1.05，作业脚手架稳定承载力取 1.40，支撑脚手架稳定承载力及新研制的脚手架稳定承载力取 1.50。

脚手架结构重要性系数 γ_0，应按表 2-7 的规定取值。

脚手架结构重要性系数 γ_0 表 2-7

结构重要性系数	承载能力极限状态设计	
	安全等级	
	I	II
γ_0	1.1	1.0

脚手架所使用的钢丝绳承载力应具有足够的安全储备，钢丝绳安全系数 K_s 取值应符合下列规定：（1）重要结构用的钢丝绳安全系数不应小于 9；（2）一般结构用的钢丝绳安全系数应为 6；（3）用于手动起重设备的钢丝绳安全系数宜为 4.5，用于机动起重设备的钢丝绳安全系数不应小于 6；（4）用作吊索、无弯曲时的钢丝绳安全系数不应小于 6，有弯曲时的钢丝绳安全系数不应小于 8；（5）缆风绳用的钢丝绳安全系数宜为 3.5。

2.10.3 构造要求

1. 一般规定

脚手架的构造和组架工艺应能满足施工需求，并应保证架体牢固、稳定。

脚手架杆件连接节点应满足其强度和转动刚度要求，应确保架体在使用期内安全，节点无松动。

脚手架所用杆件、节点连接件、构配件等应能配套使用，并应能满足各种组架方法和构造要求。

脚手架的竖向和水平剪刀撑应根据其种类、荷载、结构和构造设置，剪刀撑斜杆应与相邻立杆连接牢固；可采用斜撑杆、交叉拉杆代替剪力撑。门式钢管脚手架设置的纵向交叉拉杆可替代纵向剪力撑。

竹脚手架应只用于作业脚手架和落地满堂支撑脚手架，木脚手架可用于作业脚手架和支撑脚手架。竹、木脚手架的构造及节点连接技术要求应符合脚手架相关的国家现行标准的规定。

2. 作业脚手架

作业脚手架的宽度不应小于 0.8m，且不宜大于 1.2m。作业层高度不应小于 1.7m，且不宜大于 2m。

作业脚手架应按设计计算和构造要求设置连墙件，并应符合下列规定：（1）连墙件应采用能承受压力和拉力的构造，并应与建筑结构和架体连接牢固；（2）连墙点的水平间距不得超过 3 跨，竖向间距不得超过 3 步，连墙点之上架体的悬臂高度不应超过 2 步；（3）在架体的转角处、开口型作业脚手架端部应增设连墙件，连墙件的垂直间距不应大于建筑物层高，且不应大于 4m。

在作业脚手架的纵向外侧立面上应设置竖向剪刀撑，并应符合下列规定：（1）每道剪刀撑的宽度应为 4～6 跨，且不应小于 6m，也不应大于 9m；剪刀撑斜杆与水平面的倾角应在 45°～60°。（2）搭设高度在 24m 以下时，应在架体两端、转角及中间每隔不超过 15m 处各设置一道剪刀撑，并由底至顶连续设置；搭设高度在 24m 及以上时，应在全外侧立面上由底至顶连续设置。（3）悬挑脚手架、附着式升降脚手架应在全外侧立面上由底至顶连续设置。

当采用竖向斜撑杆、竖向交叉拉杆替代作业脚手架竖向剪刀撑时，应符合下列规定：

（1）在作业脚手架的端部、转角处应各设置一道。（2）搭设高度在 24m 以下时，应每隔 5～7 跨设置一道；搭设高度在 24m 及以上时，应每隔 1～3 跨设置一道；相邻竖向斜撑杆应朝向对称呈八字形设置（图 2-1）。（3）每道竖向斜撑杆、竖向交叉拉杆应在作业脚手架外侧相邻纵向立杆间由底至顶按步连续设置。

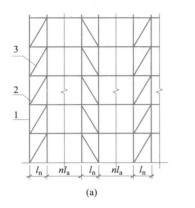 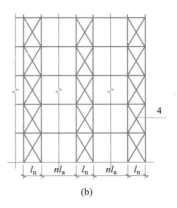

图 2-1　作业脚手架竖向斜撑杆布置示意

（a）竖向斜撑杆布置；（b）竖向交叉拉杆布置

1—立杆；2—水平杆；3—斜撑杆；4—交叉拉杆

作业脚手架底部立杆上应设置纵向和横向扫地杆。

悬挑脚手架立杆底部应与悬挑支承结构可靠连接；应在立杆底部设置纵向扫地杆，并应间断设置水平剪刀撑或水平斜撑杆。

附着式升降脚手架应符合下列规定：（1）竖向主框架、水平支承桁架应采用桁架或刚架结构，杆件应采用焊接或螺栓连接。（2）应设有防倾、防坠、超载、失载、同步升降控制装置，各类装置应灵敏可靠。（3）在竖向主框架所覆盖的每个楼层均应设置一道附墙支座；每道附墙支座应能承担该机位的全部荷载；在使用工况时，竖向主框架应与附墙支座可靠固定。（4）当采用电动升降设备时，电动升降设备连续升降距离应大于一个楼层高度，并应有可靠的制动和定位功能。（5）防坠落装置与升降设备的附着固定应分别设置，不得固定在同一附着支座上。

作业脚手架的作业层上应满铺脚手板，并应采取可靠的连接方式与水平杆固定。当作业层边缘与建筑物间隙大于 150mm 时，应采取防护措施。作业层外侧应设置栏杆和挡脚板。

3. 支撑脚手架

支撑脚手架的立杆间距和步距应按设计计算确定，且间距不宜大于 1.5m，步距不应大于 2m。

支撑脚手架独立架体高宽比不应大于 3。

当有既有建筑结构时，支撑脚手架应与既有建筑结构可靠连接，连接点至架体主节点的距离不宜大于 300mm，应与水平杆同层设置，并应符合下列规定：（1）连接点竖向间距不宜超过 2 步；（2）连接点水平向间距不宜大于 8m。

支撑脚手架应设置竖向剪刀撑，并应符合下列规定：（1）安全等级为Ⅱ级的支撑脚手架应在架体周边、内部纵向和横向每隔不大于9m处设置一道；（2）安全等级为Ⅰ级的支撑脚手架应在架体周边、内部纵向和横向每隔不大于6m处设置一道；（3）竖向剪刀撑斜杆间的水平距离宜为6～9m，剪刀撑斜杆与水平面的倾角应为45°～60°。

当采用竖向斜撑杆、竖向交叉拉杆代替支撑脚手架竖向剪刀撑时，应符合下列规定。

（1）安全等级为Ⅱ级的支撑脚手架应在架体周边、内部纵向和横向每隔6～9m处设置一道；安全等级为Ⅰ级的支撑脚手架应在架体周边、内部纵向和横向每隔4～6m处设置一道。每道竖向斜撑杆、竖向交叉拉杆可沿支撑脚手架纵向、横向每隔2跨在相邻立杆间从底至顶连续设置（图2-2）；也可沿支撑脚手架竖向每隔2步距连续设置。斜撑杆可采用八字形对称布置（图2-3）。

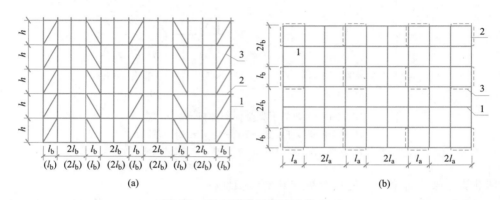

图 2-2　竖向斜撑杆布置示意（一）
（a）立面；（b）平面
1—立杆；2—水平杆；3—斜撑杆

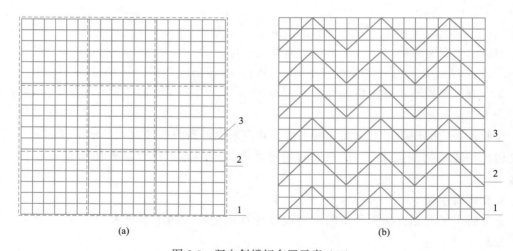

图 2-3　竖向斜撑杆布置示意（二）
（a）平面；（b）立面
1—立杆；2—斜撑杆；3—水平杆

（2）支撑脚手架上的荷载标准值大于30kN/m²时，可采用塔形桁架矩阵式布置，塔形桁架的水平截面形状及布局，可根据荷载等因素选择（图2-4）。

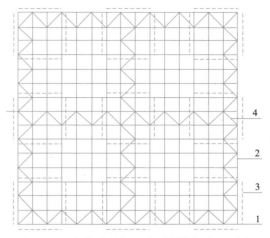

图 2-4 竖向塔形桁架、水平斜撑杆布置示意
1—立杆；2—水平杆；3—竖向塔形桁架；4—水平斜撑杆

支撑脚手架应设置水平剪刀撑，并应符合下列规定：（1）安全等级为Ⅱ级的支撑脚手架宜在架顶处设置一道水平剪刀撑；（2）安全等级为Ⅰ级的支撑脚手架应在架顶、竖向每隔不大于 8m 处各设置一道水平剪刀撑；（3）每道水平剪刀撑应连续设置，剪刀撑的宽度宜为 6～9m。

当采用水平斜撑杆、水平交叉拉杆代替支撑脚手架每层的水平剪刀撑时，应符合下列规定：（1）安全等级为Ⅱ级的支撑脚手架应在架体水平面的周边、内部纵向和横向每隔不大于 12m 处设置一道；（2）安全等级为Ⅰ级的支撑脚手架宜在架体水平面的周边、内部纵向和横向每隔不大于 8m 处设置一道；（3）水平斜撑杆、水平交叉拉杆应在相邻立杆间连续设置。

支撑脚手架剪刀撑或斜撑杆、交叉拉杆的布置应均匀、对称。

【强制性条文】支撑脚手架的水平杆应按步距沿纵向和横向通长连续设置，不得缺失。在支撑脚手架立杆底部应设置纵向和横向扫地杆，水平杆和扫地杆应与相邻立杆连接牢固。

安全等级为Ⅰ级的支撑脚手架顶层 2 步距范围内架体的纵向和横向水平杆宜按减小步距加密设置。

当支撑脚手架顶层水平柱承受荷载时，应经计算确定其杆端悬臂长度，并应小于 150mm。

当支撑脚手架局部所承受的荷载较大，立杆须加密设置时，加密区的水平杆应向非加密区延伸不少于一跨；非加密区立杆的水平间距应与加密区立杆的水平间距互为倍数。

支撑脚手架的可调底座和可调托座插入立杆的长度不应小于 150mm，其可调螺杆的外伸长度不宜大于 300mm。当可调托座调节螺杆的外伸长度较大时，宜在水平方向设有限位措施，其可调螺杆的外伸长度应按计算确定。

当支撑脚手架同时满足下列条件时，可不设置竖向、水平剪刀撑：（1）搭设高度小于 5m，架体高宽比小于 1.5；（2）被支承结构自重面荷载不大于 5kN/m²，线荷载不大于 8kN/m；（3）杆件连接节点的转动刚度符合本标准要求；（4）架体结构与既有建筑结构按本教材 2.10.3 中支撑脚手架的规定可靠连接；（5）立杆基础均匀，满足承载力要求。

满堂支撑脚手架应在外侧立面、内部纵向和横向每隔 6～9m 由底至顶连续设置一道竖向剪刀撑；在顶层和竖向间隔不大于 8m 处各设置一道水平剪刀撑，并应在底层立杆上设置纵向和横向扫地杆。

可移动的满堂支撑脚手架搭设高度不应超过 12m，高宽比不应大于 1.5。应在外侧立面、内部纵向和横向间隔不大于 4m 处由底至顶连续设置一道竖向剪力撑；应在顶层、扫地杆设置层和竖向间隔不超过 2 步分别设置一道水平剪刀撑。应在底层立杆上设置纵向和横向扫地杆。

可移动的满堂支撑脚手架应有同步移动控制措施。

2.10.4 搭设与拆除

脚手架搭设和拆除作业应按专项施工方案施工。

脚手架搭设作业前，应向作业人员进行安全技术交底。

脚手架的搭设场地应平整、坚实，场地排水应顺畅，不应有积水。脚手架附着于建筑结构处的混凝土强度应满足安全承载要求。

脚手架应按顺序搭设，并应符合下列规定：（1）落地作业脚手架、悬挑脚手架的搭设应与工程施工同步，一次搭设高度不应超过最上层连墙件 2 步，且自由高度不应大于 4m；（2）支撑脚手架应逐排、逐层进行搭设；（3）剪刀撑、斜撑杆等加固杆件应随架体同步搭设，不得滞后安装；（4）构件组装类脚手架的搭设应自一端向另一端延伸，自下而上按步架设，并应逐层改变搭设方向；（5）每搭设完一步架体后，应按规定校正立杆间距、步距、垂直度及水平杆的水平度。

【强制性条文】作业脚手架连墙件的安装必须符合下列规定：（1）连墙件的安装必须随作业脚手架搭设同步进行，严禁滞后安装；（2）作业脚手架操作层高出相邻连墙件 2 个步距及以上时，在上层连墙件安装完毕前，必须采取临时拉结措施。

悬挑脚手架、附着式升降脚手架在搭设时，其悬挑支承结构、附着支座的锚固和固定应牢固可靠。

附着式升降脚手架组装就位后，应按规定进行检验和升降调试，符合要求后方可投入使用。

【强制性条文】脚手架的拆除作业必须符合下列规定：（1）架体的拆除应从上而下逐层进行，严禁上下同时作业；（2）同层杆件和构配件必须按先外后内的顺序拆除；剪刀撑、斜撑杆等加固杆件必须在拆卸至该杆件所在部位时再拆除；（3）作业脚手架连墙件必须随架体逐层拆除，严禁先将连墙件整层或数层拆除后再拆架体。拆除作业过程中，当架体的自由端高度超过 2 个步距时，必须采取临时拉结措施。

模板支撑脚手架的安装与拆除作业应符合现行国家标准《混凝土结构工程施工规范》GB 50666 的规定。

　　脚手架的拆除作业不得重锤击打、撬别。拆除的杆件、构配件应采用机械或人工运至地面，严禁抛掷。

　　当在多层楼板上连续搭设支撑脚手架时，应分析多层楼板间荷载传递对支撑脚手架、建筑结构的影响，上下层支撑脚手架的立杆宜对位设置。

　　脚手架在使用过程中应分阶段进行检查、监护、维护、保养。

2.10.5　质量控制

　　施工现场应建立健全脚手架工程的质量管理制度和搭设质量检查验收制度。

　　脚手架工程应按下列规定进行质量控制：(1) 对搭设脚手架的材料、构配件和设备应进行现场检验；(2) 脚手架搭设过程中应分步校验，并应进行阶段施工质量检查；(3) 在脚手架搭设完工后应进行验收，并在验收合格后方可使用。

　　搭设脚手架的材料、构配件和设备应按进入施工现场的批次分品种、规格进行检验，检验合格后方可搭设施工，并应符合下列规定：(1) 新产品应有产品质量合格证，工厂化生产的主要承力杆件、涉及结构安全的构件应具有型式检验报告；(2) 材料、构配件和设备质量应符合本标准及国家现行相关标准的规定；(3) 按规定应进行施工现场抽样复验的构配件，应经抽样复验合格；(4) 周转使用的材料、构配件和设备，应经维修检验合格。

　　在对脚手架材料、构配件和设备进行现场检验时，应采用随机抽样的方法抽取样品进行外观检验、实量实测检验、功能测试检验。抽样比例应符合下列规定：(1) 按材料、构配件和设备的品种、规格应抽检 1%～3%；(2) 安全锁扣、防坠装置、支座等重要构配件应全数检验；(3) 经过维修的材料、构配件抽检比例不应少于 3%。

　　脚手架在搭设过程中和阶段使用前，应进行阶段施工质量检查，确认合格后方可进行下道工序施工或阶段使用，在下列阶段应进行阶段施工质量检查：(1) 搭设场地完工后及脚手架搭设前，附着式升降脚手架支座、悬挑脚手架悬挑结构固定后；(2) 首层水平杆搭设安装后；(3) 落地作业脚手架和悬挑作业脚手架每搭设一个楼层高度，阶段使用前；(4) 附着式升降脚手架在每次提升前、提升就位后和每次下降前、下降就位后；(5) 支撑脚手架每搭设 2～4 步或不大于 6m 高度时。

　　脚手架在进行阶段施工质量检查时，应依据本标准及脚手架相关的国家现行标准的要求，采用外观检查、实量实测检查、性能测试等方法进行检查。

　　在落地作业脚手架、悬挑脚手架、支撑脚手架达到设计高度后，附着式升降脚手架安装就位后，应对脚手架搭设施工质量进行完工验收。脚手架搭设施工质量合格判定应符合下列规定：(1) 所用材料、构配件和设备质量应经现场检验合格；(2) 搭设场地、支承结构件固定应满足稳定承载的要求；(3) 阶段施工质量检查合格，符合本标准及脚手架相关的国家现行标准、专项施工方案的要求；(4) 观感质量检查应符合要求；(5) 专项施工方案、产品合格证及型式检验报告、检查记录、测试记录等技术资料应完整。

2.10.6　安全管理

1. 一般规定

　　施工现场应建立脚手架工程施工安全管理体系和安全检查、安全考核制度。

　　脚手架工程应按下列规定实施安全管理：(1) 搭设和拆除作业前，应审核专项施工方案；(2) 应查验搭设脚手架的材料、构配件、设备检验和施工质量检查验收结果；(3) 使用过程中，应检查脚手架安全使用制度的落实情况。

脚手架的搭设和拆除作业应由专业架子工担任，并应持证上岗。

搭设和拆除脚手架作业时应有相应的安全设施，操作人员应佩戴个人防护用品，穿防滑鞋。

脚手架在使用过程中，应定期进行检查，检查项目应符合下列规定：（1）主要受力杆件、剪刀撑等加固杆件、连墙件应无缺失、无松动，架体应无明显变形；（2）场地应无积水，立杆底端应无松动、无悬空；（3）安全防护设施应齐全、有效，应无损坏缺失；（4）附着式升降脚手架支座应牢固，防倾、防坠装置应处于良好工作状态，架体升降应正常平稳；（5）悬挑脚手架的悬挑支承结构应固定牢固。

当脚手架遇有下列情况之一时，应进行检查，确认安全后方可继续使用：（1）遇有 6级及以上强风或大雨过后；（2）冻结的地基土解冻后；（3）停用超过 1 个月；（4）架体部分拆除；（5）其他特殊情况。

2. 安全要求

【强制性条文】脚手架作业层上的荷载不得超过设计允许荷载。

【强制性条文】严禁将支撑脚手架、缆风绳、混凝土输送泵管、卸料平台及大型设备的支承件等固定在作业脚手架上。严禁在作业脚手架上悬挂起重设备。

雷雨天气、6 级及以上强风天气应停止架上作业；雨、雪、雾天气应停止脚手架的搭设和拆除作业；雨、雪、霜后上架作业应采取有效的防滑措施，并应清除积雪。

作业脚手架外侧和支撑脚手架作业层栏杆应采用密目式安全网或其他措施全封闭防护。密目式安全网应为阻燃产品。

作业脚手架临街的外侧立面、转角处应采取硬防护措施，硬防护的高度不应小于1.2m，转角处硬防护的宽度应为作业脚手架宽度。

作业脚手架同时满载作业的层数不应超过 2 层。

在脚手架作业层上进行电焊、气焊和其他动火作业时，应采取防火措施，并应设专人监护。

在脚手架使用期间，立杆基础下及附近不宜进行挖掘作业。当因施工需要须进行挖掘作业时，应对架体采取加固措施。

在搭设和拆除脚手架作业时，应设置安全警戒线、警戒标志，并应派专人监护，严禁非作业人员入内。

脚手架与架空输电线路的安全距离、工地临时用电线路架设及脚手架接地、防雷措施，应按现行行业标准《施工现场临时用电安全技术规范（附条文说明）》JGJ 46 执行。

支撑脚手架在施加荷载的过程中，架体下严禁有人。当脚手架在使用过程中出现安全隐患时，应及时排除；当出现可能危及人身安全的重大隐患时，应停止架上作业，撤离作业人员，并应由工程技术人员组织检查、处置。

第 11 节　熟悉《建筑装饰装修工程质量验收标准》 GB 50210—2018 的有关规定

《建筑装饰装修工程质量验收标准》为国家标准，编号为 GB 50210—2018，自 2018

年 9 月 1 日起实施。原《建筑装饰装修工程质量验收规范》GB 50210—2001 同时废止。

2.11.1　主要内容和适用范围

本标准的主要技术内容是：（1）总则；（2）术语；（3）基本规定；（4）抹灰工程；（5）外墙防水工程；（6）门窗工程；（7）吊顶工程；（8）轻质隔墙工程；（9）饰面板工程；（10）饰面砖工程；（11）幕墙工程；（12）涂饰工程；（13）裱糊与软包工程；（14）细部工程；（15）分部工程质量验收。

本标准修订的主要内容是：新增了外墙防水工程一章；新增了保温层薄抹灰工程一节；将原饰面板（砖）工程一章分成饰面板工程、饰面砖工程两章；将吊顶工程分成整体面层吊顶工程、板块面层吊顶工程和格栅吊顶工程；涂饰工程和裱糊与软包工程新增允许偏差和检验方法；删除了木门窗制作和散热器罩制作与安装的相关条文；幕墙工程列出主控项目和一般项目，其验收内容、检验方法、检查数量由各幕墙技术标准规定。

本标准适用于新建、扩建、改建和既有建筑的装饰装修工程的质量验收。

本标准应与现行国家标准《建筑工程施工质量验收统一标准》GB 50300 配套使用。

2.11.2　基本规定

1. 设计

建筑装饰装修工程应进行设计，并应出具完整的施工图设计文件。

建筑装饰装修设计应符合城市规划、防火、环保、节能、减排等有关规定。建筑装饰装修耐久性应满足使用要求。

承担建筑装饰装修工程设计的单位应对建筑物进行了解和实地勘察，设计深度应满足施工要求。由施工单位完成的深化设计应经建筑装饰装修设计单位确认。

既有建筑装饰装修工程设计涉及主体和承重结构变动时，必须在施工前委托原结构设计单位或者具有相应资质条件的设计单位提出设计方案，或由检测鉴定单位对建筑结构的安全性进行鉴定。

建筑装饰装修工程的防火、防雷和抗震设计应符合现行国家标准的规定。

当墙体或吊顶内的管线可能产生冰冻或结露时，应进行防冻或防结露设计。

2. 材料

建筑装饰装修工程所用材料的品种、规格和质量应符合设计要求和国家现行标准的规定。不得使用国家明令淘汰的材料。

建筑装饰装修工程所用材料的燃烧性能应符合现行国家标准《建筑内部装修设计防火规范》GB 50222 和《建筑设计防火规范》GB 50016 的规定。

建筑装饰装修工程所用材料应符合国家有关建筑装饰装修材料有害物质限量标准的规定。

建筑装饰装修工程采用的材料、构配件应按进场批次进行检验。属于同一工程项目且同期施工的多个单位工程，对同一厂家生产的同批材料、构配件、器具及半成品，可统一划分检验批，对品种、规格、外观和尺寸等进行验收，包装应完好，并应有产品合格证书、中文说明书及性能检验报告，进口产品应按规定进行商品检验。

进场后需要进行复验的材料种类及项目应符合本标准各章的规定，同一厂家生产的同一品种、同一类型的进场材料应至少抽取一组样品进行复验，当合同另有更高要求时应按合同执行。抽样样本应随机抽取，满足分布均匀、具有代表性的要求，获得认证的产品或来源稳定且连续三批均一次检验合格的产品，进场验收时检验批的容量可扩大一倍，且仅可扩大一次。扩大检验批后的检验中，出现不合格情况时，应按扩大前的检验批容量重新验收，且该产品不得再次扩大检验批容量。

当国家规定或合同约定应对材料进行见证检验时，或对材料质量发生争议时，应进行见证检验。

建筑装饰装修工程所使用的材料在运输、储存和施工过程中，应采取有效措施防止损坏、变质和污染环境。

建筑装饰装修工程所使用的材料应按设计要求进行防火、防腐和防虫处理。

3. 施工

施工单位应编制施工组织设计方案并经过审查批准。施工单位应按有关的施工工艺标准或经审定的施工技术方案施工，并应对施工全过程实行质量控制。

承担建筑装饰装修工程施工的人员上岗前应进行培训。

建筑装饰装修工程施工中，不得违反设计文件擅自改动建筑主体、承重结构或主要使用功能。

未经设计确认和有关部门批准，不得擅自拆改主体结构和水、暖、电、燃气、通信等配套设施。

施工单位应采取有效措施控制施工现场的各种粉尘、废气、废弃物、噪声、振动等对周围环境造成的污染和危害。

施工单位应建立有关施工安全、劳动保护、防火和防毒等的管理制度，并应配备必要的设备、器具和标识。

建筑装饰装修工程应在基体或基层的质量验收合格后施工。对既有建筑进行装饰装修前，应对基层进行处理。

建筑装饰装修工程施工前应有主要材料的样板或做样板间（件），并应经有关各方确认。

墙面采用保温隔热材料的建筑装饰装修工程，所用保温隔热材料的类型、品种、规格及施工工艺应符合设计要求。

管道、设备安装及调试应在建筑装饰装修工程施工前完成；当必须同步进行时，应在饰面层施工前完成。装饰装修工程不得影响管道、设备等的使用和维修。涉及燃气管道和电气工程的建筑装饰装修工程施工应符合有关安全管理的规定。

建筑装饰装修工程的电气安装应符合设计要求。不得直接埋设电线。

隐蔽工程验收应有记录，记录应包含隐蔽部位照片。施工质量的检验批验收应有现场检查原始记录。

室内外装饰装修工程施工的环境条件应满足施工工艺的要求。

建筑装饰装修工程施工过程中应做好半成品、成品的保护，防止污染和损坏。

建筑装饰装修工程验收前应将施工现场清理干净。

【强制性条文】

（1）既有建筑装饰装修工程设计涉及主体和承重结构变动时，必须在施工前委托原结构设计单位或者具有相应资质条件的设计单位提出设计方案，或由检测鉴定单位对建筑结构的安全性进行鉴定。

（2）建筑外门窗安装必须牢固。在砌体上安装门窗严禁采用射钉固定。

（3）推拉门窗扇必须牢固，必须安装防脱落装置。

（4）重型设备和有振动荷载的设备严禁安装在吊顶工程的龙骨上。

（5）幕墙与主体结构连接的各种预埋件，其数量、规格、位置和防腐处理必须符合设计要求。

第 12 节　熟悉《装配式劲性柱混合梁框结构技术规程》JGJ/T 400—2017 等标准的有关规定

《装配式劲性柱混合梁框结构技术规程》为行业标准，编号为 JGJ/T 400—2017，自 2017 年 10 月 1 日起实施。

2.12.1　主要内容和适用范围

本规程主要技术内容是：（1）总则；（2）术语和符号；（3）材料；（4）结构计算；（5）构造规定；（6）构件制作、存放与运输；（7）装配施工；（8）工程验收。

本规程适用于抗震设防烈度为 6 度、7 度和 8 度地震区装配式劲性柱混合梁框架结构工程的设计、施工及验收。

2.12.2　装配式劲性柱混合梁框架结构基本概念

装配式劲性柱混合梁框架结构是由劲性柱、混合梁和混凝土叠合楼板通过可靠连接方式装配而成的框架结构。劲性柱采用外包混凝土进行防腐、防火，柱内设置竖向加劲板来提高梁柱节点处的受剪承载力，混合梁两端可埋置一定长度的工字形钢接头，也可采用型钢混凝土梁，劲性柱和混合梁通过工字形钢接头进行连接，工字形钢接头的腹板通过高强度螺栓连接，翼缘采用焊接连接。混合梁箍筋间隔伸出梁顶，并与叠合板板端预留钢筋绑扎连接。装配式劲性柱混合梁框架结构是融合装配式混凝土结构及钢-混凝土组合结构为一体的一种新型结构，其特点是结构简单、施工方便，所有构件采用工厂制造，现场安装，能够有效地缩短工期、降低成本，且能做到结构安全可靠。

2.12.3　构件制作、存放与运输要点

1. 一般规定

（1）原材料进场时，应按现行国家标准《混凝土结构工程施工质量验收规范》GB 50204 和《钢结构工程施工质量验收规范》GB 50205 的有关规定进行检验，合格后方可使用。

（2）构件制作前应根据建筑、结构和设备等专业以及制作、运输和施工各环节的综合要求进行施工设计。

（3）构件制作前，设计单位应对生产单位进行技术交底。

（4）构件制作前应编制生产方案，生产方案应包括生产计划及生产工艺、模具方案及模具计划、技术质量控制措施、成品保护及运输、吊装方案等。

（5）预制构件应在混凝土浇筑前进行隐蔽工程检查并做好记录。

（6）构件断面的高宽比大于 2.5 时，存放时下部应加支撑或有坚固的存放架，上部应拉牢固定。

2. 构件制作要点

（1）模具尺寸允许偏差及检验方法应符合规程规定。

（2）固定在模具上的预埋件、预留孔洞中心位置的允许偏差及检验方法应符合规程规定。检查中心线位置时，应取纵、横两个方向量测的较大值。

（3）外墙板装饰层采用面砖时，面砖宜排版规则、缝隙均匀，面砖抗拔检测应符合现行行业标准规定；外墙板装饰层采用石材时，应进行专项连接设计。

（4）混合梁预制时模具应侧放，叠合板预制层预制时模具应平放，楼梯预制时模具宜立放，劲性柱、内外叶墙板预制时模具可平放或立放。

（5）零件及部件加工应根据设计和施工详图编制制作工艺。钢构件的切割、焊接、运输、吊装、探伤检验应符合现行国家标准《钢结构工程施工质量验收规范》GB 50205 和《钢结构焊接规范》GB 50661 的有关规定。

（6）栓钉焊接前，应将构件焊接面的油、锈等杂物清除；焊接后栓钉高度的允许偏差应为±2mm。

（7）预制构件预埋吊环应使用未经冷加工的 HPB300 钢筋或 Q235B 圆钢制作，并应进行设计验算；内埋式螺母或内埋式吊杆及配套的吊具，应根据相应的产品标准选用，并应进行设计验算或试验检验，经验证合格后方可使用。

（8）劲性柱钢管外混凝土宜在工厂内浇筑。

（9）预制构件的混凝土强度等级应符合设计要求，并应振捣密实。

（10）预制构件与后浇混凝土、灌浆料、坐浆材料的结合面应设置粗糙面或键槽，并应符合现行行业标准《装配式混凝土结构技术规程》JGJ 1 的有关规定。

（11）预制构件宜采用蒸汽养护，应合理控制升温速度、降温速度和最高温度。

（12）预制构件脱模起吊时，混凝土立方体抗压强度应满足设计要求，且不应小于 $15N/mm^2$。

（13）生产过程中混凝土试块的留置应符合下列规定：①每条生产线每工作班拌制的同一配合比混凝土不足 100 盘时，取样不应少于一次；每拌制 100 盘且不超过 $100m^3$ 的同配合比的混凝土，取样不应少于一次；②每次取样应至少留置一组标准养护试块，同条件养护试块的留置组数应根据构件生产的实际需要确定。

3. 构件存放与运输要点

（1）施工单位应制定预制构件存放、运输方案，其内容应包括运输时间、次序、存放场地、运输线路、固定要求、堆放支垫及成品保护措施。

（2）构件存放应符合下列规定：①预制构件运送到施工现场后，应按品种、规格、使用部位、吊装顺序分别设置存放场地和通道；②存放场地应设置在起重设备的有效起重范围内，场地应平整坚实并设置排水措施；③劲性柱、混合梁宜平放，支撑点位置应经计算确定；④叠合板的预制板宜沿垂直受力方向设置垫块分层叠放，每层间的垫块应上下对齐，叠放层数应根据构件、垫块的承载力和堆垛的稳定性确定；⑤内、外墙板宜采用支撑架立放，支撑架应有足够的强度和刚度，并应支垫稳固。

（3）构件运输应符合下列规定：①运输车辆应满足构件尺寸和载重要求；②构件支承的位置和方法，不应引起构件损伤；③构件装运时应可靠固定，对构件边角部或与固定用链索接触的部位，宜采用柔性衬垫加以保护；④预制构件运输时，混凝土强度应达到设计要求，当设计无要求时，不应低于混凝土设计强度的 75%。

2.12.4 装配施工要点

1. 一般规定

（1）装配式劲性柱混合梁框架结构施工前，施工单位应编制装配施工专项方案。

（2）进入现场的预制构件应具有出厂合格证及质量证明文件，必要时应提供性能检测报告。

（3）冬期施工应符合现行行业标准《建筑工程冬期施工规程》JGJ/T 104 的有关规定。

（4）后浇混凝土部位在浇筑前应进行隐蔽工程验收，验收项目应符合现行行业标准《装配式混凝土结构技术规程》JGJ 1 的有关规定。

2. 施工测量要点

（1）施工测量前，应收集有关测量资料，熟悉设计图纸，建立平面控制网和高程控制网。

（2）每层楼面轴线垂直控制点不应少于 4 个，楼层上的控制线应由底层原始点直接向上传递引测。

（3）每个楼层应设置 1 个高程引测控制点。

（4）预制构件吊装前，应在构件和相应的支承结构上设置控制线和标高，按设计要求校核预埋件及连接钢筋等的数量、位置、尺寸或牌号，并应做出标识。

（5）沉降观测应符合现行行业标准《建筑变形测量规范》JGJ 8 的有关规定。

（6）施工测量除应符合本规程的规定外，尚应符合现行国家标准《工程测量规范》GB 50026 的有关规定。

3. 构件吊装要点

（1）吊具应按相应的产品标准进行设计验算或试验检验，确认可靠后，方可使用。

（2）预制构件吊装应符合下列规定：①预制构件应按吊装顺序预先编号，吊装时应按编号顺序起吊；②竖向构件起吊不应少于 2 个吊点，叠合板不应少于 4 个吊点，跨度大于 6m 的叠合板宜采用 8 个吊点；③吊装过程中，吊索水平夹角不宜小于 60°，不应小于 45°，并应保证吊点合力与构件重心重合；④预制构件吊装校正，可采用起吊、就位、初步校正、精细调整的作业方式；⑤预制构件吊装就位并校准定位后，应设置临时支撑或采取临时固定措施。

（3）预制构件临时支撑的验算和拆除应符合现行国家标准《混凝土结构工程施工规范》GB 50666 的有关规定。

4. 安装施工要点

（1）劲性柱的钢管拼接时，宜分段对称施焊，并应采取有效措施减少焊接残余应力和变形。

（2）高强度螺栓的安装应符合现行行业标准《钢结构高强度螺栓连接技术规程》JGJ 82 的有关规定。

（3）劲性柱钢管内混凝土宜采用自密实混凝土，施工前应进行配合比设计，可采用高位抛落免振捣法、立式手工浇捣法、泵送顶升浇筑法进行浇筑，且应符合下列规定：①采用高位抛落免振捣法时，料口的下口直径应比圆形截面钢管内径、正方形截面钢管截面边长小 100～200mm；②采用立式手工浇捣法时，应采用振捣器振实混凝土；③采用泵送顶升浇筑法浇筑混凝土时，施工前宜进行浇筑工艺试验；④钢管内混凝土宜连续浇筑，间歇时间不应超过混凝土的初凝时间；⑤混凝土施工缝宜留置在钢管拼接焊口 500mm 以下的位置；⑥已浇混凝土顶部浮浆宜采用吸附式清除；⑦钢管混凝土宜采用管口封水养护。

（4）叠合板叠合层、混合梁顶水平后浇带的混凝土施工应符合下列规定：①浇筑前应清除杂物、浮浆及松散骨料，并应清扫干净，洒水湿润，但不应有积水；②宜先浇筑梁柱工字形钢接头处外包混凝土，叠合板叠合层浇筑宜采用从周圈向中间的浇筑方式；③混凝土应振捣密实，梁柱工字形钢接头处应辅以外部振动器振实；④混凝土强度达到设计要求后，方可拆除临时支撑。

（5）外墙板接缝防水施工应符合下列规定：①外侧水平、竖直接缝的密封胶封堵前，侧壁应清理干净，保持干燥；②外侧水平、竖直接缝的密封胶应饱满、密实、连续、均匀、无气泡，注胶宽度、厚度应符合现行行业标准《玻璃幕墙工程质量检验标准》JGJ/T 139 的有关规定。

5. 安全控制要点

（1）施工过程中应按现行行业标准《建筑施工安全检查标准》JGJ 59、《建筑施工现场环境与卫生标准》JGJ 146 的有关规定执行。

（2）作业人员应进行安全生产教育和培训，未经安全生产和教育培训合格的作业人员不得上岗作业。

（3）施工区域应配置消防设施和器材，设置消防安全标志，并定期检验、维修，消防设施和器材应完好、有效。

（4）预制构件吊装应采用慢起、快升、缓放的操作方式；起吊应依次逐级增加速度，不应越挡操作。雨、雪、雾天气，或者风力大于 5 级时，不应吊装预制构件。

（5）作业人员应配备劳动防护用品并正确使用；高处作业使用的工具和零配件等，应采取防坠落措施，严禁上下抛掷。

2.12.5　工程验收基本规定

（1）装配式劲性柱混合梁框架结构应在施工单位自行检验合格的基础上，按现行国家标准《建筑工程施工质量验收统一标准》GB 50300 的有关规定进行子分部工程的验收。

（2）装配式劲性柱混合梁框架结构子分部工程可划分为模板分项工程、钢筋分项工程、混凝土分项工程、现浇结构分项工程及装配式结构分项工程。装配式结构分项工程应包括预制构件、安装与连接两个部分。各分项工程可根据与施工方式相一致且便于控制施工质量的原则，按进场批次、工作班、楼层、结构缝或施工段划分为若干检验批。

（3）模板分项工程、钢筋分项工程、混凝土分项工程、现浇结构分项工程的检验应符合现行国家标准《混凝土结构工程施工质量验收规范》GB 50204 的有关规定。

（4）对涉及混凝土结构安全的有代表性的部位应进行结构实体检验，结构实体检验应符合现行国家标准《混凝土结构工程施工质量验收规范》GB 50204 的有关规定。

第 13 节　熟悉《混凝土升板结构技术标准》 GB/T 50130—2018 的有关规定

《混凝土升板结构技术标准》为国家标准，编号为 GB/T 50130—2018，自 2018 年 12 月 1 日起实施。原《钢筋混凝土升板结构技术规范》GBJ 130—90 同时废止。

2.13.1　主要内容和适用范围

本标准的主要技术内容是：（1）总则；（2）术语和符号；（3）基本规定；（4）结构计算；（5）结构设计；（6）构件制作与安装；（7）楼盖提升与固定；（8）工程验收。

本次修订的主要内容是：（1）修订了简化计算时的等代框架法；（2）补充了升板结构房屋适用高度、构件抗震等级等规定；（3）补充了升板结构在水平荷载作用下的层间位移要求；（4）补充完善了升板结构计算规定；（5）增加了板柱-支撑结构的有关内容；（6）补充了提升系统的有关要求；（7）完善了构件制作与安装要求；（8）完善了工程验收要求。

本标准适用于抗震设防烈度不超过 8 度的建筑工程中混凝土升板结构的设计、施工及验收。

2.13.2　定义

升板结构：由安装在结构柱上的提升系统将在施工现场叠层预制的楼盖结构依次提升到设计标高位置，并通过后连接节点与竖向、水平结构构件连接而形成整体的结构体系，包括板柱结构、板柱-支撑结构、板柱-剪力墙结构。

2.13.3　基本规定

1. 材料

混凝土升板结构中，钢筋混凝土结构构件的混凝土强度等级不应低于 C30，预应力混凝土结构构件的混凝土强度等级不宜低于 C40。

混凝土升板结构中，纵向普通钢筋宜采用 HRB400、HRB500 钢筋；箍筋可采用 HRB400、HRB335、HPB300 钢筋；预应力筋宜采用预应力钢绞线；当采用钢柱或钢管混凝土柱时，钢材宜采用 Q345 或以上等级钢材。

混凝土、钢筋和钢材的力学性能指标等应符合现行国家标准《混凝土结构设计规范》GB 50010、《建筑抗震设计规范》GB 50011 和《钢结构设计标准》GB 50017 的有关规定。

升板结构的维护墙体宜采用轻质材料。

2. 结构布置

升板结构中，柱可设计为钢筋混凝土柱、钢管混凝土柱或钢柱，楼盖可根据柱网尺寸、荷载大小、刚度需求、楼板开洞状况及施工条件等设计为钢筋混凝土或预应力混凝土平板、密肋板、空心板或格梁板。

升板结构的整体布置应保证结构在施工过程中的稳定性。建筑物中的钢筋混凝土井筒等可作为抗侧力结构。

升板结构宜采用不设防震缝的结构方案。当需要设置时，防震缝宽度应符合下列规定：（1）板柱结构中防震缝宽度应符合现行国家标准《建筑抗震设计规范》GB 50011 关于钢筋混凝土框架结构的相关规定；（2）板柱-剪力墙结构和板柱-支撑结构中防震缝宽度应符合现行国家标准《建筑抗震设计规范》GB 50011 关于框架-剪力墙结构的相关规定。

升板结构楼盖中伸缩缝的最大间距不宜超过 75m。当采取可靠措施后，伸缩缝的最大间距可适当增加。

板柱结构的平面柱网结构布置宜均匀、对称。

板柱-支撑结构中，支撑宜沿建筑物的两个主轴方向布置；支撑间距不宜超过楼盖宽度的 2 倍；支撑宜上、下连续布置，当不能连续布置时，宜在邻跨布置。

板柱-剪力墙结构中，剪力墙应沿建筑物的两个主轴方向均匀布置，并应符合下列规定：（1）剪力墙的间距不宜超过楼盖宽度的 3 倍，宜沿竖向贯通布置；（2）应避免楼板开洞对水平力传递的影响，当位于剪力墙之间的楼板有较大开洞时，应计入楼盖平面内变形的影响；（3）应形成双向抗侧力体系；（4）宜避免结构刚度偏心；（5）剪力墙的基础应有良好的整体性和抗转动能力。

3. 施工要求

升板结构施工时，应根据设备提升能力及设计要求划分提升单元。单元的提升与连接固定方案应经设计单位认可。

电梯井筒、楼梯间剪力墙作为楼板提升过程的抗侧力结构时，宜先行施工。

升板结构的施工应符合现行国家标准《混凝土结构工程施工规范》GB 50666 及《钢结构工程施工规范》GB 50755 的有关规定。

升板结构施工中，楼盖的提升施工应编制专项施工方案，施工方案应经技术论证。

2.13.4 构件制作与安装

1. 一般规定

升板结构的构件制作与安装应符合国家现行标准《混凝土结构工程施工规范》GB 50666、《钢结构工程施工规范》GB 50755 和《装配式混凝土结构技术规程》JGJ 1 的有关规定。

构件制作前应按现行国家标准《混凝土结构工程施工质量验收规范》GB 50204 的规定对原材料、供应品、生产过程中的半成品和成品进行验收。

混凝土构件的制作模具应具有规定的强度、刚度和整体稳固性，并应满足构件预留孔、插筋、预埋吊件及其他预埋件的定位要求。

采用后浇混凝土或砂浆、灌浆料连接的预制构件结合面，应按设计要求进行粗糙面处理。

2. 柱

升板结构中，预制混凝土柱的制作应符合下列规定：（1）截面尺寸的制作偏差不应大于 5mm。（2）柱高度不大于 20m 时，侧向弯曲变形不应超过 12mm；柱高度大于 20m 时，侧向弯曲变形不应超过 15mm。（3）柱顶和柱底的表面应平整，并应垂直于柱的轴线。（4）柱底部中线与轴线偏移不应超过 5mm，柱顶竖向偏差不应超过柱高的 1/1000，且不大于 20mm。（5）柱预留齿槽位置应符合设计要求，棱角应方正。预留齿槽深度不应超过受力钢筋的保护层厚度，宽度宜为 75～100mm。（6）柱上就位孔位置应准确，孔的轴线偏差及孔底两端高差均不应超过 5mm，孔底应平整，同一标高的孔底标高允许偏差应为 -15～0mm，孔的尺寸允许偏差应为 -5～+10mm。（7）预制混凝土柱在脱模起吊时，同条件养护的混凝土立方体试块抗压强度不宜小于 15N/mm²。

升板结构中，钢管混凝土柱的制作应符合下列规定：（1）钢管内混凝土宜采用自密实混凝土，采用其他混凝土材料时，应保证混凝土浇筑密实。（2）钢管内混凝土应连续浇筑完成。当不能连续浇筑时，可留设施工缝。施工缝宜留于钢管端口以下 500～600mm 处。混凝土终凝后，可注入清水养护，水深不宜少于 200mm。（3）钢管混凝土的浇筑质量可采用敲击钢管或其他有效方法进行检查。

升板结构中，钢柱的制作应符合下列规定：（1）钢柱底部中线与轴线偏移不应超过 5mm。柱顶竖向偏差不应超过柱高的 1/1000，且不应大于 20mm。（2）就位孔位置应准确，孔的轴线偏差及孔底两端高差均不应超过 5mm，孔底应平整，同一标高的孔底标高允许偏差应为 −15～0mm，孔的尺寸允许偏差应为 −5～+10mm。（3）停歇孔位置应根据提升程序确定，其质量要求应与就位孔相同。柱的上下两孔之间的净距不应小于 300mm。

预制混凝土柱中预埋件的安装应符合下列规定：（1）预埋件不应凸出柱面，凹进柱面不宜超过 3mm；（2）预埋件表面应平整，不得有翘曲变形。

预制柱须接长时，接头数不宜超过 3 个，并应保护预留接长钢筋。

现浇混凝土柱可采用升模或滑模施工，并应符合下列规定：（1）采用滑模施工时，宜按提升单元进行施工。滑模施工宜连续进行，并应控制滑模速度。当柱高度与界面较小边长之比大于 50 或柱高超过 30m 时，应有保证稳定的施工技术措施。（2）采用升模施工时，其浇筑位置由每次施工高度确定，操作平台、柱模及脚手架应按现行国家标准《混凝土结构工程施工规范》GB 50666 的有关规定进行设计，并不应影响提升施工。（3）在现浇混凝土柱上进行提升施工时，其混凝土强度不应低于 15MPa。

提升施工需要工具柱时，工具柱的制作与安装应符合下列规定：（1）工具柱应经专门设计，应构造合理、安全可靠、通用性强及方便拆装；（2）工具柱的布置应合理，提升期间应保证其稳定性；（3）采用钢管制作工具柱时，宜采用无缝钢管；（4）当承重结构达到设计要求后，方可拆除工具柱；（5）工具柱应定期检查与维修，有变形、损伤、严重锈蚀等缺陷时，不得使用。

3. 楼盖

制作首层楼盖时，地下室顶板可作为胎模，并应进行承载力和变形验算。

采用首层地坪作为胎膜时，在施工首层楼盖前应对首层地坪下方的地基进行处理。地基处理应符合下列规定：（1）地基处理方案应经技术经济比较综合确定。经处理后的地坪下垫层，其承载力应进行验算。（2）基础垫层材料可选用砂石、粉质黏土、灰土、粉煤灰、矿渣等。基础垫层的厚度应根据需要置换软弱土的深度或下卧层的承载力确定；垫层底面的宽度应满足基础底面应力扩散的要求。（3）基础垫层的压实标准应符合现行行业标准《建筑地基处理技术规范》JGJ 79 的有关规定。

胎模施工应符合下列规定：（1）胎模应平整光洁，不应下沉、开裂、起砂或起鼓；（2）胎模的垫层应分层夯实、均匀密实；（3）提升环位置胎模标高的相对允许偏差应为 ±2mm；（4）胎模设伸缩缝时，伸缩缝与楼板接触处应做好隔离处理。

楼板与胎模之间及楼板与楼板之间应设置隔离层。隔离层施工应符合下列规定：（1）隔离层材料应具有防水性、耐磨性，且应易于清除，可采用涂刷或铺贴式材料。（2）涂刷隔离层时，胎模和楼板的混凝土强度不应低于 1.2MPa。隔离层涂刷应均匀，应待其表面干燥后再进行下道工序。（3）采用铺贴式材料时，铺贴应平整，接槎处的搭接宽度不应小于 50mm。（4）隔离层应进行保护。施工过程有破损时，应在混凝土浇筑前修补；修补时应避免污染钢筋、混凝土芯模及其他填充材料。

楼盖中预埋件的设置应符合下列规定：（1）楼盖中的预埋件、预留孔和预留洞均不得遗漏，且应安装牢固，其位置偏差不应超过 3mm；（2）设置锚筋的预埋件，锚筋中心至锚板边缘的距离不应小于 2 倍锚筋直径和 20mm，锚筋应位于构件的外层主筋的内侧；（3）楼盖内有预埋管线时，预埋管线应在浇筑混凝土前预先放置并固定，固定时应采用防止管线破坏及污染表面的保护措施；（4）板的各种预留孔洞应画线预留，并在浇筑混凝土前校正。预留孔拆模后，应避免浇筑上一层板时混凝土进入预留孔。

密肋板的施工应符合下列规定：（1）密肋板施工，可采用塑料、金属等工具式模壳、预制混凝土芯模或用轻质材料填充；格梁板施工，可采用预制钢筋混凝土芯模或定型组合钢模。（2）工具式模壳或芯模，应保证使用时的强度与刚度，其表面应平整光滑、规格统一、边缘整齐。（3）工具式模壳或芯模应弹线放置，底部应垫实。工具式模壳应预涂隔离剂。采用预制混凝土芯模或填充材料时，其表面宜粗糙，并应有规整的外形，浇筑混凝土前，芯模或填充材料应浇水润湿，但不应损坏隔离层。（4）应在各层板四周的外侧支好边模，在其下部每隔适当位置应留出排水孔，避免隔离层被水浸泡。

空心楼盖的制作应符合下列规定：（1）空心楼盖内模的外观质量、尺寸偏差、物理力学性能应符合现行行业标准《现浇混凝土空心楼盖技术规程》JGJ/T 268 的有关规定。（2）施工中应采取防止内模损坏的措施。内模在板面钢筋安装之前发生损坏时，应予以更换；在板面钢筋安装之后发生损坏时，应修补完整。（3）浇筑混凝土时，应采取防止内模上浮及钢筋移位的措施。（4）浇筑混凝土的过程中，应对内模进行观察和维护，发生异常情况时，应按施工方案进行处理。（5）施工中内模需要接长时，可将内模直接对接；内模需要截断时，应采取措施保证截断后内模的完整性。（6）空心楼盖预埋管线的安装应与钢筋安装、预应力筋铺设、内模安装等工序交叉进行。

4. 剪力墙

剪力墙作为施工阶段的抗侧力结构时，应在楼盖提升前施工。在提升过程中，应按设计要求和提升程序的规定及时完成楼盖与剪力墙的连接。

现浇剪力墙施工时，应在基础梁或下一层墙体内设置插筋。钢筋混凝土墙体的插筋数量不应低于设计要求。

墙体配筋宜优先采用焊接钢筋网片。在运输、堆放和吊装过程中，应采取措施防止钢筋产生弯折变形和焊点脱开。

钢筋的搭接部分应调直并绑扎牢固。搭接位置和长度应符合设计要求。双排钢筋之间、钢筋与模板之间应采取措施保证其位置准确。

剪力墙钢筋绑扎应与模板的提升速度相适应，水平钢筋应在混凝土入模前绑扎完毕。

现浇剪力墙施工过程中，当风力大于 6 级时，应暂停升提或升滑，并应采取保证竖向结构整体稳定的措施。

采用预制墙体外墙模时，应先将外墙模安装到位，再进行内衬现浇混凝土剪力墙的钢筋绑扎。

预制墙体插筋影响现浇混凝土结构部分钢筋绑扎时，可在预制构件上预留接驳器，待现浇混凝土墙体钢筋绑扎完成后，再将插筋旋入接驳器。

在升层结构中，围护墙体的制作与安装应符合下列规定：（1）在提升阶段，围护墙体应采取保证自身稳定的措施。（2）升板结构的墙板应在楼板脱模后安装。墙板就位、校正后，应与楼板临时支撑固定，并完成墙板拼缝的镶嵌。有条件时，宜进行外装饰。

在升层结构中，应采取下列增加稳定性的措施：（1）剪力墙应先施工；（2）楼层搁置后，板柱节点应采取临时连接措施；（3）施工中，应观测柱的侧向变形，变形值不应超过柱高度的 1/1000，且不应大于 20mm。

2.13.5 楼盖提升与固定

1. 一般规定

楼盖提升前，施工单位除应编制施工方案外，尚应编制专项安全施工方案。

提升荷载应包括楼盖自重与施工荷载，并应考虑提升差异及振动的影响。提升阶段利用楼盖提运材料、设备时应经验算，并应规定允许堆放范围。

提升时混凝土同条件养护的混凝土立方体试块抗压强度应符合设计要求。

楼盖提升前，应做好各种准备工作，并应进行技术交底。

在提升过程中，应对柱的水平偏移和楼盖提升点的升差进行监测。

在提升过程中，群柱应有可靠的稳定措施，并应在允许的风力环境下施工。

楼盖在提升中的临时停歇搁置和到达设计标高就位时，应检查楼盖的平面位置、搁置偏差等，偏差超过允许范围时应分析原因并进行调整。

提升设备应建立维修保养制度并定期校验。提升机应编号并建立使用、维修、保养档案卡片。施工过程中应定期检查提升设备的承重部件的磨损程度，超过限值时应予调换。

固定或临时固定楼盖的承重装置及其连接应经验算，保证其承载力、刚度和稳定性。

2. 提升系统

对于结构布置均匀的升板结构，初选设备时，提升力的设计值可按下式估算：

$$F_l = \eta_L (G_k + Q_{Ck}) A \tag{2-2}$$

式中　η_L——荷载效应放大系数，考虑提升过程中的动力效应、提升差异等影响对荷载进行调整，当提升差异不超过 10mm 时，η_L 值可取 1.6～3；

　　　A——提升机所担负的楼盖范围，可按两相邻区格楼盖的中线划分（m²）；

　　　G_k——楼盖自重荷载标准值（kN/m²）；

　　　Q_{Ck}——提升阶段楼盖上的施工荷载（kN/m²）。

提升系统的使用负载应由提升力确定，提升力的设计值应按下列公式计算：

（1）永久荷载效应起控制作用时：

$$F_l = (\gamma_G S_{Gk} + \gamma_{CQ} \psi_{CQ} S_{Qk}) \cdot K + \gamma_l \psi_{CQ} S_{Lk} \tag{2-3}$$

（2）可变荷载效应起控制作用时：

$$F_l = (\gamma_G S_{Gk} + \gamma_{CQ} S_{Qk}) \cdot K + \gamma_l S_{Lk} \tag{2-4}$$

式中　γ_G——板自重作用分项系数，永久荷载效应起控制作用时取 1.35，可变荷载效应起控制作用时取 1.2；

　　　γ_{CQ}——施工活荷载作用分项系数，应取 1.4；

　　　γ_l——提升差异作用分项系数，应取 1.25；

　　　K——动力系数，应取 1.2；

　　　S_{Gk}——板自重作用效应值；

　　　S_{Qk}——施工荷载作用效应值；

　　　S_{Lk}——提升差异作用效应值；

　　　ψ_{CQ}——可变荷载组合系数，应取 0.7。

选取提升设备时，应将额定负荷能力乘以折减系数后作为其提升操作使用的设计值。对穿心式千斤顶，折减系数可取 0.8～0.9；电动螺杆升板机可不折减；其他设备的折减系数应通过试验确定。

提升吊杆可采用钢绞线或钢拉杆，且应符合下列规定：（1）吊杆应采用高强度、延性及可焊性好的钢材，残余变形超过 5‰时应予以更换。（2）吊杆的端头应牢固。采用焊接时，其焊接质量应经检测，焊接端头强度不应低于母材的强度。（3）采用钢绞线做吊索时，应选用低松弛钢绞线，其质量应符合现行国家标准《预应力混凝土用钢绞线》GB/T 5224 的规定。钢绞线吊索锁具质量应符合现行国家标准《预应力筋用锚具、夹具和连接器》GB/T 14370 的规定。（4）楼盖的提升预留环和承压孔应与吊杆相匹配，安装千斤顶的支架及其与柱的连接应经验算，且应满足承载力、刚度和稳定性要求。

选用提升吊杆时，其拉力设计值不应小于提升力设计值，并应符合下列规定：（1）钢绞线的拉力设计值不应超过其极限抗拉力标准值的 50％。（2）高强钢拉杆的拉力设计值不应超过其极限抗拉力标准值的 60％。

3. 楼盖提升

楼盖在提升前，应制定提升程序，其内容应包括：提升方式、步距、吊杆组配、群柱稳定措施及施工进度等。

各台提升机或千斤顶工作应同步，安装时应使提升机或千斤顶基座水平，其中线应与柱的轴线对准，提升丝杆和吊杆或吊索应垂直并松紧一致。

提升施工前应先进行楼盖的脱模。脱模后，应按基准线进行校核与调整，板搁置前后应测调并做好记录。脱模顺序可按角、边、中柱为序，也可由边柱向里逐排进行，每次提升高度不宜大于 5mm。

楼盖脱开后应作空中悬停，并应对提升柱的偏移、结构变形、连接构造等进行检查，符合设计要求后方可继续提升。

楼盖在提升过程中应同步提升，相邻柱间的提升差异不应超过 10mm，搁置差异不应超过 5mm。

楼盖不宜在提升中途悬挂停歇；特殊情况下必须悬挂停歇时，应采取有效的支撑措施。

楼盖提升过程中，升板结构不得作为其他设施的支撑点或缆索锚点。

4. 楼盖固定

混凝土升板结构的楼盖提升就位后，应及时按设计要求对楼盖固定。

混凝土升板结构的楼盖就位时的位置偏差应符合下列规定：（1）楼盖的平面位移不应大于 25mm；（2）楼盖的就位偏差不应大于 5mm。

采用后浇柱帽固定楼盖时，后浇柱帽范围内楼盖底部的隔离层应清理干净；混凝土界面应进行凿毛处理并湿润；节点中钢筋应可靠连接；后浇混凝土应振捣密实，并应采取专门措施进行养护。

采用承重销固定楼盖时，楼盖与承重销间应紧密、平整，承重销应无变形，并应采取防腐蚀与防火保护措施。

5. 临时稳定措施

对 4 层以上的升板结构，在提升过程中最上 2 层楼盖应至少有 1 层楼盖交替与柱子楔紧，并应尽早使楼盖与柱形成刚接。

采用柱顶式提升时，应利用柱顶间的临时走道将各柱顶连接稳固。

柱安装时，边柱的停歇孔应与板边垂直，相邻排柱的停歇孔宜互相垂直。

在提升过程中，可增设柱间临时可拆卸支撑。当结构设有电梯井、楼梯间等筒体时，也可利用其作为结构侧向支撑，此时筒体宜先施工。

5 层或 20m 以上的升板结构，在提升和搁置时，应至少有一层板与先期施工的抗侧力结构有可靠的连接。

6. 支撑安装

支撑的安装应符合专项施工方案和现行国家标准《钢结构工程施工规范》GB 50755 的规定。

支撑可按施工前准备、施工前检查、运输、误差消除、起吊、临时固定、校正、最终固定的步骤进行安装。

支撑应在主体结构完成后安装。

支撑施工安装偏差应符合表 2-8 的规定。

支撑安装允许偏差　　　　　　　　　　　　　　表 2-8

项目		允许偏差 a（mm）	图例
支撑底板中心线对定位轴线的安装偏移		10.0	
支撑的平面外垂直度		10.0	
支撑锚栓位置	锚栓预留孔中心对定位轴线偏移	10.0	
	锚栓中心对定位轴线偏移	2.0	
支撑底板螺栓孔对底板中心线的偏移		1.5	

第 14 节　熟悉《重型结构和设备整体提升技术规范》 GB 51162—2016 的有关要求

《重型结构和设备整体提升技术规范》为国家标准，编号为 GB 51162—2016，自 2016 年 12 月 1 日起实施。

2.14.1　主要内容和适用范围

本规范的主要技术内容是：（1）总则；（2）术语和符号；（3）基本规定；（4）荷载与作用；（5）重型结构整体提升的结构系统；（6）重型设备（门式起重机）整体提升的结构系统；（7）计算机控制液压提升系统；（8）重型结构和设备整体提升等。

本规范适用于提升重量不超过 8000t、提升高度不超过 100m 的大型建筑结构和提升重量不超过 6000t、提升高度不超过 120m 的大型设备，并采用计算机控制液压整体提升工程的设计和施工。

2.14.2　基本规定

重型结构和设备整体提升工程应编制施工组织设计专项施工方案。

重型结构和设备整体提升工程的结构在施工期间各种工况下，结构可靠度应按现行国家标准《建筑结构可靠度设计统一标准》GB 50068，采用以概率理论为基础的极限状态设计方法，用分项系数表达式进行计算。

重型结构和设备整体提升的正式提升过程宜控制在 10d 内。施工前应根据中、短期气象预报使整体提升作业时间避开大风、冰雪灾害等不利气象和环境条件。

重型结构和设备整体提升工程的结构安全等级宜为二级。

重型结构和设备整体提升的结构承载能力极限状态设计应按可变荷载效应控制的基本组合，并应采用下列设计表达式进行设计：

$$S(\gamma_G G_k, 1.4 Q_{Gk}, \omega_k, 0.7 Q_{Lk}, \sum_{i=4}^n \gamma_i \psi_{Ci} Q_i) \leqslant R(\gamma_R, f_k, \alpha_k, \cdots) \tag{2-5}$$

式中　γ_G——永久荷载分项系数，对结构不利时取 1.2，对结构有利时取 0.9；

G_k——永久荷载标准值（一般为提升支承结构及提升用设备重）；

Q_{Gk}——被提升结构和设备重量的标准值；

ω_k——整体提升中不同工作阶段单位迎风面积上的水平风荷载标准值；

Q_{Lk}——平台活载的标准值；

Q_i——除上述可变荷载外，其余第 i 个可变荷载标准值，$i=4\sim n$；

ψ_{Ci}——可变荷载 Q_i 的组合值系数，一般取 0.7；

γ_i——可变荷载 Q_i 的分项系数，一般为 1.4，仅对温度作用取 1；

γ_R——结构抗力分项系数，与国家现行结构设计规范同样取值；

f_k——材料强度的标准值；

α_k——几何参数标准值。

【强制性条文】重型结构和设备整体提升必须进行提升过程各控制工况的承载力、刚度验算，并应保证整体稳固性。当被提升结构、设备和支承结构在安装过程中会发生结构体系转换时，应建立整体计算模型对被提升结构、设备和支承结构进行施工工况验算。

重型结构和设备整体提升中支承结构与被提升结构的变形应满足正常使用极限状态的要求，并应符合下式要求：

$$S_d\left(G_k, Q_{Gk}, \varphi_{fw}\omega_k, Q_{Lk}, \sum_{i=4}^{n} \gamma_i \psi_{Ci} Q_i\right) \leqslant C \tag{2-6}$$

式中 φ_{fw} ——风荷载的频遇值系数，取 0.4，但 $\varphi_{fw}\omega_k$ 不小于 $0.2\mathrm{kN/m^2}$；

C ——结构设计中验算变形控制标准值。

在满足安装工艺要求及被提升结构原设计要求的前提下，验算变形控制标准值 C 应符合下列要求：（1）提升支承结构塔或柱的顶点水平位移不应大于 $H/120$，且不应大于 0.8m（H 为塔或柱的总高度）；（2）提升支承结构体系中梁的弯曲变形不应大于 $L/400$（L 为梁的跨度）；（3）被提升结构的弯曲变形不应大于 $L_0/250$（L_0 为被提升结构支点距离）；（4）被提升结构应处于弹性变形状态；（5）当支承结构与被提升结构组成的系统为超静定结构时，支承结构支点的相邻基础沉降变形差不应超过相邻基础间距的 1/350；（6）被提升结构的晃动不应大于 $\pm300\mathrm{mm}$，安全距离不应小于 200mm。

2.14.3 荷载与作用

1. 荷载与作用选择

重型结构和设备整体提升施工荷载与作用应按支承结构的安装、提升、加固、拆除四个阶段分别确定，并应符合下列规定：（1）安装阶段：以 6 级风以内（含 6 级风）可以安装，8 级风以内结构不加固为原则确定荷载，荷载包括处于安装过程中的支承结构自重及 8 级风荷载。对应的结构为安装过程中的支承结构。（2）提升阶段：以 6 级风（含 6 级风）以内可以提升，8 级风以内原结构不加固为原则确定荷载。荷载包括支承结构自重、被提升结构自重、活荷载、8 级风荷载。对应的结构为完整的支承结构。（3）加固阶段：在超过 8 级风时，应按应急预案对被提升结构及支承结构进行加固。荷载包括支承结构自重、被提升结构自重、大风风载（按气象预报，在设计阶段一般按当地 10 年一遇大风设计加固预案）、加固结构自重及作用力（缆风绳拉力）。对应的结构为经加固的支承结构。（4）拆除阶段：应按具体条件制定拆除工艺，并对每一步骤的结构状态按自重及 6 级风荷载做验算。拆除周期超过一周应按 8 级风荷载验算。对应的结构为处于拆除过程中的支承结构。

根据工程所处自然环境不同，可变荷载与作用还应包括雪荷载、温度（日照作用）、地基变形、不同步提升差、吊装过程中附加水平力作用等。

2. 重力荷载

支承结构自重 G_k 的标准值均应按实际计算。

被提升结构或设备重及附件重 Q_{Gk}、提升配重、随被提升结构同步上升的脚手架重等荷载标准值均应按实际计算。

液压设备、平台上操作人员和随身携带工具重等设备提升平台活荷载标准值 Q_{Lk} 可取 $10\mathrm{kN/m^2}$。重型结构和设备整体提升人员作业平台荷载可取 $1\mathrm{kN/m^2}$，若平台有设备，则荷载应按实际计算。

3. 风荷载

作用于支承结构或被提升结构表面单位面积上的水平风荷载标准值应按下式计算：

$$\omega_k = \beta \mu_s \mu_z \bar{\omega}_0^* \tag{2-7}$$

式中　ω_0^*——相应施工阶段的 10m 高处风压代表值，按下文的（1）规定取值；

　　　μ_z——高度 z 处的风压高度变化系数，按表 2-9 取值；

　　　μ_s——风荷载体型系数，按表 2-10 取值；

　　　β——整体提升结构体系风振系数，提升设备时，提升结构的风振系数可取 1.5；提升建筑结构时，提升结构的风振系数可取 1.3。

（1）施工阶段风压代表值 ω_0^* 应按支承结构的不同阶段取值，并应符合下列规定。①在支承结构安装阶段和工作阶段，风压代表值应为 $\omega_0^* = 0.22\text{kN/m}^2$。②支承结构加固阶段：在提升系统设计时，$\omega_0^*$ 应按现行国家标准《建筑结构荷载规范》GB 50009 规定的 10 年一遇风压取值，在紧急情况下，应按气象预报修正。③支承结构拆除阶段：应按实际风力状况，ω_0^* 不应小于 0.1kN/m^2（6 级风）。

（2）对平坦的或稍有起伏的地形，风压高度变化系数，应根据地面粗糙度类别按表 2-9 确定。

风压高度变化系数 μ_z　　　　　　　　　　表 2-9

离地面或海平面高度(m)	地面粗糙度类别			
	A	B	C	D
5	1.17	1.00	0.74	0.62
10	1.38	1.00	0.74	0.62
15	1.52	1.14	0.74	0.62
20	1.63	1.25	0.84	0.62
30	1.80	1.42	1.00	0.62
40	1.92	1.56	1.13	0.73
50	2.03	1.67	1.25	0.84
60	2.12	1.77	1.35	0.93
70	2.20	1.86	1.45	1.02
80	2.27	1.95	1.54	1.11
90	2.34	2.02	1.62	1.19
100	2.40	2.09	1.70	1.27
150	2.64	2.38	2.03	1.61
200	2.83	2.61	2.30	1.92
250	2.99	2.80	2.54	2.19
300	3.12	2.97	2.75	2.45
350	3.12	3.12	2.94	2.68
400	3.12	3.12	3.12	2.91
≥450	3.12	3.12	3.12	3.12

注：1. 地面粗糙度 A 类指近海海面、海岛、海岸、湖岸及沙漠地区。
　　2. B 类指田野、乡村、丛林、丘陵以及房屋比较稀疏的中小城市郊区。
　　3. C 类指有密集建筑群的中等城市市区。
　　4. D 类指有密集建筑群但房屋较高的大城市市区。

整体提升结构常用风荷载的体型系数可按表 2-10 确定。

整体提升结构常用风荷载体型系数　　　　　　　　　　　　　　表 2-10

结构类型			μ_s
单层迎风面的平面、单个型钢			1.30
缆风绳			1.20
主材为型钢塔架 （双层迎风）	φ	0.3	2.20
		0.4	2.00
		0.5	1.90
主材为钢管柱塔架	φ	0.3	1.62
		0.4	1.50
		0.5	1.44

注：1. 对于与表中结构类型差异较大的情况，按现行国家标准《建筑结构荷载规范》GB 50009 取值。

　　2. 按上述 μ_s 计算风力时，只计算正面迎风面积。

　　3. 挡风系数 φ 为正面迎风面积与迎风面轮廓面积的比值，若挡风系数在表中数值之间的，μ_s 也根据实际 φ 与上、下 φ 的差值按插入法取值。

　　4. 带套架的塔架的多层迎风面，μ_s 按表中值乘以 1.5 倍。

　　5. 当塔架为非正方形时，按现行国家标准《高耸结构设计规范》GB 50135 的有关规定计算。

4. 其他荷载与作用

重型结构和设备的整体提升不应在覆冰条件下进行。

带大面积屋面、楼面水平面板的建筑结构整体提升，降雪季节施工时应按现行国家标准《建筑结构荷载规范》GB 50009 的有关规定计算雪荷载。

在日照较强烈的季节，应按两面塔柱温差为 20℃ 计算塔架的弯曲变形和 $P—\Delta$ 效应。缆风绳预拉力的调试宜在接近昼夜平均温度时段进行。且应按当日平均昼夜温差的 1/2 计算缆风绳及门型支架的组合温度效应。

当结构体系为超静定体系时，应计算支座不均匀沉降和不均匀提升的作用影响。不均匀沉降加不均匀提升合计产生的提升点附加高差不宜大于两支承点（提升点）之间距离的 0.005 倍。

2.14.4　重型结构和设备整体提升

1. 提升准备

应根据结构或设备提升到位后的体系转换和连接固定编制专项方案，提升过程中可能遇到的异常气象条件应编制相关应急预案。

提升作业之前应对提升支承结构和被提升结构及其加固结构进行验收。

宜在提升支承结构之间设置过道和操作点，设置应急停留和检修的施工平台。

应在现场空旷、平坦地面条件下，设置测风仪器，并应根据气象预报选择在温度、风力等各项气象指标符合本规范和设计要求的时段进行提升。

2. 提升施工

提升施工开始时应进行试提升，并应符合下列规定：（1）提升作业应在被提升结构与胎架之间的连接解除之后进行。提升加载应采用分级加载。在加载过程中应对被提升结构和提升支承结构进行观测，无异常情况方可继续加载。（2）被提升结构脱离胎架后应在被提升结构最低点离开胎架 10cm 处作悬停。悬停期间应对整体提升支承结构和基础进行检查和检测，检验合格后方可继续提升。（3）液压提升系统在提升的初始阶段应检验系统的安装质量和系统的性能，确保完好。

连续提升开始，应对环境、结构、设备及提升组织和人员操作等作全方位控制，并应符合下列规定：（1）提升过程中，应对提升通道进行连续观测。当提升通道出现障碍物时应停止提升，采取措施清除障碍物后方可继续提升。（2）提升过程中，应使用测量仪器对被提升结构进行高度和高差的监测，并应根据验算设定值进行控制。当各提升点的荷载或高差出现超差时，应实时进行调整或停止提升，查清并排除故障后方可恢复提升。（3）当风速超过限定值时，应停止提升，并应采取防风措施。

用于保证支承结构稳定的缆风绳在提升过程中不得进行转换。

被提升结构到达设计位置后，应进行结构转换，按设计要求固定到主体结构上，并应符合下列规定：（1）被提升结构到达设计高度后，应进行平面位置的核对和校正。（2）被提升结构就位后，应进行固定。当有多个部位须进行转换时，可按顺序对关键部位先行转换。（3）对结构转换涉及支承结构改动的，应按方案实施。（4）结构转换过程中，应对液压提升系统和钢绞线作相应防护。

3. 提升检测

被提升结构在离地悬停时，宜进行提升点位移、结构关键部位应力应变、结构变形、荷载、基础沉降、现场风速等检测。

被提升结构就位之后，应对该结构和基础进行检查和检测。

4. 提升支承结构的卸载和拆除

对被提升结构提升到位，形成稳定结构固定牢固并完成相关检测后，方可进行整体提升支承结构的拆除工作。

提升支承系统的卸载，宜分批分级进行。卸载不同步效应应事先进行结构验算分析，确定合理的卸载顺序。

6级及以上的大风和雨雪天不得进行整体提升支承结构的拆除工作。

当采用整体提升支承结构顶部的起重设备对门型支架进行拆除时，应对支承结构顶部的水平位移进行监测。

第15节　掌握《建筑地基基础工程施工质量验收标准》GB 50202—2018 的有关规定

《建筑地基基础工程施工质量验收标准》为国家标准，编号为 GB 50202—2018，自2018 年 10 月 1 日起实施。原《建筑地基基础工程施工质量验收规范》GB 50202—2002 同时废止。

2.15.1　主要内容和适用范围

新修订的标准共分为 10 章和 1 个附录，主要技术内容是：（1）总则；（2）术语；（3）基本规定；（4）地基工程；（5）基础工程；（6）特殊土地基基础工程；（7）基坑支护工程；（8）地下水控制；（9）土石方工程；（10）边坡工程等。

本标准修订的主要技术内容包括：（1）调整了章节的编排；（2）删除了原规范中对具体地基名称的术语说明，增加了与验收要求相关的术语内容；（3）完善了验收的基本规定，增加了验收时应提交的资料、验收程序、验收内容及评价标准的规定；（4）调整了振冲地基和砂桩地基，合并成砂石桩复合地基；（5）增加了无筋扩展基础、钢筋混凝土扩展基础、筏形与箱形基础、锚杆基础等基础的验收规定；（6）增加了咬合桩墙、土体加固及与主体结构相结合的基坑支护的验收规定；（7）增加了特殊地基基础工程的验收规定；（8）增加了地下水控制和边坡工程的验收规定；（9）增加了验槽检验要点的规定；（10）删除了原规范中与具体验收内容不协调的规定。

本标准适用于建筑地基基础工程施工质量的验收。

2.15.2　增加的与验收要求相关的术语

（1）检验：对项目的特征、性能进行量测、检查、试验等，并将结果与设计和标准规定的要求进行比较，以确定项目每项性能是否符合要求的活动。

建筑材料、构配件、设备及器具等进入施工现场后，在外观质量检查和质量证明文件核查符合要求的基础上，按照有关规定从施工现场抽取试样送至试验室进行检验的活动。

（2）验收：在施工单位自行检查合格的基础上，根据设计文件和相关标准以书面形式对工程质量是否达到合格标准作出确认的活动。

（3）主控项目：建筑工程中对质量、安全、节能、环境保护和主要使用功能起决定性作用的检验项目。

（4）一般项目：除主控项目以外的检验项目。

（5）验槽：基坑或基槽开挖至坑底设计标高后，检验地基是否符合要求的活动。

2.15.3　验收的基本规定

（1）地基基础工程施工质量验收应符合下列规定：①地基基础工程施工质量应符合验收规定的要求；②质量验收的程序应符合验收规定的要求；③工程质量的验收应在施工单位自行检查评定合格的基础上进行；④质量验收应进行分部、分项工程验收；⑤质量验收应按主控项目和一般项目验收。

（2）地基基础工程验收时应提交下列资料：①岩土工程勘察报告；②设计文件、图纸会审记录和技术交底资料；③工程测量、定位放线记录；④施工组织设计及专项施工方案；⑤施工记录及施工单位自查评定报告；⑥监测资料；⑦隐蔽工程验收资料；⑧检测与检验报告；⑨竣工图。

（3）施工前及施工过程中所进行的检验项目应制作表格，并应做相应记录、校审存档。

（4）地基基础工程必须进行验槽，验槽检验要点应符合本标准附录 A 的规定。

（5）主控项目的质量检验结果必须全部符合检验标准，一般项目的验收合格率不得低于 80%。

（6）检查数量应按检验批抽样，当本标准有具体规定时，应按相应条款执行，无规定时应按检验批抽检。检验批的划分和检验批抽检数量可按照现行国家标准《建筑工程施工质量验收统一标准》GB 50300 的有关规定执行。

（7）地基基础标准试件强度评定不满足要求或对试件的代表性有怀疑时，应对实体进行强度检测，当检测结果符合设计要求时，可按合格验收。

（8）原材料的质量检验应符合下列规定：①钢筋、混凝土等原材料的质量检验应符合设计要求和现行国家标准《混凝土结构工程施工质量验收规范》GB 50204 的规定；②钢材、焊接材料和连接件等原材料及成品的进场、焊接或连接检测应符合设计要求和现行国家标准《钢结构工程施工质量验收规范》GB 50205 的规定；③砂、石子、水泥、石灰、粉煤灰、矿（钢）渣粉等掺合料、外加剂等原材料的质量、检验项目、批量和检验方法，应符合国家现行有关标准的规定。

2.15.4　地基工程

1. 一般规定

地基工程的质量验收宜在施工完成并在间歇期后进行，间歇期应符合国家现行标准的有关规定和设计要求。

平板静载试验采用的压板尺寸应按设计或有关标准确定。素土和灰土地基、砂和砂石地基、土工合成材料地基、粉煤灰地基、注浆地基、预压地基的静载试验的压板面积不宜小于 $1m^2$；强夯地基静载试验的压板面积不宜小于 $2m^2$。复合地基静载试验的压板尺寸应根据设计置换率计算确定。

地基承载力检验时，静载试验最大加载量不应小于设计要求的承载力特征值的 2 倍。

素土和灰土地基、砂和砂石地基、土工合成材料地基、粉煤灰地基、强夯地基、注浆地基、预压地基的承载力必须达到设计要求。地基承载力的检验数量每 300m 不应少于 1 点，超过 $3000m^2$ 部分每 $500m^2$ 不应少于 1 点。每单位工程不应少于 3 点。

砂石桩、高压喷射注浆桩、水泥土搅拌桩、土和灰土挤密桩、水泥粉煤灰碎石桩、夯实水泥土桩等复合地基的承载力必须达到设计要求。复合地基承载力的检验数量不应少于总桩数的 0.5%，且不应少于 3 点。有单桩承载力或桩身强度检验要求时，检验数量不应少于总桩数的 0.5%，且不应少于 3 根。

除上述指定的项目外，其他项目可按检验批抽样。复合地基中增强体的检验数量不应少于总数的 20%。

地基处理工程的验收，当采用一种检验方法检测结果存在不确定性时，应结合其他检验方法进行综合判断。

2. 将振冲地基和砂桩地基合并成砂石桩复合地基

施工前应检查砂石料的含泥量及有机质含量等。振冲法施工前应检查振冲器的性能，应对电流表、电压表进行检定或校准。

施工中应检查每根砂石桩的桩位、填料量、标高、垂直度等。振冲法施工中尚应检查密实电流、供水压力、供水量、填料量、留振时间、振冲点位置、振冲器施工参数等。

施工结束后，应进行复合地基承载力、桩体密实度等检验。

砂石桩复合地基质量检验标准应符合表 2-11 的规定。

砂石桩复合地基质量检验标准　　　　　　　　　　　　表 2-11

项	序	检查项目	允许值或允许偏差		检查方法
			单位	数值	
主控项目	1	复合地基承载力	不小于设计值		静载试验
	2	桩体密实度	不小于设计值		重型动力触探
	3	填料量	%	≥−5	实际用料量与计算填料量体积比
	4	孔深	不小于设计值		测钻杆长度或用测绳

续表

项	序	检查项目	允许值或允许偏差		检查方法
			单位	数值	
一般项目	1	填料的含泥量	%	<5	水洗法
	2	填料的有机质含量	%	≤5	灼烧减量法
	3	填料粒径	设计要求		筛析法
	4	桩间土强度	不小于设计值		标准贯入试验
	5	桩位	mm	≤0.3D	全站仪或用钢尺量
	6	桩顶标高	不小于设计值		水准测量,将顶部预留的松散桩体挖除后测量
	7	密实电流	设计值		查看电流表
	8	留振时间	设计值		用表计时
	9	褥垫层夯填度	≤0.9		水准测量

注：1. 夯填度指夯实后的褥垫层厚度与虚铺厚度的比值。
　　2. D 为设计桩径（mm）。

2.15.5　基础工程

1. 一般规定

扩展基础、筏形与箱形基础、沉井与沉箱，施工前应对放线尺寸进行复核；桩基工程施工前应对放好的轴线和桩位进行复核。群桩桩位的放样允许偏差应为 20mm，单排桩桩位的放样允许偏差应为 10mm。

预制桩（钢桩）的桩位偏差应符合表 2-12 的规定。斜桩倾斜度的偏差应为倾斜角正切值的 15%。

预制桩（钢桩）的桩位允许偏差　　　　　表 2-12

序	检查项目		允许偏差
1	带有基础梁的桩	垂直基础梁的中心线	≤100+0.01H
2		沿基础梁的中心线	≤150+0.01H
3	承台桩	桩数为 1~3 根桩基中的桩	≤100+0.01H
4		桩数大于或等于 4 根桩基中的桩	≤1/2桩径+0.01H 或 1/2边长+0.01H

注：H 为桩基施工面至设计桩顶的距离（mm）。

【强制性条文】灌注桩混凝土强度检验的试件应在施工现场随机抽取。来自同一搅拌站的混凝土，每浇筑 50m³ 必须至少留置 1 组试件；当混凝土浇筑量不足 50m³ 时，每连续浇筑 12h 必须至少留置 1 组试件。对单柱单桩，每根桩应至少留置 1 组试件。

灌注桩的桩径、垂直度及桩位允许偏差应符合表 2-13 的规定。

灌注桩的桩径、垂直度及桩位允许偏差 表 2-13

序	成孔方法		桩径允许偏差 （mm）	垂直度允许偏差	桩位允许偏差 （mm）
1	泥浆护壁 钻孔桩	$D<1000m$	$\geqslant 0$	$\leqslant 1/100$	$\leqslant 70+0.01H$
		$D\geqslant 1000m$			$\leqslant 100+0.01H$
2	套管成孔 灌注桩	$D<500m$	$\geqslant 0$	$\leqslant 1/100$	$\leqslant 70+0.01H$
		$D\geqslant 500m$			$\leqslant 100+0.01H$
3	干成孔灌注桩		$\geqslant 0$	$\leqslant 1/100$	$\leqslant 70+0.01H$
4	人工挖孔桩		$\geqslant 0$	$\leqslant 1/200$	$\leqslant 50+0.005H$

注：1. H 为桩基施工面至设计桩顶的距离（mm）。

2. D 为设计桩径（mm）。

工程桩应进行承载力和桩身完整性检验。

设计等级为甲级或地质条件复杂时，应采用静载试验的方法对桩基承载力进行检验，检验桩数不应少于总桩数的 1%，且不应少于 3 根，当总桩数少于 50 根时，不应少于 2 根。在有经验和对比资料的地区，设计等级为乙级、丙级的桩基可采用高应变法对桩基进行竖向抗压承载力检测，检测数量不应少于总桩数的 5%，且不应少于 10 根。

工程桩的桩身完整性的抽检数量不应少于总桩数的 20%，且不应少于 10 根。每根柱子承台下的桩抽检数量不应少于 1 根。

受篇幅限制，现就本标准修订后增加的无筋扩展基础、钢筋混凝土扩展基础、筏形与箱形基础、锚杆基础等基础的验收规定作介绍。

2. 无筋扩展基础

施工前应对放线尺寸进行检验。

施工中应对砌筑质量、砂浆强度、轴线及标高等进行检验。

施工结束后，应对混凝土强度、轴线位置、基础顶面标高等进行检验。

无筋扩展基础质量检验标准应符合表 2-14 的规定。

无筋扩展基础质量检验标准 表 2-14

项	序	检查项目		允许值或允许偏差			检查方法
				单位	数值		
主控项目	1	轴线位置	砖基础	mm	$\leqslant 10$		经纬仪或用钢尺量
			毛石基础	mm	毛石砌体	料石砌体	
						毛料石 | 粗料石	
					$\leqslant 20$	$\leqslant 20$ | $\leqslant 15$	
			混凝土基础	mm	$\leqslant 15$		
	2	混凝土强度		不小于设计值			28d 试块强度
	3	砂浆强度		不小于设计值			28d 试块强度

项	序	检查项目		允许值或允许偏差			检查方法
			单位	数值			
一般项目	1	L（或 B）≤30	mm	±5			用钢尺量
		30＜L（或 B）≤60	mm	±10			
		60＜L（或 B）≤90	mm	±15			
		L（或 B）＞90	mm	±20			
	2	基础顶面标高	砖基础	mm	±15		全站仪或用钢尺量
			毛石基础	mm	毛石砌体	料石砌体		水准测量
						毛料石	粗料石	
					±25	±25	±15	
			混凝土基础	mm	±15			
	3	毛石砌体厚度	mm	+30 0	+30 0	+15 0	用钢尺量

注：1. L 为长度（m）。

　　2. B 为宽度（m）。

3. 钢筋混凝土扩展基础

施工前应对放线尺寸进行检验。

施工中应对钢筋、模板、混凝土、轴线等进行检验。

施工结束后，应对混凝土强度、轴线位置、基础顶面标高进行检验。

钢筋混凝土扩展基础质量检验标准应符合表 2-15 的规定。

钢筋混凝土扩展基础质量检验标准　　　　　　　　表 2-15

项	序	检查项目	允许值或允许偏差		检查方法
			单位	数值	
主控项目	1	混凝土强度	不小于设计值		28d 试块强度
	2	轴线位置	mm	≤15	经纬仪或用钢尺量
一般项目	1	L（或 B）≤30	mm	±5	用钢尺量
		30＜L（或 B）≤60	mm	±10	
		60＜L（或 B）≤90	mm	±15	
	2	L（或 B）＞90	mm	±20	
		基础顶面标高	mm	±15	水准测量

注：1. L 为长度（m）。

　　2. B 为宽度（m）。

4. 筏形与箱形基础

施工前应对放线尺寸进行检验。

施工中应对轴线、预埋件、预留洞中心线位置、钢筋位置及钢筋保护层厚度进行检验。

施工结束后，应对筏形和箱形基础的混凝土强度、轴线位置、基础顶面标高及平整度进行验收。

筏形和箱形基础质量检验标准应符合表 2-16 的规定。

筏形和箱形基础质量检验标准　　　　　　　表 2-16

项	序	检查项目	允许值或允许偏差		检查方法
			单位	数值	
主控项目	1	混凝土强度	不小于设计值		28d 试块强度
	2	轴线位置	mm	≤15	经纬仪或用钢尺量
一般项目	1	基础顶面标高	mm	±15	水准测量
	2	平整度	mm	±10	用2m靠尺
	3	尺寸	mm	+15 −10	用钢尺量
	4	预埋件中心位置	mm	≤10	用钢尺量
	5	预留洞中心线位置	mm	≤15	水准测量

大体积混凝土施工过程中应检查混凝土的坍落度、配合比、浇筑的分层厚度、坡度以及测温点的设置，上下两层的浇筑搭接时间不应超过混凝土的初凝时间。养护时混凝土结构构件表面以内 50～100mm 位置处的温度与混凝土结构构件内部的温度差值不宜大于 25℃，且与混凝土结构构件表面温度的差值不宜大于 25℃。

5. 钢筋混凝土预制桩

施工前应检验成品桩构造尺寸及外观质量。

施工中应检验接桩质量、锤击及静压的技术指标、垂直度以及桩顶标高等。

施工结束后应对承载力及桩身完整性等进行检验。

钢筋混凝土预制桩质量检验标准应符合表 2-17、表 2-18 的规定。

锤击预制桩质量检验标准　　　　　　　表 2-17

项	序	检查项目	允许值或允许偏差		检查方法
			单位	数值	
主控项目	1	承载力	不小于设计值		静载试验、高应变法等
	2	桩身完整性	—		低应变法
一般项目	1	成品桩质量	表面平整，颜色均匀，掉角深度小于100mm，蜂窝面积小于总面积的0.5%		查产品合格证
	2	桩位	本标准表5.1.2		全站仪或用钢尺
	3	电焊条质量	设计要求		查产品合格证
	4	接桩：焊缝质量	本标准5.10.4		本标准5.10.4
		电焊结束后停歇时间	min	≥8(3)	用表计时
		上下节平面偏差	mm	≤10	用钢尺量
		节点弯曲矢高	同桩体弯曲要求		用钢尺量
	5	收锤标准	设计要求		用钢尺量或查沉桩记录
	6	桩顶标高	mm	+15 −10	水准测量
	7	垂直度	≤1/100		经纬仪测量

注：括号中为采用二氧化碳气体保护焊时的数值。

静压预制桩质量检验标准 表 2-18

项	序	检查项目	允许值或允许偏差		检查方法
			单位	数值	
主控项目	1	承载力	不小于设计值		静载试验、高应变法等
	2	桩身完整性	—		低应变法
一般项目	1	成品桩质量	本标准5.5.4-1		查产品合格证
	2	桩位	本标准表5.1.2		全站仪或用钢尺
	3	电焊条质量	设计要求		查产品合格证
	4	接桩:焊缝质量	本标准5.10.4		本标准5.10.4
		电焊结束后停歇时间	min	≥6(3)	用表计时
		上下节平面偏差	mm	≤10	用钢尺量
		节点弯曲矢高	同桩体弯曲要求		用钢尺量
	5	终压标准	设计要求		现场实测或查沉桩记录
	6	桩顶标高	mm	±50	水准测量
	7	垂直度	≤1/100		经纬仪测量
	8	混凝土灌芯	设计要求		查灌注量

注：电焊结束后停歇时间项括号中为采用二氧化碳气体保护焊时的数值。

6. 岩石锚杆基础

施工前应检验原材料质量、水泥砂浆或混凝土配合比。

施工中应对孔位、孔径、孔深、注浆压力等进行检验。

施工结束后应对抗拔承载力和锚固体强度进行检验。

岩石锚杆质量检验标准应符合表 2-19 的规定。

岩石锚杆质量检验标准 表 2-19

项	序	检查项目	允许值或允许偏差		检查方法
			单位	数值	
主控项目	1	抗拔承载力	不小于设计值		抗拔试验
	2	孔深	不小于设计值		测钻杆套管长度
	3	锚固体强度	不小于设计值		28d试块强度
一般项目	1	垂直度	本标准5.1.4		经纬仪测量
	2	孔位	本标准表5.1.2		基坑开挖前量护筒,开挖后量孔中心
	3	孔径	mm	±10	用钢尺量
	4	杆体标高	mm	+30 −50	水准测量
	5	锚固长度	mm	+100 0	用钢尺量
	6	注浆压力	设计要求		检查压力表读数

2.15.6 基坑支护工程

1. 一般规定

基坑支护结构施工前应对放线尺寸进行校核，施工过程中应根据施工组织设计复核各项施工参数，施工完成后宜在一定养护期后进行质量验收。

围护结构施工完成后的质量验收应在基坑开挖前进行，支锚结构的质量验收应在对应的分层土方开挖前进行，验收内容应包括质量和强度检验、构件的几何尺寸、位置偏差及平整度等。

基坑开挖过程中，应根据分区分层开挖情况及时对基坑开挖面的围护墙表观质量、支护结构的变形、渗漏水情况以及支撑竖向支承构件的垂直度偏差等项目进行检查。

除强度或承载力等主控项目外，其他项目应按检验批抽取。

基坑支护工程验收应以保证支护结构安全和周围环境安全为前提。

2. 咬合桩围护墙

施工前，应对导墙的质量和钢套管顺直度进行检查。

施工过程中应对桩成孔质量、钢筋笼的制作、混凝土的坍落度进行检查。咬合桩围护墙施工中的质量检测要求应符合本标准中关于排桩的规定。

咬合桩围护墙质量检验标准应符合表 2-20 和表 2-21 的规定。

单桩混凝土坍落度检验次数　　　　　　　　　　表 2-20

项	序	单桩混凝土量（m³）	次数	检测时间
一般项目	1	≤30	2	灌注混凝土前、后阶段各一次
	2	＞30	3	灌注混凝土前、后和中间阶段各一次

导墙、钢套管允许偏差　　　　　　　　　　表 2-21

项	序	检查项目	允许值或允许偏差		检查方法
			单位	数值	
主控项目	1	导墙定位孔孔径	mm	±10	用钢尺量
	2	导墙定位孔孔口定位	mm	≤10	用钢尺量
	3	钢套管顺直度	≤1/500		用线锤测
	4	成孔孔径	mm	+30 0	用超声波或井径仪测量
	5	成孔垂直度	≤1/300		用超声波或测斜仪测量
	6	成孔孔深	不小于设计值		测钻杆长度或用测绳测量
一般项目	1	导墙面平整度	mm	±5	用钢尺量
	2	导墙平面位置	mm	≤20	用钢尺量
	3	导墙顶面标高	mm	±20	水准测量
	4	桩位	mm	≤20	全站仪或用钢尺量
	5	矩形钢筋笼长边	mm	±10	用钢尺量
	6	矩形钢筋笼短边	mm	0 −10	用钢尺量
	7	矩形钢筋笼转角	mm	≤5	用量角器量
	8	钢筋笼安放位置	mm	≤10	用钢尺量

3. 土体加固

在基坑工程中设置被动区土体加固、封底加固时，土体加固的施工检验应符合本节规定。

采用水泥土搅拌桩、高压喷射注浆等土体加固的桩身强度应满足设计要求，强度检测宜采用钻芯法。取芯数量不宜少于总桩数的 0.5%，且不得少于 3 根。

注浆法加固结束 28d 后，宜采用静力触探、动力触探、标准贯入等原位测试方法对加固土层进行检验。检验点的位置应根据注浆加固布置和现场条件确定，每 200m² 检测数量不应少于 1 点，且总数量不应少于 5 点。

采用水泥土搅拌桩进行土体加固时，其施工质量检验应符合本标准中"水泥土搅拌桩的质量检验标准"一表中的规定。

采用高压喷射注浆桩进行土体加固时，其施工质量检验应符合本标准中"高压喷射注浆截水帷幕质量检验标准"一表中的规定。

采用注浆法进行土体加固时，其施工质量检验应符合本标准中"注浆地基质量检验标准"一表中的规定。

4. 与主体结构相结合的基坑支护

与主体结构外墙相结合的灌注排桩围护墙、咬合桩围护墙和地下连续墙的质量检验应按本标准关于排桩、咬合桩围护墙和地下连续墙的规定执行。

结构水平构件施工应与设计工况一致，施工质量检验应符合现行国家标准《混凝土结构工程施工质量验收规范》GB 50204 和《钢结构工程施工质量验收规范》GB 50205 的规定。

支承桩施工结束后，应采用声波透射法、钻芯法或低应变法进行桩身完整性检验，以上 3 种方法的检验总数量不应少于总桩数的 10%，且不应少于 10 根。

钢管混凝土支承柱在基坑开挖后应采用低应变法检验柱体质量，检验数量应为 100%。当发现立柱有缺陷时，应采用声波透射法或钻芯法进行验证。

竖向支承桩柱除应符合本标准关于内支撑的规定外，还应符合表 2-22 的规定。

竖向支撑桩柱的质量检验标准　　　　　表 2-22

项	序	检查项目	允许值或允许偏差		检查方法
			单位	数值	
主控项目	1	支撑桩柱定位	mm	≤10	用钢尺量
	2	支撑柱的垂直度	≤1/300		用经纬仪或线锤测量
一般项目	1	支撑桩成孔垂直度	≤1/200		用超声波或井径仪测量
	2	支撑柱插入支撑桩的长度	mm	±50	用钢尺量

2.15.7　地下水控制

1. 一般规定

降排水运行前，应检验工程场区的排水系统。排水系统最大排水能力不应小于工程所需最大排量的 1.2 倍。

基坑工程开挖前应验收预降排水时间。预降排水时间应根据基坑面积、开挖深度、工程地质与水文地质条件以及降排水工艺综合确定。减压预降水时间应根据设计要求或减压降水验证试验结果确定。

降排水运行中，应检验基坑降排水效果是否满足设计要求。分层、分块开挖的土质基坑，开挖前潜水水位应控制在土层开挖面以下 0.5～1.0m；承压含水层水位应控制在安全水位埋深以下。岩质基坑开挖施工前，地下水位应控制在边坡坡脚或坑中的软弱结构面以下。

设有截水帷幕的基坑工程，宜通过预降水过程中的坑内外水位变化情况检验帷幕止水效果。

截水帷幕的施工质量验收应根据选用的帷幕类型，按本标准第 7 章的规定执行。

2. 降排水

采用集水明排的基坑，应检验排水沟、集水井的尺寸。排水时集水井内水位应低于设计要求水位不小于 0.5m。

降水井施工前，应检验进场材料质量。降水施工材料质量检验标准应符合表 2-23 的规定。

降水施工材料质量检验标准　　　　　表 2-23

项	序	检查项目	允许值或允许偏差		检查方法
			单位	数值	
主控项目	1	井、滤管材质	设计要求		查产品合格证书或按设计要求参数现场检测
	2	滤管孔隙率	设计值		测算单位长度滤管孔隙面积或与等长标准滤管渗透对比法
	3	滤料粒径	$(6\sim12)d_{50}$		筛析法
	4	滤料不均匀系数	≤3		筛析法
一般项目	1	沉淀管长度	mm	+50 0	用钢尺量
	2	封孔回填土质量	设计要求		现场搓条法检验土性
	3	挡砂网	设计要求		查产品合格证书或现场量测目数

注：d_{50} 为土颗粒的平均粒径。

降水井正式施工时应进行试成井。试成井数量不应少于 2 口（组），并应根据试成井检验成孔工艺、泥浆配比，复核地层情况等。

降水井施工中应检验成孔垂直度。降水井的成孔垂直度偏差为 1/100，井管应居中竖直沉设。

降水井施工完成后应进行试抽水，检验成井质量和降水效果。

降水运行应独立配电。降水运行前，应检验现场用电系统。连续降水的工程项目，尚应检验双路以上独立供电电源或备用发电机的配置情况。

降水运行过程中，应监测和记录降水场区内和周边的地下水位。采用悬挂式帷幕基坑降水的，尚应计量和记录降水井抽水量。

降水运行结束后，应检验降水井封闭的有效性。

轻型井点施工质量验收应符合表 2-24 的规定。

轻型井点施工质量检验标准   表 2-24

项	序	检查项目	允许值或允许偏差		检查方法
			单位	数值	
主控项目	1	出水量	不小于设计值		查看流量表
一般项目	1	成孔孔径	mm	±20	用钢尺量
	2	成孔深度	mm	+1000 −200	测绳测量
	3	滤料回填量	不小于设计计算体积的 95%		测算滤料用量且测绳测量回填高度
	4	黏土封孔高度	mm	≥1000	用钢尺量
	5	井点管间距	m	0.8～1.6	用钢尺量

喷射井点施工质量验收应符合表 2-25 的规定。

喷射井点施工质量检验标准   表 2-25

项	序	检查项目	允许值或允许偏差		检查方法
			单位	数值	
主控项目	1	出水量	不小于设计值		查看流量表
一般项目	1	成孔孔径	mm	+50 0	用钢尺量
	2	成孔深度	mm	+1000 −200	测绳测量
	3	滤料回填量	不小于设计计算体积的 95%		测算滤料用量且测绳测量回填高度
	4	井点管间距	mm	2～3	用钢尺量

管井施工质量验收应符合表 2-26 的规定。

管井施工质量检验标准   表 2-26

项	序	检查项目	允许值或允许偏差		检查方法
			单位	数值	
主控项目	1	泥浆比重	1.05～1.10		比重计
	2	滤料回填高度	+10% 0		现场搓条法检验土性、测算封填黏土体积、孔口浸水检验密封性
	3	封孔	设计要求		现场检验
	4	出水量	不小于设计值		查看流量表

续表

项目	序	检查项目		允许值或允许偏差		检查方法
				单位	数值	
一般项目	1	成孔孔径		mm	±50	用钢尺量
	2	成孔深度		mm	±20	测绳测量
	3	扶中器		设计要求		测量扶中器高度或厚度、间距,检查数量
	4	活塞	次数	次	≥20	检查施工记录
			时间	h	≥2	检查施工记录
	5	沉淀物高度		≤5‰		测锤测量
	6	含砂量(体积比)		≤1/20000		现场目测或用含砂量计测量

轻型井点、喷射井点、真空管井降水运行质量检验标准应符合表 2-27 的规定。

轻型井点、喷射井点、真空管井降水运行质量检验标准　　　　　　表 2-27

项目	序	检查项目	允许值或允许偏差		检查方法
			单位	数值	
主控项目	1	降水效果	设计要求		量测水位、观测土体固结或沉降情况
一般项目	1	真空负压	MPa	≥0.065	查看真空表
	2	有效井点数	≥90%		现场目测出水情况

减压降水管井运行质量检验标准应符合表 2-28 的规定。

减压降水管井运行质量检验标准　　　　　　表 2-28

项目	序	检查项目	允许值或允许偏差		检查方法
			单位	数值	
主控项目	1	观测井水位	+10% 0		量测水位
一般项目	1	安全操作平台	设计及安全要求		现场检查平台连接稳定性、牢固性、安全防护措施到位率

钢管井封井质量检验标准应符合表 2-29 的规定。

钢管井封井质量检验标准　　　　　　表 2-29

项目	序	检查项目	允许值或允许偏差		检查方法
			单位	数值	
主控项目	1	注浆量	+10% 0		测算注浆量
	2	混凝土强度	不小于设计值		28d 试块强度
	3	内止水钢板焊接质量	满焊、无缝隙		焊缝外观检测、掺水检验

续表

项	序	检查项目	允许值或允许偏差		检查方法
			单位	数值	
一般项目	1	外止水钢板宽度、厚度、位置	设计要求		现场量测
	2	细石子粒径	mm	5～10	筛析法或目测
	3	细石子回填量	+10% 0		测算滤料用量且测绳测量回填高度
	4	混凝土灌注量	+10% 0		测算混凝土用量
	5	24h残存水高度	mm	≤5000	量测水位
	6	砂浆封孔	设计要求		外观检验

塑料管井、混凝土管井、钢筋笼滤网井封井时，应检验管内止水材料回填的密实度和止水效果。穿越基坑底板时，尚应按设计要求检验其穿越基坑底板构造的防水效果。

3. 回灌

回灌管井施工前，应检验进场材料质量。回灌管井施工材料质量检验标准应符合本教材表 2-23 的规定。

回灌管井正式施工时应进行试成孔。试成孔数量不应少于 2 个，根据试成孔检验成孔工艺、泥浆配比，复核地层情况等。

回灌管井施工中应检验成孔垂直度。成孔垂直度允许偏差为 1/100，井管应居中竖直沉设。

回灌管井施工完成后的休止期不应少于 14d，休止期结束后应进行试回灌，检验成井质量和回灌效果。

回灌运行前，应检验回灌管路的安装质量和密封性。回灌管路上应装有流量计和流量控制阀。

回灌运行中及回扬时，应计量和记录回灌量、回扬量，并应监测地下水位和周边环境变化。

回灌管井封闭时，应检验封井材料的无公害性，并检验封井效果。

回灌管井的施工质量检验标准应符合本标准中"管井施工质量检验标准"的规定。

回灌管井运行质量检验标准应符合表 2-30 的规定。

回灌管井运行质量检验标准　　表 2-30

项	序	检查项目	允许值或允许偏差		检查方法
			单位	数值	
主控项目	1	观测井水位	设计值		量测水位
	2	回灌水质	不低于回灌目的层水质		试验室化学分析
一般项目	1	回灌量	+10% 0		查看流量表
	2	回灌压力	+5% 0		检查压力表读数
	3	回扬	设计要求		检查施工记录

2.15.8 边坡工程

1. 一般规定

锚杆（索）、挡土墙等可根据与施工方式相一致且便于控制施工质量的原则，按支护类型、施工缝或施工段划分若干检验批。

对边坡工程的质量验收，应在钢筋、混凝土、预应力锚杆、挡土墙等验收合格的基础上，进行质量控制资料的检查及感观质量验收，并对涉及结构安全的材料、试件、施工工艺和结构的重要部位进行见证检测或结构实体检验。

边坡工程应进行监控量测。

2. 喷锚支护

施工前应检验锚杆（索）锚固段注浆（砂浆）所用的水泥、细骨料、矿物、外加剂等主要材料的质量。同时应检验锚杆材质的接头质量，同一截面锚杆的接头面积不应超过锚杆总面积的25%。

施工中应检验锚杆（索）锚固段注浆（砂浆）配合比、注浆（砂浆）质量、锚杆（索）锚固段长度和强度、喷锚混凝土强度等。

锚杆（索）在下列情况应进行基本试验，试验数量不应少于3根，试验方法应按现行国家标准《建筑边坡工程技术规范》GB 50330的规定执行：（1）当设计有要求时；（2）采用新工艺、新材料或新技术的锚杆（索）；（3）无锚固工程经验的岩土层内的锚杆（索）；（4）一级边坡工程的锚杆（索）。

施工结束后应进行锚杆验收试验，试验的数量应为锚杆总数的5%，且不应少于5根。同时应检验预应力锚杆（索）锚固后的外露长度。预应力锚杆（索）拉张的时间应按照设计要求，当无设计要求时应待注浆固结体强度达到设计强度的90%后再进行张拉。

边坡喷锚质量检验标准应符合表2-31的规定。

3. 挡土墙

施工前，应检验墙背填筑所用填料的重度、强度，同时应检验墙身材料的物理力学指标。

施工中应进行验槽，并检验墙背填筑的分层厚度、压实系数、挡土墙埋置深度，基础宽度、排水系统、泄水孔（沟）、反滤层材料级配及位置。重力式挡土墙的墙身为混凝土时，应检验混凝土的配合比、强度。

施工结束后，应检验重力式挡土墙砌体墙面质量、墙体高度、顶面宽度，砌缝、勾缝质量，结构变形缝的位置、宽度，泄水孔的位置、坡率等。

挡土墙质量检验标准应符合表2-32的规定。

边坡喷锚质量检验标准　　　　　　　　表 2-31

项	序	检查项目	允许值或允许偏差		检查方法
			单位	数值	
主控项目	1	锚杆承载力	不小于设计值		锚杆拉拔试验
	2	锚杆（索）锚固长度	mm	±50	用钢尺量（差值法）：每孔测1点
	3	喷锚混凝土强度	不小于设计值		28d试块强度
	4	预应力锚杆（索）的张拉力、锚固力	不小于设计值		拉拔试验

续表

项目	序	检查项目	允许值或允许偏差		检查方法
			单位	数值	
一般项目	1	锚孔位置	mm	≤50	用钢尺量：每孔测1点
	2	锚孔孔径	mm	±20	用钢尺量：每孔测1点
	3	锚孔倾角	°	≤1	导杆法：每孔测1点
	4	锚孔深度	不小于设计值		用钢尺量：每孔测1点
	5	锚杆(索)长度	mm	±50	用钢尺量：每孔测1点
	6	预应力锚杆(索)张拉伸长量	±6%		用钢尺量
	7	锚固段注浆体强度	不小于设计值		28d试块强度
	8	泄水孔直径、孔深	mm	±3	用钢尺量
	9	预应力锚杆(索)锚固后的外露长度	mm	≥30	用钢尺量
	10	钢束断丝滑丝数	≤1%		目测法、用钢尺量：每根(束)

挡土墙质量检验标准

表 2-32

项目	序	检查项目		允许值或允许偏差		检查方法
				单位	数值	
主控项目	1	挡土墙埋置深度		mm	±10	锚杆拉拔试验
	2	墙身材料强度	石材	MPa	≥30	点荷载试验(石材)、试块强度(混凝土)
			混凝土	不小于设计值		
	3	分层压实系数		不小于设计值		环刀法
一般项目	1	平面位置		mm	≤50	全站仪测量
	2	墙身、压顶断面尺寸		不小于设计值		用钢尺量：每一缝段测3个断面，每断面各测量2点
	3	压顶顶面高程		mm	±10	水准测量：每一缝段测量3点
	4	墙背加筋材料强度、延伸率		不小于设计值		拉伸试验
	5	泄水孔尺寸		mm	±3	用钢尺量：每一缝段测量3点
	6	泄水孔的坡度		设计值		
	7	伸缩缝、沉降缝宽度		mm	+20 0	用钢尺量：每一缝段测量3点
	8	轴线位置		mm	≤30	经纬仪测量：每一缝段纵横各测量2点
	9	墙面倾斜率		≤0.5%		线锤测量：每一缝段测量3点
	10	墙表面平整度(混凝土)		mm	±10	2m直尺、塞尺量：每一缝段测量3点

4. 边坡开挖

施工前应检查平面位置、标高、边坡坡率、降排水系统。

施工中，应检验开挖的平面尺寸、标高、坡率、水位等。

预裂爆破或光面爆破的岩质边坡的坡面上宜保留炮孔痕迹，残留炮孔痕迹保存率不应小于50%。

边坡开挖施工应检查监测和监控系统，监测、监控方法应按现行国家标准《建筑边坡工程技术规范》GB 50330的规定执行。在采用爆破施工时，应加强环境监测。

施工结束后，应检验边坡坡率、坡底标高、坡面平整度等。

边坡开挖质量检验标准应符合表2-33的规定。

边坡开挖质量检验标准 表2-33

项	序	检查项目		允许值或允许偏差		检查方法
				单位	数值	
主控项目	1	坡率		设计值		目测法或用坡度尺检查：每20m抽查1处
	2	坡底标高		mm	±100	水准测量
一般项目	1	坡面平整度	土坡	mm	±100	3m直尺测量；每20m测1处
			岩坡	mm	软岩±200 硬岩±350	
	2	平台宽度	土坡	mm	+200 0	用钢尺量
			岩坡	mm	软岩+200 硬岩+500	
	3	坡脚线偏位	土坡	mm	+500 -100	经纬仪测量；每20m测2点
			岩坡	mm	软岩+500 -200	
				mm	硬岩+800 -250	

2.15.9 地基与基础工程验槽

1. 一般规定

勘察、设计、监理、施工、建设等各方相关技术人员应共同参加验槽。

验槽时，现场应具备岩土工程勘察报告、轻型动力触探记录（可不进行轻型动力触探的情况除外）、地基基础设计文件、地基处理或深基础施工质量检测报告等。

当设计文件对基坑坑底检验有专门要求时，应按设计文件要求进行。

验槽应在基坑或基槽开挖至设计标高后进行，对留置保护土层时其厚度不应超过100mm；槽底应为无扰动的原状土。

遇到下列情况之一时，应进行专门的施工勘察：（1）工程地质与水文地质条件复杂，出现详勘阶段难以查清的问题时；（2）开挖基槽发现土质、地层结构与勘察资料不符时；（3）施工中地基土受严重扰动，天然承载力减弱，须进一步查明其性状及工程性质时；

（4）开挖后发现需要增加地基处理或改变基础型式，已有勘察资料不能满足需求时；

（5）施工中出现新的岩土工程或工程地质问题，已有勘察资料不能充分判别新情况时。

进行施工勘察时，验槽时要结合详勘和施工勘察成果进行。

验槽完毕填写验槽记录或检验报告，对存在的问题或异常情况提出处理意见。

2. 天然地基验槽

天然地基验槽应检验下列内容：（1）根据勘察、设计文件核对基坑的位置、平面尺寸、坑底标高；（2）根据勘察报告核对基坑底、坑边岩土体和地下水情况；（3）检查空穴、古墓、古井、暗沟、防空掩体及地下埋设物的情况，并应查明其位置、深度和性状；（4）检查基坑底土质的扰动情况以及扰动的范围和程度；（5）检查基坑底土质受到冰冻、干裂、受水冲刷或浸泡等的扰动情况，并应查明影响范围和深度。

在进行直接观察时，可用袖珍式贯入仪或其他手段作为验槽辅助。

天然地基验槽前应在基坑或基槽底普遍进行轻型动力触探检验，检验数据作为验槽依据。轻型动力触探应检查下列内容：（1）地基持力层的强度和均匀性；（2）浅埋软弱下卧层或浅埋突出硬层；（3）会影响地基承载力或基础稳定性的浅埋的古井、墓穴和空洞等。

轻型动力触探宜采用机械自动化实施，检验完毕后，触探孔位处应灌砂填实。

采用轻型动力触探进行基槽检验时，检验深度及间距应按表 2-34 执行。

轻型动力触探检验深度及间距（m）　　表 2-34

排列方式	基坑或基槽宽度	检验深度	检验间距
中心一排	<0.8	1.2	一般 1.0～1.5m，出现明显异常时，须加密至足够掌握异常边界
两排错开	0.8～2.0	1.5	
梅花型	>2.0	2.1	

注：对于设置有抗拔桩或抗拔锚杆的天然地基，轻型动力触探布点间距可根据抗拔桩或抗拔锚杆的布置进行适当调整——在土层分布均匀的部位可只在抗拔桩或抗拔锚杆间距中心布点，对土层不太均匀的部位以掌握土层不均匀情况为目的，参照该表间距布点。

遇下列情况之一时，可不进行轻型动力触探：（1）承压水头可能高于基坑底面标高，触探可造成冒水涌砂时；（2）基础持力层为砾石层或卵石层，且基底以下砾石层或卵石层厚度大于 1m 时；（3）基础持力层为均匀、密实砂层，且基底以下厚度大于 1.5m 时。

3. 地基处理工程验槽

设计文件有明确地基处理要求的，在地基处理完成、开挖至基底设计标高后进行验槽。

对于换填地基、强夯地基，应现场检查处理后的地基均匀性、密实度等检测报告和承载力检测资料。

对于增强体复合地基，应现场检查桩位、桩头、桩间土情况和复合地基施工质量检测报告。

对于特殊土地基，应现场检查处理后地基的湿陷性、地震液化、冻土保温、膨胀土隔水、盐渍土改良等方面的处理效果检测资料。

经过地基处理的地基承载力和沉降特性，应以处理后的检测报告为准。

4. 桩基工程验槽

设计计算中考虑桩筏基础、低桩承台等桩间土共同作用时，应在开挖清理至设计标高后对桩间土进行检验。

对人工挖孔桩，应在桩孔清理完毕后，对桩端持力层进行检验。对大直径挖孔桩，应逐孔检验孔底的岩土情况。

在试桩或桩基施工过程中，应根据岩土工程勘察报告对出现的异常情况、桩端岩土层的起伏变化及桩周岩土层的分布进行判别。

第16节　掌握《建筑施工高处作业安全技术规范》JGJ 80—2016 的有关要求

《建筑施工高处作业安全技术规范》为行业标准，编号为 JGJ 80—2016，自 2016 年 12 月 1 日起实施。原《建筑施工高处作业安全技术规范》JGJ 80—1991 同时废止。

2.16.1　主要内容和适用范围

本规范的主要技术内容是：（1）总则；（2）术语和符号；（3）基本规定；（4）临边与洞口作业；（5）攀登与悬空作业；（6）操作平台；（7）交叉作业；（8）建筑施工安全网。

本规范修订的主要技术内容是：（1）增加了术语和符号章节；（2）将临边和洞口作业中对护栏的要求归纳、整理，统一对其构造进行规定；（3）在攀登与悬空作业章节中，增加屋面和外墙作业时的安全防护要求；（4）将操作平台和交叉作业章节分开为操作平台和交叉作业 2 个章节，分别对其提出了要求；（5）对移动操作平台、落地式操作平台与悬挑式操作平台分别作出了规定；（6）增加了建筑施工安全网章节，并对安全网设置进行了具体规定。

本规范适用于建筑工程施工高处作业中的临边、洞口、攀登、悬空、操作平台、交叉作业及安全网搭设等项作业。

本规范亦适用于其他高处作业的各类洞、坑、沟、槽等部位的施工。

2.16.2　增加的术语和符号

1. 术语

（1）高处作业：在坠落高度基准面 2m 及以上有可能坠落的高处进行的作业。

（2）临边作业：在工作面边沿无围护或围护设施高度低于 800mm 的高处作业，包括楼板边、楼梯段边、屋面边、阳台边、各类坑、沟、槽等边沿。

（3）洞口作业：在地面、楼面、屋面和墙面等有可能使人和物料坠落，其坠落高度大于或等于 2m 的洞口处的高处作业。

（4）攀登作业：借助登高用具或登高设施进行的高处作业。

（5）悬空作业：在周边无任何防护设施或防护设施不能满足防护要求的临空状态下进行的高处作业。

（6）操作平台：由钢管、型钢及其他等效性能材料等组装搭设制作的供施工现场高处作业和载物的平台，包括移动式、落地式、悬挑式等。

（7）移动式操作平台：带脚轮或导轨，可移动的脚手架操作平台。

（8）落地式操作平台：从地面或楼面搭起、不能移动的操作平台，单纯进行施工作业的施工平台和可进行施工作业与承载物料的接料平台。

（9）悬挑式操作平台：以悬挑形式搁置或固定在建筑物结构边沿的操作平台，斜拉式悬挑操作平台和支承式悬挑操作平台。

（10）交叉作业：垂直空间贯通状态下，可能造成人员或物体坠落，并处于坠落半径范围内、上下左右不同层面的立体作业。

（11）安全防护设施：在施工高处作业中，为将危险、有害因素控制在安全范围内，以及减少、预防和消除危害所配置的设备和采取的措施。

（12）安全防护棚：高处作业在立体交叉作业时，为防止物体坠落造成坠落半径内人员伤害或材料、设备损坏而搭设的防护棚架。

2. 符号

（1）作用和作用效应

F_{bk}——上横杆承受的集中荷载标准值；

F_{ck}——次梁上的集中荷载标准值；

F_{zk}——立杆承受的集中荷载标准值；

M——上横杆最大弯矩设计值；

M_c——次梁最大弯矩设计值；

M_y——主梁最大弯矩设计值；

M_z——立杆承受的最大弯矩设计值；

N——斜撑的轴心压力设计值；

N_z——立杆的轴心压力设计值；

q——梁上的等效均布荷载设计值；

q_{ck}——次梁上的等效均布可变荷载标准值；

q_{ch}——次梁上均布恒荷载标准值；

R——次梁搁置于外侧主梁上的支座反力；

S_s——钢丝绳的破断拉力；

T——钢丝绳所受拉力标准值；

σ_1——杆件的受弯应力；

σ_2——立杆的受压应力。

（2）计算指标

E——杆件的弹性模量；

f_1——杆件的抗弯强度设计值；

f_2——立杆的抗压强度设计值；

f_3——斜撑的抗压强度设计值。

（3）计算系数

$[K]$——作吊索用钢丝绳的允许安全系数；

ϕ——轴心受压构件的稳定系数。

（4）几何系数

A——立杆毛截面面积；

A_n——立杆净截面面积；

A_c——斜撑毛截面面积；

a——悬臂长度；

h——立杆高度；

I——杆件截面惯性矩；

L_0——上横杆计算长度；

L_{0C}——次梁的计算跨度；

L_x——次梁两端搁支点间的跨度；

L_{0y}——主梁的计算跨度；

W_n——上杆的净截面抵抗矩；

W_{ZN}——立杆的净截面抵抗矩；

α——钢丝绳与平台面的夹角；

η——悬臂长度比值；

ν——受弯构件挠度计算值；

$[\nu]$——受弯构件挠度容许值。

2.16.3 临边和洞口作业中对护栏的要求的归纳统一

（1）临边作业的防护栏杆应由横杆、立杆及挡脚板组成，防护栏杆应符合下列规定：①防护栏杆应为两道横杆，上杆距地面高度应为 1.2m，下杆应在上杆和挡脚板中间设置；②当防护栏杆高度大于 1.2m 时，应增设横杆，横杆间距不应大于 600mm；③防护栏杆立杆间距不应大于 2m；④挡脚板高度不应小于 180mm。

（2）防护栏杆立杆底端应固定牢固，并应符合下列规定：①当在土体上固定时，应采用预埋或打入方式固定；②当在混凝土楼面、地面、屋面或墙面固定时，应将预埋件与立杆连接牢固；③当在砌体上固定时，应预先砌入相应规格含有预埋件的混凝土块，预埋件应与立杆连接牢固。

（3）防护栏杆杆件的规格及连接，应符合下列规定：①当采用钢管作为防护栏杆杆件时，横杆及栏杆立杆应采用脚手钢管，并应采用扣件、焊接、定型套管等方式进行连接固定；②当采用其他材料作防护栏杆杆件时，应选用与钢管材质强度相当的材料，并应采用螺栓、销轴或焊接等方式进行连接固定。

（4）防护栏杆的立杆和横杆的设置、固定及连接，应确保防护栏杆在上下横杆和立杆任何部位处，均能承受任何方向 1kN 的外力作用。当栏杆所处位置有发生人群拥挤、物件碰撞等可能时，应加大横杆截面或加密立杆间距。

（5）防护栏杆应张挂密目式安全立网或其他材料封闭。

（6）防护栏杆的设计计算应符合本规范附录 A 的规定。

2.16.4 增加攀登与悬空作业中屋面和外墙作业安全防护要求

（1）屋面作业时应符合下列规定：①在坡度大于 25°的屋面上作业，当无外脚手架时，应在屋檐边设置不低于 1.5m 高的防护栏杆，并应采用密目式安全立网全封闭。②在轻质型材等屋面上作业，应搭设临时走道板，不得在轻质型材上行走；安装轻质型材板前，应采取在梁下支设安全平网或搭设脚手架等安全防护措施。

（2）外墙作业时应符合下列规定：①门窗作业时，应有防坠落措施，操作人员在无安全防护措施时，不得站立在樘子、阳台栏板上作业；②高处作业不得使用座板式单人吊具，不得使用自制吊篮。

2.16.5 对移动操作平台、落地式操作平台与悬挑式操作平台分别作出了规定

1. 移动式操作平台

移动式操作平台面积不宜大于 $10m^2$，高度不宜大于 5m，高宽比不应大于 2：1，施工荷载不应大于 $1.5kN/m^2$。

移动式操作平台的轮子与平台架体连接应牢固，立柱底端离地面不得大于 80mm，行走轮和导向轮应配有制动器或刹车闸等制动措施。

移动式行走轮承载力不应小于 5kN，制动力矩不应小于 2.5N·m，移动式操作平台架体应保持垂直，不得弯曲变形，制动器除在移动情况外，均应保持制动状态。

移动式操作平台移动时，操作平台上不得站人。

移动式升降工作平台应符合现行国家标准《移动式升降工作平台 设计计算、安全要求和测试方法》GB 25849 和《移动式升降工作平台 安全规则、检查、维护和操作》GB/T 27548 的要求。

移动式操作平台的结构设计计算应符合本规范附录 B 的规定

2. 落地式操作平台

落地式操作平台架体构造应符合下列规定：（1）操作平台高度不应大于 15m，高宽比不应大于 3：1。（2）施工平台的施工荷载不应大于 $2kN/m^2$；当接料平台的施工荷载大于 $2kN/m^2$ 时，应进行专项设计。（3）操作平台应与建筑物进行刚性连接或加设防倾措施，不得与脚手架连接。（4）用脚手架搭设操作平台时，其立杆间距和步距等结构要求应符合国家现行相关脚手架规范的规定；应在立杆下部设置底座或垫板、纵向与横向扫地杆，并应在外立面设置剪刀撑或斜撑。（5）操作平台应从底层第一步水平杆起逐层设置连墙件，且连墙件间隔不应大于 4m，并应设置水平剪刀撑。连墙件应为可承受拉力和压力的构件，并应与建筑结构可靠连接。

落地式操作平台搭设材料及搭设技术要求、允许偏差应符合国家现行相关脚手架标准的规定。

落地式操作平台应按国家现行相关脚手架标准的规定计算受弯构件强度、连接扣件抗滑承载力、立杆稳定性、连墙杆件强度与稳定性及连接强度、立杆地基承载力等。

落地式操作平台一次搭设高度不应超过相邻连墙件以上 2 步。

落地式操作平台拆除应由上而下逐层进行，严禁上下同时作业，连墙件应随施工进度逐层拆除。

落地式操作平台检查验收应符合下列规定：（1）操作平台的钢管和扣件应有产品合格证；（2）搭设前应对基础进行检查验收，搭设中应随施工进度按结构层对操作平台进行检查验收；（3）遇 6 级以上大风、雷雨、大雪等恶劣天气及停用超过 1 个月，恢复使用前，应进行检查。

3. 悬挑式操作平台

悬挑式操作平台设置应符合下列规定：（1）操作平台的搁置点、拉结点、支撑点应设置在稳定的主体结构上，且应可靠连接；（2）严禁将操作平台设置在临时设施上；（3）操作平台的结构应稳定可靠，承载力应符合设计要求。

悬挑式操作平台的悬挑长度不宜大于 5m，均布荷载不应大于 $5.5kN/m^2$，集中荷载

不应大于 15kN，悬挑梁应锚固固定。

采用斜拉方式的悬挑式操作平台，平台两侧的连接吊环应与前后两道斜拉钢丝绳连接，每一道钢丝绳应能承载该侧所有荷载处。

采用支承方式的悬挑式操作平台，应在钢平台下方设置不少于 2 道斜撑，斜撑的一端应支承在钢平台主结构钢梁下，另一端应支承在建筑物主体结构处。

采用悬臂梁式的操作平台，应采用型钢制作悬挑梁或悬挑桁架，不得使用钢管，其节点应采用螺栓或焊接的刚性节点。当平台板上的主梁采用与主体结构预埋件焊接时，预埋件、焊缝均应经设计计算，建筑主体结构应同时满足强度要求。

悬挑式操作平台应设置 4 个吊环，吊运时应使用卡环，不得使吊钩直接钩挂吊环。吊环应按通用吊环或起重吊环设计，并应满足强度要求。

悬挑式操作平台安装时，钢丝绳应采用专用的钢丝绳夹连接，钢丝绳夹数量应与钢丝绳直径相匹配，且不得少于 4 个。建筑物锐角、利口周围系钢丝绳处应加衬软垫物。

悬挑式操作平台的外侧应略高于内侧；外侧应安装防护栏杆并应设置防护挡板全封闭。

人员不得在悬挑式操作平台吊运、安装时上下。

悬挑式操作平台的结构设计计算应符合本规范附录 C 的规定。

2.16.6　对交叉作业提出了要求

1. 一般规定

交叉作业时，下层作业位置应处于上层作业的坠落半径之外，高空作业坠落半径应按表 2-35 确定。安全防护棚和警戒隔离区范围的设置应视上层作业高度确定，并应大于坠落半径。

坠落半径　　　　　　　　　　　表 2-35

序号	上层作业高度(h_b)	坠落半径(m)
1	$2\leqslant h_b\leqslant 5$	3
2	$5<h_b\leqslant 15$	4
3	$15<h_b\leqslant 30$	5
4	$h_b>30$	6

交叉作业时，坠落半径内应设置安全防护棚或安全防护网等安全隔离措施。当尚未设置安全隔离措施时，应设置警戒隔离区，人员严禁进入隔离区。

处于起重机臂架回转范围内的通道，应搭设安全防护棚。

施工现场人员进出的通道口，应搭设安全防护棚。

不得在安全防护棚棚顶堆放物料。

当采用脚手架搭设安全防护棚架构时，应符合国家现行相关脚手架标准的规定。

对不搭设脚手架和设置安全防护棚的交叉作业，应设置安全防护网，当在多层、高层建筑外立面施工时，应在 2 层及每隔 4 层设一道固定的安全防护网，同时设一道随施工高度提升的安全防护网。

2. 安全措施

安全防护棚搭设应符合下列规定：（1）当安全防护棚为非机动车辆通行时，棚底至地面高度不应小于 3m；当安全防护棚为机动车辆通行时，棚底至地面高度不应小于 4m；（2）当建筑物高度大于 24m 并采用木质板搭设时，应搭设双层安全防护棚。两层防护的间距不应小于 700mm，安全防护棚的高度不应小于 4m；（3）当安全防护棚的顶棚采用竹笆或木质板搭设时，应采用双层搭设，间距不应小于 700mm；当采用木质板或与其等强度的其他材料搭设时，可采用单层搭设，木板厚度不应小于 50mm。防护棚的长度应根据建筑物高度与可能坠落半径确定。

安全防护网搭设应符合下列规定：（1）安全防护网搭设时，应每隔 3m 设一根支撑杆，支撑杆水平夹角不宜小于 45°；（2）当在楼层设支撑杆时，应预埋钢筋环或在结构内外侧各设一道横杆；（3）安全防护网应外高里低，网与网之间应拼接严密。

2.16.7　增加：建筑施工安全网

1. 一般规定

建筑施工安全网的选用应符合下列规定：（1）安全网材质、规格、物理性能、耐火性、阻燃性应满足现行国家标准《安全网》GB 5725 的有关规定；（2）密目式安全立网的网目密度应为 10cm×10cm 面积上大于或等于 2000 目。

采用平网防护时，严禁使用密目式安全立网代替平网使用。

密目式安全立网使用前，应检查产品分类标记、产品合格证、网目数及网体重量，确认合格方可使用。

2. 安全网搭设

安全网搭设应绑扎牢固、网间严密。安全网的支撑架应具有足够的强度和稳定性。

密目式安全立网搭设时，每个开眼环扣应穿入系绳，系绳应绑扎在支撑架上，间距不得大于 450mm。相邻密目网间应紧密结合或重叠。

当立网用于龙门架、物料提升架及井架的封闭防护时，四周边绳应与支撑架贴紧，边绳的断裂张力不得小于 3kN，系绳应绑在支撑架上，间距不得大于 750mm。

用于电梯井、钢结构和框架结构及构筑物封闭防护的平网，应符合下列规定：（1）平网每个系结点上的边绳应与支撑架靠紧，边绳的断裂张力不得小于 7kN，系绳沿网边应均匀分布，间距不得大于 750mm；（2）电梯井内平网网体与井壁的空隙不得大于 25mm，安全网拉结应牢固。

【强制性条文】

（1）坠落高度基准面 2m 及以上进行临边作业时，应在临空一侧设置防护栏杆，并应采用密目式安全立网或工具式栏板封闭。

（2）洞口作业时，应采取防坠落措施，并应符合下列规定：①当竖向洞口短边边长小于 500mm 时，应采取封堵措施；当垂直洞口短边边长大于或等于 500mm 时，应在临空一侧设置高度不小于 1.2m 的防护栏杆，并应采用密目式安全立网或工具式栏板封闭，设置挡脚板；②当非竖向洞口短边边长为 25~500mm 时，应采用承载力满足使用要求的盖板覆盖，盖板四周搁置应均衡，且应防止盖板移位；③当非竖向洞口短边边长为 500~1500mm 时，应采用盖板覆盖或防护栏杆等措施，并应固定牢固；④当非竖向洞口短边边长大于或等于 1500mm 时，应在洞口作业侧设置高度不小于 1.2m 的防护栏杆，洞口应采用安全平网封闭。

（3）严禁在未固定、无防护设施的构件及管道上进行作业或通行。

（4）悬挑式操作平台设置应符合下列规定：①操作平台的搁置点、拉结点、支撑点应设置在稳定的主体结构上，且应可靠连接；②严禁将操作平台设置在临时设施上；③操作平台的结构应稳定可靠，承载力应符合设计要求。

（5）采用平网防护时，严禁使用密目式安全立网代替平网使用。

第 17 节　掌握《建筑施工测量标准》
JGJ/T 408—2017 的有关规定

《建筑施工测量标准》为行业标准，编号为 JGJ/T 408—2017，自 2017 年 11 月 1 日起实施。

2.17.1　主要内容和适用范围

本标准的主要技术内容是：（1）总则；（2）术语和符号；（3）基本规定；（4）施工测量准备工作；（5）平面控制测量；（6）高程控制测量；（7）土方施工和基础施工测量；（8）基坑施工监测；（9）民用建筑主体施工测量；（10）工业建筑施工测量；（11）建筑装饰与设备安装施工测量；（12）建筑小区市政工程施工测量；（13）建筑主体施工变形监测；（14）竣工测量与竣工图编绘以及有关的附录。

本标准适用于工业与民用建筑工程、建筑小区内市政工程等施工、竣工阶段的施工测量。

2.17.2　建筑施工测量基本概念

施工测量是为建筑工程施工提供全过程的测绘保障和服务的一项重要技术工作，对保障建筑工程施工质量具有不可替代的作用。《建筑施工测量标准》JGJ/T 408—2017 主要适用于工业与民用建筑工程、建筑小区内市政工程等施工、竣工阶段的施工测量。

2.17.3　建筑施工测量基本规定

（1）宜采用国家平面坐标和高程系统，若采用地方或独立的坐标、高程系统，根据工程需要与国家坐标、高程系统建立联系并进行换算。

（2）应以中误差作为衡量测量精度的标准，以 2 倍中误差为极限误差。

（3）测量仪器和量具应经国家认可的计量单位进行检定，检定合格后应在有效期内使用。经纬仪、垂准仪、全站仪、水准仪、钢卷尺等检定周期为 1 年。

（4）测量仪器和量具应进行定期检验校正，经纬仪、水准仪等仪器设备的主要轴系关系应在每次作业前进行检验校正。

（5）测量仪器、量具应定期维护保养，并应按规定进行使用和保管。

（6）测量原始记录应清晰、完整、准确、无涂改。电子记录应提交原始的数据文件。

（7）施工单位在完成各阶段的测量工作后，应及时整理工程定位测量记录、基槽平面及标高实测记录、楼层平面放线及标高实测记录、楼层平面标高抄测记录、建筑物垂直度、标高测量记录等施工测量资料。

（8）工程施工总承包单位应具备完整的测量管理体系，建立健全施工测量管理制度。

（9）施工测量成果质量应实行两级检查、一级验收制度，测量成果应依次通过测量作业部门的过程检查，质量管理部门的最终检查和项目管理单位组织的验收或委托具有资质的质量检验机构进行质量验收。

2.17.4 施工测量准备工作

1. 一般规定

（1）施工测量准备工作应包括资料收集、施工测量方案编制、施工图校核、数据准备、人员设备准备和起算控制点校测等内容。

（2）施工测量前，应根据工程任务的要求，收集和分析有关施工资料，并应包括下列内容：①规划批复文件；②工程勘察报告；③施工图纸及变更文件；④施工组织设计或施工方案；⑤施工场区地下管线、建筑物等测绘成果。

2. 施工测量方案编制和施工图校核

（1）施工测量方案编制应包括下列内容：①工程概况；②任务要求；③施工测量技术依据、测量设备、测量方法和技术要求；④起算控制点的校测；⑤施工控制网的建立；⑥建筑物定位、放线、验线等施工过程测量；⑦基坑监测；⑧建筑施工变形监测；⑨竣工测量；⑩施工测量管理体系；⑪安全质量保证体系与措施；⑫成果资料整理与提交。

（2）施工图校核应根据不同施工阶段的需要，校核总平面图、建筑施工图、结构施工图、设备施工图等。校核内容应包括坐标与高程系统、建筑轴线关系、几何尺寸、各部位高程等，并应了解和掌握有关工程设计变更的文件。

3. 测量数据准备和定位依据点校测

（1）施工测量数据准备应包括下列内容：①应依据施工图计算施工放样数据；②应依据放样数据绘制施工放样简图。

（2）应对城市平面控制点或建筑红线桩点成果资料与现场点位或桩位进行交接，并应做好点位的保护工作。

（3）城市平面控制点或建筑红线桩点使用前，应进行外业校测与内业校算，定位依据桩点数量不应少于 3 个。

（4）工程依据的水准点数量不应少于 2 个，使用前应按附合水准路线进行校测。

（5）外业资料、起算数据和放样数据，应经 2 人独立检核，确认合格有效后方可使用。

2.17.5 平面控制测量

1. 一般规定

（1）平面控制网的布设应遵循先整体、后局部，分级控制的原则。大中型的施工项目，应先建立场区平面控制网，再建立建筑物施工平面控制网；小型施工项目，可直接布设建筑物施工平面控制网。

（2）平面控制测量前，应收集场区及附近城市平面控制点、建筑红线桩点等资料；当点位稳定且成果可靠时，可作为平面控制测量的起始依据。

（3）平面控制测量应包括场区平面控制网和建筑物施工平面控制网的测量。

（4）平面控制点应根据建筑设计总平面图、施工总平面布置图、施工地区的地形条件等因素经设计确定，点位应选在通视良好、土质坚硬、便于施测和长期保存的地方，平面控制网点应埋设标石，标石的埋设深度，应考虑埋至较坚实的原状土或冻土层下。

2. 场区平面控制网

（1）场区平面控制网应根据场区地形条件与建筑物总体布置情况，布设成建筑方格网、卫星导航定位测量网、导线及导线网、边角网等形式。

（2）建筑方格网一般是在地势平坦且建筑物布置为矩形的场地使用，是布设场地平面控制网的基本方法。在建筑方格网布设后，应对建筑方格网轴线交点的角度及轴线距离进行测定，并将点位归化至设计位置，角度和边长应进行复测检查，偏差应在允许范围内。

（3）当建筑场地地势平坦时，可采用导线网的方法布设场地平面控制网，导线边长应大致相等，相邻边长之比不宜超过1∶3，技术要求应符合标准规定的限值。

（4）对面积大于1km²的场地或重要建筑区，应按一级网的技术要求布设场区平面控制网；对面积小于1km²的场地或一般建筑区，可按二级网的技术要求布设场区平面控制网。

3. 建筑物施工平面控制网

（1）建筑物施工平面控制网宜布设成矩形，特殊时也可布设成十字形主轴线或平行于建筑物外廓的多边形。根据建筑物的不同精度要求分三个等级，其主要技术要求应符合规定。

（2）地下施工阶段应在建筑物外侧布设控制点，建立外部控制网，地上施工阶段应在建筑物内部布设控制点，建立内部控制网。

（3）建筑物施工平面控制网测定并经验线合格后，应在控制网外廓边线上测定建筑轴线控制桩，作为控制轴线的依据。

（4）建筑物外部控制转移至内部时，内部控制点宜设置在浇筑完成的预埋件或预埋的测量标板上，投测的点位允许误差应为1.5mm。

（5）建筑物施工平面控制桩施测完成后，应对控制轴线交点的角度及轴线距离进行测定，并调整控制点点位直至符合规定。当控制点调整时，应根据各点平差计算坐标值确定归化数据，并应在实地标志上修正。

（6）建筑物施工平面控制桩应标识清楚，应定期复测，并采取有效的保护措施；当遇有损坏，应及时恢复。应根据点位稳定程度或自然条件的变化情况来确定复测时间间隔。

4. 水平角观测

（1）水平角观测宜采用方向观测法。

（2）水平角观测应在通视良好、成像清晰稳定时进行。作业中仪器不应受阳光直接照射，气泡偏离若超过一格，应在测回间重新整置仪器，有纵轴倾斜传感器校正的电子经纬仪可不受此限。

（3）水平角观测成果的重测与取舍应符合下列规定：①水平角观测误差超限时，应在原度盘位置上进行重测，若出现测错、读错、记错、上半测回归零差超限、仪器碰动、气泡偏离过大等情况，均应随时重测，可不算重测测回数；②当2C较差或各测回较差超限时，应重测超限方向，并联测零方向；③当零方向的2C较差或下半测回的归零差超限时，该测回应重测；④当一测回重测方向数超过总方向数的1/3时，该测回应重测，每站重测的方向测回数超过总方向测回数的1/3时，该测站应重测；⑤基本测回数成果和重测成果，应进行记录，重测及基本测回结果不取中数，每一测回只取一个符合限差的结果。

（4）水平角观测结束后，应计算测角中误差。

5. 距离测量

（1）场区或建筑物平面控制网边长，采用Ⅰ、Ⅱ级测距仪器往返测量，其测回数不应少于两测回。

（2）测距作业应符合下列规定：①测线不宜穿过发热体上空，离地面或障碍物宜在 1.3m 以上，不应受到强电磁场的干扰，倾角不宜过大；②测距应在成像清晰和气象条件良好时进行，阳光下作业时应遮阳，测距不宜逆光观测，严禁将仪器照准部直对太阳或强光源；③在气温较低时作业，测距仪应有一定的预热时间，使仪器各电子部件达到正常稳定的工作状态时方可开始测距，读数时，信号指示器指针应在最佳回光信号范围内；④反射镜应对准照准部，当反射镜背景方向有反光物体时，应在反射镜后面遮挡。

（3）当采用钢尺丈量距离时，应采用Ⅰ级钢尺，量距可采用一根钢尺往返丈量一次，或用两根钢尺同方向各丈量一次。丈量时应使用拉力计，拉力与钢尺检定时一致。

（4）钢尺距离丈量结果中应加入尺长、温度、倾斜等项改正数。

2.17.6　高程控制测量

1. 一般规定

（1）高程控制网应包括场区高程控制网和建筑物高程控制网，高程控制网可采用水准测量和测距三角高程测量的方法建立。

（2）高程控制测量前应收集场区及附近城市高程控制点、建筑区域内的临时水准点等资料。当点位稳定、符合精度要求和成果可靠时，可作为高程控制测量的起始依据。

（3）施工高程控制测量的等级依次分为二、三、四、五等，可根据场区的实际需要布设，特殊需要可另行设计。四等和五等高程控制网可采用测距三角高程测量。

（4）高程控制点应选在土质坚实，便于施测、使用并易于长期保存的地方，距离基坑边缘不应小于基坑深度的 2 倍。

（5）高程控制点的标志与标石的埋设应符合规定。

（6）高程控制点应采取保护措施，并在施工期间定期复测，特殊情况应及时进行复测。

2. 场区高程控制网

（1）场区高程控制网应布设成附合路线、结点网或闭合环。

（2）场区高程控制网的精度，不宜低于三等水准。

（3）场区高程控制点可单独布设在场区相对稳定的区域，或在平面控制点的标石上。

3. 建筑物施工高程控制网

（1）建筑物施工高程控制网应在每一栋建筑物周围布设，不应少于 2 个点，独立建筑不应少于 3 个点。

（2）建筑物施工高程控制宜采用水准测量。水准测量的精度等级，可根据工程的实际需要布设。

（3）水准点可设置在平面控制网的标桩或外围的固定地物上，也可单独埋设。当场区高程控制点距离施工建筑物小于 200m 时，可直接利用。

4. 水准测量

（1）各等级水准测量应起闭于高等级水准点上，水准测量的主要技术要求应符合规定。

（2）水准测量的观测方法应符合下列规定：①二等水准测量采用光学测微法时，往测奇数站的观测顺序为"后—前—前—后"，偶数站的观测顺序为"前—后—后—前"；返测奇、偶数站的观测顺序分别按往测偶、奇数站的观测顺序进行；当使用数字水准仪时，往返测观测顺序，奇数站为"后—前—前—后"，偶数站为"前—后—后—前"；②三等水准测量采用中丝读数法，每站观测顺序为"后—前—前—后"；③四等水准测量采用中丝读数法，直接读距离，双面标尺每站观测顺序为"后—后—前—前"；单面标尺每站观测顺序为"后—前"，两次仪器高应变动 0.1m 以上；④五等水准测量采用中丝读数法，每站观测顺序为"后—前"。

（3）水准观测应符合下列规定：①水准观测应在成像清晰稳定时进行，在日出后与日落前 30min 内、太阳中天前后约 2h 内、视线剧烈跳动时、周边剧烈振动和气温突变时、风力过大而使标尺与仪器不能稳定时，不应进行观测；②水准测量前，应进行预热，晴天应将仪器置于露天阴影下，使仪器与外界气温趋于一致；③二等水准测量每测站观测不宜两次调焦，转动仪器的微倾螺旋与测微螺旋时，最后应为旋进方向，每一测段测站数应为偶数；④水准观测应避免视线被遮挡。

2.17.7　土方施工和基础施工测量

1. 一般规定

（1）土方施工和基础施工测量应包括施工场地测量、土方施工测量、基础施工测量等。

（2）土方施工和基础施工测量前应收集下列成果资料：①平面控制点或建筑红线桩点、高程控制点成果；②建筑场区平面控制网和高程控制网成果；③土方施工方案。

（3）建筑物主轴线控制桩应在施工现场总平面布置图中标出其位置并采取措施加以妥善保护。

2. 施工场地测量

（1）施工场地测量宜包括场地现状图测量、场地平整、临时水电管线敷设、施工道路、暂设建筑物以及物料、机具场地的划分等施工准备的测量工作。

（2）在开工前，宜测绘 1∶1000、1∶500 或更大比例尺的地形图。

（3）地形图测绘可采用数字测图方法，全站仪、卫星导航定位测量动态测量等仪器。

（4）场地平整测量应符合总体竖向设计和施工方案的要求，采用方格网法，平坦地区宜采用 20m×20m 方格网；地形起伏地区宜采用 10m×10m 方格网。

（5）方格网的点位可依据红线桩点或原有建筑物进行测设，高程可采用三角高程等方法测定。

（6）采用数字建模法实施场地测量时，应符合下列规定：①充分保证数字模型采样点密度，采用全站仪或卫星导航定位测量动态测量技术现场采集，采样间距一般不宜大于格网间距，地形特征部位应适当加密；采用三维激光扫描技术扫描，采样点距离测站 100m 的采样点间距按 50mm 进行控制；②采用数字建模法进行场地平整土石方量计算时，应保证模型与实际地貌的符合性。应在建模范围抽查不少于 5% 的检查点进行符合性检验，检查点与模型内插点平均高程较差应在 ±100mm 内；③采用数字建模法进行场地平整时，可先在模型上查阅拟建建筑物轮廓点挖填高度，并在实地放样拟建建筑物，依据放样点的挖填高度进行平整施工。

（7）施工道路、临时水电管线与暂设建筑物的平面、高程位置应根据场区测量控制点与施工现场总平面图进行测设。

（8）依据现状地形图、地下管线图，对场地内需要保留的原有地下建筑物、地下管网与树木的树冠范围等进行现场标定。

（9）施工场地测量应进行原始记录，及时整理有关数据和资料，并绘制成有关图表，归档保存。

3. 土方施工测量

（1）土方施工测量应包括下列工作内容：①根据城市测量控制点、场区平面控制网或建筑物平面控制网放样基槽（坑）开挖边界线；②基槽（坑）开挖过程中的放坡比例及标高控制；③基槽（坑）开挖过程中电梯井坑、积水坑的平面、标高位置及放坡比例控制。

（2）土方施工测量放样应符合下列规定：①当以城市测量控制点定位时，应选择精度较高的点位和方向为依据；②当以场区平面控制网定位时，应选择距开挖线较近的或与开挖线尺寸关系较清晰的轴线为依据；③当以建筑红线桩点定位时，应选择沿主要街道且较长的建筑红线边为依据。

（3）基槽（坑）开挖边线放线测量时，不同形状的基槽放线应符合下列规定：①条形基础放线应以轴线控制桩为准测设基槽边线，两灰线外侧为槽宽，允许误差应为＋20mm、－10mm；②杯形基础放线应以轴线控制桩为准测设柱中心桩，再以柱中心桩及其轴线方向定出柱基开挖边线，中心桩的允许误差应为 3mm；③整体基础开挖放线。地下连续墙施工时，应以轴线控制桩为准测设连续墙中线，中线横向允许误差应为±10mm；混凝土灌注桩施工时，应以轴线控制桩为准测设灌注桩中线，中线横向允许误差应为±20mm；大开挖施工时应根据轴线控制桩分别测设出基槽上、下口位置桩，并撒出开挖边界线，上口桩允许误差应为＋50mm、－20mm，下口桩允许误差应为＋20mm、－10mm。

（4）基槽（坑）开挖的标高控制应符合下列规定：①在条形基础与杯形基础开挖中，应在槽壁上每隔 3m 距离测设距槽底设计标高 500mm 或 1000mm 的水平桩，允许误差应为±5mm；②整体基础开挖接近槽底时，应及时测设坡脚与槽底标高，并应拉通线控制槽底标高。

4. 基础施工测量

（1）基础施工测量应包括桩基施工、沉井施工、垫层施工、基础底板施工测量等。

（2）桩基和沉井施工前应根据总平面图等测定桩基和沉井施工影响范围内的地下构筑物与管线的位置。

（3）桩基和沉井施工的平面与高程控制桩，均应设在桩基和沉井施工影响范围之外。

（4）桩位定位放样允许误差应为±10mm，并应在桩位外设置定位基准桩。

（5）桩基竣工后，应以桩位定位放样测量的精度进行竣工测量，并提交桩位测量放线图和桩位竣工图等测量成果。

（6）沉井施工测量应符合下列规定：①测设沉井中线，允许误差应为±5mm；②沉井施工过程中，中线投点允许误差应为±5mm，标高测设允许误差应为±5mm；③沉井竣工后，应以定位精度进行竣工测量，并提交定位测量记录和工程竣工图等测量资料。

（7）在垫层或地基上进行主控制轴线投测前，应以建筑物施工平面控制网为基准，对建筑物外廓轴线控制桩进行校测，无误后，投测主控制轴线，允许误差应为±3mm。

（8）在垫层或地基上进行基础放线前，应先校核各主控制轴线的定位桩，无误后，方可根据控制轴线的定位桩投测建筑物各控制轴线。建筑物各控制轴线在经过闭合校测合格后，方可用墨线弹出建筑物的大角线、细部轴线与施工线，控制轴线的放线应独立实测两次。基础外廓轴线允许误差应符合规定。

2.17.8　基坑施工监测

1. 一般规定

（1）基坑工程施工中应进行基坑施工监测。

（2）基坑监测的主要对象应包括支护结构、地下水状况、基坑底部及周围土体、周围建筑物、周围地下管线及地下设施、周围重要的道路，以及其他应监测的对象。

（3）建筑基坑工程设计阶段应根据工程的具体情况，提出对基坑工程现场监测的要求，主要包括监测项目、测点位置和数量、监测频次、监控报警值等。

（4）基坑施工监测应编制监测方案，监测方案应包括工程概况、监测依据、监测目的、监测项目、测点布置、监测方法及精度、监测人员及主要仪器设备、监测频率、监测报警值、异常情况下的监测措施、监测数据的记录制度和处理方法、工序管理及信息反馈制度等内容。

（5）监测方法应根据工程监测等级、现场条件、设计要求、地区经验和测试方法的适用性等因素综合确定。

（6）监测网应包括基准点、工作基点和监测点。基准点应设置在变形区域以外、位置稳定、易于长期保存的地方，监测期间，应定期检查检验其稳定性。

（7）监测点应稳定牢固，标示清楚，施工及监测过程中应进行保护。

（8）基坑工程监测报警值应由监测项目的累计变化量或变化速率值两项指标控制。

（9）应及时处理监测数据并上报；当数据达到报警值时应立即报告。

（10）监测项目初始值应为施工前连续观测 2 次以上稳定值的平均数。

2. 监测项目

（1）基坑工程现场监测项目的选择应根据工程地质条件、水文地质条件、基坑工程安全等级、支护结构的特点、设计要求确定，并宜按本标准规定进行选择。

（2）监测过程中应进行安全巡视，掌握基坑周围地面及建筑物墙面裂缝、倾斜等变化，了解施工工况、坑边荷载的变化、围护体系的防渗以及支护结构施工质量等。

3. 监测点布置

（1）支护结构顶部水平位移和竖向位移监测点应沿基坑周边布置，基坑周边的中部、阳角处应布置，间距不宜大于 20m，关键部位宜适当加密，且每侧边监测点不应少于3 个。

（2）支护结构深部水平位移监测点布置间距宜为 20～50m，中间部位宜布置监测点，每边至少 1 个监测点。监测点布置深度宜与围护墙（桩）入土深度相同。

（3）锚杆拉力监测点应布置在锚杆受力较大、形态较复杂处，每层监测点应按锚杆总数的 1%～3% 布置，且不应少于 3 个，各层监测点宜保持在同一竖直面上。

（4）支撑轴力监测点宜布置在支撑内力较大、受力较复杂的支撑上，每道支撑监测点不应少于 3 个，并且每道支撑轴力监测点位置宜在竖向上保持一致。

（5）挡土构件内力监测点应布置在受力、变形较大的部位，数量和横向间距视具体情况而定，但每边不应少于 1 处。竖直方向监测点应布置在弯矩较大处，竖向间距宜为2～4m。

（6）支撑立柱竖向位移监测点宜布置在基坑中部、多根支撑交汇处、施工栈桥下、地质条件复杂等位置的立柱上，监测点不宜少于立柱总数的 5％，逆作法施工的基坑不宜少于立柱总数的 10％，且均不应少于 3 根立柱。

（7）地下水位监测点的布置应符合下列规定：①基坑内采用深井降水时，水位监测点宜布置在基坑中央和两相邻降水井的中间部位；采用轻型井点、喷射井点降水时，水位监测点宜布置在基坑中央和周边拐角处，监测点数量视具体情况确定；②基坑外地下水位监测点应沿基坑周边、被保护对象（如建筑物、地下管线等）周边或在两者之间布置，监测点间距宜为 20～50m。相邻建筑物、重要的地下管线或管线密集处应布置水位监测点；如有止水帷幕，宜布置在止水帷幕的外侧约 2m 处；③水位监测管的埋置深度应在最低设计水位或最低允许地下水位之下 3～5m。对于需要降低承压水水位的基坑工程，水位监测管埋置深度应满足设计要求。

（8）支护结构侧向土压力监测点宜布置在弯矩较大、受力较复杂及有代表性的部位。平面布置上基坑每边不宜少于 2 个测点；在竖向布置上，测点间距宜为 2～5m；当按土层分布情况布设时，每层应至少布设 1 个测点，且布置在各层土的中部。

（9）孔隙水压力监测点宜布置在基坑受力、变形较大或有代表性的部位，数量不宜少于 3 个，监测点宜在水压力变化影响深度范围内按土层布置，竖向间距宜为 2～5m。

（10）基坑周边监测宜达到基坑边线以外 1～3 倍基坑深度范围内。

（11）基坑周边建筑物竖向位移监测点布置应符合下列规定：①布置在变形明显而又有代表性的部位；②点位应避开暖气管、落水管、窗台、配电盘及临时构筑物；③可沿承重墙长度方向每隔 15～20m 处或每隔 2～3 根柱基设置一个监测点；④两侧基础埋深相差悬殊处、不同地基或结构分界处、高低或新旧建筑物分界处等也应设置监测点。

（12）基坑地表竖向位移监测点布置宜按剖面垂直于基坑边布置，剖面间距视基础形式、荷载、地质条件、设计要求确定，并宜设置在每侧边中部。每条剖面线上的监测点宜由内向外先密后疏布置，且不宜少于 5 个。

（13）裂缝监测点应选在有代表性的裂缝处进行布置，每条观测裂缝至少布设 2 组观测标志，其中一组布置在裂缝的最宽处，另外一组布置在裂缝的末端。

4. 监测方法

（1）水平位移监测应符合下列规定：①测定特定方向的水平位移可采用视准线法、小角法、投点法等；②测定任意方向的水平位移可采用前方交会法、后方交会法、极坐标法等；③当基准点距基坑较远时，宜采用卫星导航测量法或三角、三边、边角测量与基准线法相结合的综合测量方法。

（2）竖向位移监测可采用几何水准、液体静力水准等。

（3）深层水平位移（测斜）采用测斜仪测量，量测围护墙体或坑外土体在不同深度处的水平位移变化。

（4）锚杆拉力监测可采用特制的锚杆应力计或钢筋应力计来监测。

（5）地下水水位监测宜采用水位计进行量测。水位管宜在基坑开挖前埋设，并应连续观测数日取平均值作为初始值。

（6）裂缝宽度监测宜在裂缝两侧设置标志，用千分表或游标卡尺等量测，也可用裂缝计或摄影测量方法等，裂缝长度监测宜采用直接量测法，裂缝深度监测宜采用超声波法、凿出法等。

2.17.9 民用建筑主体施工测量

1. 一般规定

民用建筑主体施工测量应包括主轴线内控基准点的设置、施工层的平面与标高控制、主轴线的竖向投测、施工层标高的竖向传递、大型预制构件的安装测量等。

施工测量应在首层放线验收后，根据工程所在地建设工程规划监督规定中的相关要求申请复核，经批准后方可进行后续施工。

当施工测量采用外控法进行地上结构轴线竖向投测时，应将控制轴线引测至首层结构外立面上，作为各施工层主轴线竖向投测的方向基准。

当施工测量采用内控法进行轴线竖向投测时，应在基准层底板上预埋钢板，划十字线钻孔，作为向上传递轴线基准点，并宜在各层楼板对应位置预留 200mm×200mm 的孔洞。

超高层建筑物轴线内控点宜采用强制对中装置，当建筑高度超出投测仪器量程时应建立接力层。

轴线竖向投测应事先校测控制桩、基准点，投测允许误差应符合规定。

控制轴线投测至施工层后，应组成闭合图形，且间距不宜大于钢尺长度，控制轴线的布置因素包括：（1）建筑物外廓轴线；（2）单元、施工流水段分界轴线；（3）楼梯间、电梯间两侧轴线；（4）施工流水段内控点不宜少于 4 个，应与其他流水段控制点组成闭合图形。

施工层放线时，应先校核投测轴线，闭合后再测设细部轴线与施工线，各部位放线允许误差应符合规定。

标高的竖向传递，当使用钢尺时，应从首层起始标高基准点垂直量取；当传递高度超过钢尺长度时，应设置新的标高基准点；当使用电磁波天顶测距传递时，宜沿测量洞口、管线洞口垂直向上传递，应观测至少 1 个测回；每栋建筑应由 3 处分别向上传递，标高允许误差应符合规定。

施工层抄平之前，应先校测 3 个传递标高点；当较差小于 3mm 时，应以其平均值作为本层标高起测点。

当抄测标高时，宜将水准仪安置在待测点范围的中心位置，标高线允许误差应为 ±3mm。

建筑物围护结构封闭前，应将外控轴线引测至结构内部，作为室内装修与设备安装放线的依据，控制线可采用平行借线法引测。

结构施工中测设的轴线与标高线，标识应清晰明确。

2. 砌体结构施工测量

当砌体结构施工测量在基础墙顶放线时，应测出墙体轴线；在楼板上放线时，内墙应弹出两侧边线，外墙应弹出内边线。

墙体砌筑之前，应按施工图制作皮数杆，作为控制墙体砌筑标高的依据，皮数杆全高绘制允许误差应为 ±2mm。

皮数杆的位置应选在建筑物各转角及施工流水段分界处，相邻间距不宜大于 15m，立杆时先用水准仪抄测标高线，允许误差应为 ±2mm。

各施工层墙体砌筑到一步架高度后，应测设 500mm（或整米标高）标高线，作为结构、装修施工的标高依据，相邻标高点间距不宜大于 4m，标高线允许误差应为±3mm。

3. 钢筋混凝土结构施工测量

钢筋混凝土结构施工测量内容应包括装配式、现浇结构等形式的施工测量。

钢筋混凝土构件进场后，应检查其几何尺寸，且其误差在允许范围内。

预制梁柱安装前，应在梁两端与柱身三面分别弹出几何中线或安装线，弹线允许误差应为±2mm。

预制柱（墙）安装前，应检查结构中支承埋件的平面位置与标高，其允许误差应符合规定，并应绘简图记录误差情况。

当预制柱（墙）安装时，应采用 2 台经纬仪，在相互垂直的方向上同时校测构件安装的垂直度；当观测面为不等截面时，经纬仪应安置在轴线上；当观测面为等截面时，经纬仪可不安置在轴线上，但仪器中心至柱中心的直线与轴线的水平夹角不得大于 15°。预制柱（墙）安装垂直度测量的允许误差应为±3mm。

柱顶面的梁或屋架位置线，应以结构平面轴线为准测设，允许误差应符合规定。

预制梁安装后，应复测柱身垂直度，并做记录。

现浇混凝土结构中，墙、柱钢筋绑扎完成后，应在竖向主筋上测设标高，并应进行标识，作为支模与浇灌混凝土高度的依据，测量方法及允许误差应符合规定。

现浇柱支模后，应校测模板的平面位置及垂直度。平面位置测量允许误差应为 3mm，垂直度允许误差应符合规定。

4. 钢结构施工测量

±0.000 以下部分施工测量控制网，应将地面平面控制网的纵、横轴线测设到基础混凝土面层上，组成基础平面控制网，其精度与地面平面控制网精度相同，并应测设出柱行列中轴线，其相邻柱中心间距的测量允许误差应为 1mm。

预埋钢板应水平并与地脚螺栓垂直。依据纵、横控制轴线，交会出定位钢板上的纵、横轴线，允许误差应为 1mm。在浇筑基础混凝土前，检查调整纵、横轴线与设计位置，其允许误差应为 1mm，标高允许误差应为±2mm。

安装前应复测柱、梁、支撑等主要构件尺寸与中线位置，构件的外形与几何尺寸的允许误差应符合现行国家标准有关规定。

基础混凝土面层上第一层钢柱安装之前，应复测、调整钢柱地脚螺栓部位的十字定位轴线控制点组成的柱格网，其允许误差应为 1mm。安装时柱底面的十字轴线对准地脚螺栓部位的十字定位轴线，允许误差应为 0.5mm，钢柱顶端面的纵、横柱十字定位轴线的允许误差应为 1mm。

当施工到±0.000 时，应复测并调整控制网的坐标和高程，其允许误差应为 2mm。

地上部分钢柱垂直度测设的基准点，应采用相对误差不低于 1/40000 级激光铅垂仪、相同精度的光学铅垂仪或激光准直仪，根据平面控制网，布设竖向控制点，并对布设的竖向控制点进行校核。竖向控制点宜用不锈钢制成半永久标志。

竖向控制宜采用内控误差圆投测方法，每个施工层投测完成应及时进行校核，符合精度要求后方可施工。

柱、梁、支撑等大型构件安装时，应以柱为准，调整梁与支撑。

层间高差与建筑总高度，应采用水准测量或用Ⅰ级钢尺沿柱身外向上、向下丈量测定；当进行钢结构丈量测定时，每层高差允许误差应为±3mm。建筑总高度（H）允许误差应符合规定。

5. 超高层、高耸塔形建筑施工测量

超高层、高耸塔形建筑施工测量控制网宜测设为平高控制网。其中，平面控制网应采用一级平面控制网精度施测，高程控制网应采用二等水准测量精度施测。控制网，宜采用矩形、十字形或辐射形等有检核条件的控制图形。应根据平面与高程控制网直接测定施工轴线及标高，并使用不同的测量方法校核。

基础结构以上轴线竖向投测宜使用精度不低于 1/100000 的铅垂仪。

标高的引测，宜采用Ⅰ级钢尺沿塔身铅垂线方向丈量。向上、向下 2 次丈量较差应符合规定。

高耸塔形建筑物，宜设置包括塔身中心点及十字主控轴线的各端控制点的 5 个垂直控制点，其设置铅垂仪的点位应从控制轴线上直接测定，并以不同的测设方法进行校核，其投点较差不应大于 3mm。

采用滑模施工工艺时，模板组装前应根据建筑物轴线控制桩在基础顶面放线。

滑模施工过程中检测模板垂直度的仪器、设备，可根据建筑物高度与施工现场条件选用经纬仪、线锤、激光铅垂仪等。模板垂直度的检测应设观测站，当采用经纬仪检测时，应设置在轴线控制桩上；当采用激光铅垂仪检测时，应设置在结构外角处。

模板滑升之前，应在结构竖向钢筋上测设统一标高点，作为测量门窗口与顶板支模高度的依据。

筒式钢筋混凝土桅杆顶部向上施工时，应在 2 级风力以下时测定其中心点。

钢桅杆的吊装测量，在筒式钢筋混凝土桅杆顶层灌筑混凝土前，测定出顶层的中心点，再测定钢桅杆基座吊装中心十字线与钢桅杆地脚螺栓的位置。地脚螺栓中心线对基座中心线的测量允许误差不应大于 1mm。

2.17.10 厂房施工测量

厂房平面控制网的测设应符合规定。基础施工测量应以厂房平面控制网为依据，基础位置线与标高线的允许误差应符合规定。

厂房主体结构施工前，应实测基础的平面位置与标高，并记录误差值。

纵、横向柱轴线应根据厂房平面控制网在各柱基杯口上测设，允许误差应为 3mm。

标高控制线应根据厂区高程控制网在各柱基杯口内测设，允许误差应为±3mm。

吊车梁与轨道安装测量应符合下列规定：（1）吊车梁安装测量中，应在梁顶和两端划出中线，牛腿上吊车梁安装中线宜采用平行借线法测设，测设前应先校核跨距，允许误差应为±2mm，吊车梁中线允许误差应为 3mm；（2）吊车轨道安装前，将吊车轨道中线投测至吊车梁上，允许误差应为 2mm，中间加密点的间距不得超过柱距的 2 倍，允许误差应为±2mm，并将各点平行引测于牛腿顶部的柱子侧面，作为轨道安装的依据；（3）轨道安装中线应在屋架固定后测设；（4）轨道安装前宜用吊钢尺法把标高引测至高出轨面 500mm 的柱子侧面，允许误差应为±2mm。

屋架安装后应实测屋架垂直度、节间平直度、标高、挠度（起拱）等，并应进行记录。

2.17.11 建筑装饰施工测量

1. 一般规定

建筑装饰施工测量应包括抹灰施工、室内地面面层施工、吊顶与屋面施工、墙面装饰施工、室内隔墙施工、幕墙和门窗安装等。

施工测量前应查阅施工图纸，了解设计要求，验算有关测量数据，核对图上坐标和高程系统与施工现场的准确性，并应对其测量控制点和其他测量成果进行校核与检测。

建筑装饰与设备安装施工测量的技术要求应符合下列规定：（1）室内外水平线测设每 3m 距离的两端高差应小于 1mm，同一条水平线的标高允许误差应为±3mm；（2）室外铅垂线，投测两次结果较差应小于 2mm，当垂直角超过 40°时，可采用陡角棱镜或弯管目镜投测；室内铅垂线，投测相对误差应小于 $H/3000$。

2. 装饰施工测量

装饰施工前，应结合装饰装修工程技术要点，根据结构施工时的轴线控制线，将装饰施工控制线及时测设在墙、柱、板上，作为装饰施工测量的控制依据。

室内地面面层施工时，应按设计要求在基层上以十字直角定位线为基准弹线分格。

室内地面面层施工检测标高与水平度时，检测点间距大厅宜小于 5m，房间宜小于 2m 或按设计要求实施。

吊顶施工测量应符合下列规定：（1）以 500mm 水平线为依据，用钢尺量至吊顶设计标高，沿墙四周弹水平控制线；（2）在顶板上弹十字直角定位线，其中一条应与墙面平行，十字线按实际空间匀称确定，直线点标在四周墙上；（3）对具有天花藻井及顶棚悬吊设备、灯具及装饰物比较复杂的吊顶，在大厅吊顶前宜将其设计尺寸，在地面上按 1：1 放出大样后，沿铅垂线投测到顶棚。

外墙面砖的铺贴表面平整允许误差为 4mm，立面垂直允许误差为 3mm。

幕墙和窗安装施工测量前，准备工作应包括下列内容：（1）按装饰工程平面与标高设计要求，检测门窗洞口净空尺寸偏差，并绘图记录；（2）高层建筑外墙面垂直度，每层结构完工后应检测并记录偏差，并绘制平面图；（3）建筑主体结构完工后，在有垂直龙骨的主要部位，用悬吊钢丝（垂准线）等方法沿墙面检测垂直度，并记录和绘制竖向剖面图。

幕墙和门窗安装测量应符合下列规定：（1）在门窗洞口四周弹墙体纵轴线（外墙面控制线），在内外墙面弹 500mm 水平控制线，层高、全高允许偏差与结构施工测量精度相同；（2）建筑高度 60m 以上时，竖向投测应使用不低于 2″级精度的经纬仪进行，60m 以下可使用 6″级经纬仪，根据需要在外墙面弹垂直通线。

当幕墙随主体同步安装时，幕墙安装施工测量应以控制结构轴线与标高为准。

控制垂直龙骨可采用激光铅垂仪或锤球吊钢丝的测法，锤球重量和钢丝直径的要求应符合规定。

幕墙分格轴线的测量放线应与主体结构的测量放线相配合，对其误差应在分段分块内控制、分配、消除，不使其累积。

幕墙与主体结构连接的预埋件，应符合设计要求，其测量放线高差允许偏差应为±3mm，埋件轴线允许偏差应为 7mm。

屋面施工测量应符合下列规定：（1）应检查各向流水实际坡度并应符合设计要求，并测定实际偏差；（2）在屋面四周测设水平控制线及各向流水坡度控制线；（3）卷材防水保护层面应测设"十"字直角控制线。

第18节　掌握《建筑工程逆作法技术标准》 JGJ 432—2018 的有关规定

《建筑工程逆作法技术标准》为行业标准，编号为 JGJ 432—2018，自 2019 年 1 月 1 日起实施。

2.18.1　主要内容和适用范围

本标准的主要技术内容是：（1）总则；（2）术语；（3）基本规定；（4）围护结构；（5）竖向支承桩柱；（6）先期地下结构；（7）后期地下结构；（8）上下同步逆作法；（9）地下水控制；（10）土方挖运；（11）监测；（12）施工安全及作业环境控制。

本标准适用于建筑工程逆作法的设计、施工、检测和监测。

2.18.2　相关定义

（1）逆作法：利用主体地下结构的全部或部分作为地下室施工期间的支护结构，自上而下施工地下结构并与土方开挖交替实施的施工工法。

（2）上下同步逆作法：向下逆作施工地下结构的同时，向上施工界面层以上主体结构的施工工法。

2.18.3　基本规定

逆作法宜采用支护结构与主体结构相结合的形式。围护结构宜与主体地下结构外墙相结合，采用两墙合一或桩墙合一；水平支撑体系应全部或部分采用主体地下水平结构；竖向支承桩柱宜与主体结构桩柱相结合。

逆作法设计应具备下列资料：（1）岩土工程勘察报告；（2）场地红线图、场地周边地形图；（3）基地周边相关建筑物、构筑物、管线等环境条件的调查资料；（4）建筑总平面图及主体工程建筑、结构资料；（5）对逆作法的总体要求。

逆作法的设计应包括下列内容：（1）逆作法施工流程；（2）围护结构的设计；（3）地下水平结构的设计；（4）竖向支承结构的设计；（5）逆作施工平台层的设计；（6）围护结构、地下水平结构和竖向支承结构之间的连接构造与防水设计；（7）施工阶段临时构件的设置、拆除方式以及与主体结构的受力转换设计。

【强制性条文】逆作法施工中的主体结构应满足建筑结构的承载力、变形和耐久性的控制要求。

采用上下同步逆作法的建筑工程设计应符合下列规定：（1）应建立地上、地下结构整体模型，通过上下同步施工的施工工况模拟计算，确定地上地下同步施工的步序；（2）竖向支承桩柱和先期地下结构在上下同步逆作施工阶段以及永久使用阶段，应同时符合承载能力极限状态和正常使用极限状态的设计要求。

逆作法施工前应根据设计文件编制施工组织设计，施工组织设计应包括下列内容：（1）围护结构施工方案；（2）竖向支承桩柱的施工方案；（3）先期地下结构施工方案，包括水平结构与竖向结构节点施工方案；（4）后期地下结构施工方案，包括先期施工地下结构和后期施工地下结构的接缝处理方案；（5）逆作施工阶段临时构件的拆除方案；（6）地下水控制、土方挖运、监测方案；（7）施工安全与作业环境控制方案；（8）应急预案。

逆作法施工应采取地下水控制措施，并应满足逆作施工和土方开挖的要求；土方挖运应结合地下结构布置的特点，合理组织结构楼板施工与土方开挖的流水作业。

逆作法基坑工程应根据基坑周围环境的状况及保护要求确定基坑变形控制指标，并应从围护结构施工、基坑降水及开挖三个方面分别采取相关措施减小对周围环境的影响。

【强制性条文】逆作法建筑工程应进行信息化施工，并应对基坑支护体系、地下结构和周边环境进行全过程监测。

逆作法施工中应根据环境及施工方案要求，采取安全及作业环境控制措施，设置通风、排气、照明及电力设施。

2.18.4　围护结构

1. 一般规定

逆作法围护结构形式可根据土层的性质、地下水条件及周边环境保护要求综合确定。作用在基坑围护结构上土压力的计算模式，应根据围护结构与土体的位移情况以及采取的施工措施确定，并应符合下列规定：（1）基坑开挖阶段，作用在围护结构外侧的土压力宜取主动土压力；需要严格限制支护结构的水平位移时，围护结构外侧的土压力可取静止土压力；（2）采用围护结构与主体结构相结合的设计时，地下结构正常使用期间作用在围护结构外侧的土压力应取静止土压力。

基坑周边围护结构采用弹性支点法计算时，地下水平结构梁板的弹性支点刚度系数，宜通过对结构楼板整体进行线弹性结构分析，根据支点力与水平位移的关系确定。

围护结构设计时应考虑逆作法施工的特点和工况要求，分层土方开挖深度应符合设计工况要求，且应满足逆作结构楼板的施工空间要求。

围护结构施工前除应符合本标准关于"逆作法设计应具备资料"的规定外，还应收集下列资料：（1）施工现场的地形、地质、气象、水文、环境和地下障碍物的资料；（2）测量基线和水准点资料；（3）主体地下结构防水、排水要求；（4）防洪、防汛、防台风和环境保护的有关规定和要求。

围护结构施工前应进行下列工作：（1）遇有不良地质时，应进行查验；（2）复核测量基准线、水准基点，并在施工中进行复测和保护；（3）场地内的道路、供电、供水、排水、泥浆循环系统等设施应布置到位；（4）标明和清除围护结构处的地下障碍物，应对地下管线进行迁移或保护，做好施工场地平整工作；（5）设备进场应进行安装调试和检查验收。

围护结构施工中应进行过程控制，通过现场监测和检测及时掌握围护结构施工质量，并应采取减少对周边环境影响的措施。

围护结构的设计、施工和检测应符合国家现行标准《建筑基坑支护技术规程》JGJ 120、《建筑地基基础工程施工规范》GB 51004 和《建筑地基基础工程施工质量验收规范》GB 50202 的有关规定。

2. 地下连续墙的施工与检测

地下连续墙施工前应通过试成槽确定成槽施工各项技术参数。

地下连续墙成槽应采用具有纠偏功能的成槽设备。地下连续墙成槽范围内遇下列情况宜采用抓铣结合的方法成槽：（1）深度超过60m；（2）进入标贯击数 N 大于50的密实砂层；（3）进入岩层。

护壁泥浆应符合下列规定：（1）护壁泥浆应根据地质条件进行试配，泥浆配合比应按现场试验确定；（2）新拌制的泥浆应充分水化后储存24h以上方可使用；（3）成槽时泥浆的供应及处理系统应符合泥浆使用量的要求，应采用泥浆检测仪器检测泥浆指标，槽段开挖结束后及钢筋笼入槽前应对槽底泥浆和沉淀物进行置换；（4）循环泥浆应采取再生处理措施，泥浆含砂率大于7％时应采用除砂器除砂。

地下连续墙钢筋笼制作场地应平整，平面尺寸应符合制作和拼装要求；采用分节吊放的钢筋笼应在场地同胎制作，并应进行试拼装；钢筋笼上的预埋钢筋、钢筋接驳器和剪力槽应符合安装精度要求。

地下连续墙钢筋笼吊筋长度应根据导墙标高计算确定，应在每幅槽段钢筋笼吊放前测量吊点处的导墙标高，并应确定吊筋长度。

地下连续墙的混凝土浇筑前墙底沉渣厚度不应大于150mm，两墙合一时不应大于100mm。

预制地下连续墙施工应符合下列规定：（1）应根据运输及起吊设备能力、施工现场道路和堆放场地条件，合理确定分幅和预制件长度，墙体分幅宽度应符合成槽稳定要求；（2）成槽顺序应先转角幅后直线幅，成槽深度应大于墙段埋置深度100～200mm；（3）相邻槽段应连续成槽，幅间接头宜采用现浇钢筋混凝土接头；（4）采用普通泥浆护壁成槽施工的预制地下连续墙，应在墙内预先埋设注浆管，墙体与槽壁之间的空隙应进行注浆固化处理，槽底可进行加固处理；（5）墙段吊放时应在导墙上安装导向架。

两墙合一地下连续墙施工质量检测应符合下列规定：（1）槽壁垂直度、深度、宽度及沉渣应全数进行检测，当采用套铣接头时应对接头处进行2个方向的垂直度检测；（2）现浇墙体的混凝土质量应采用超声波透射法进行检测，检测数量不应少于墙体总量的20％，且不应少于3幅；（3）当采用超声波透射法判定的墙身质量不合格时，应采用钻孔取芯法进行验证；（4）墙身混凝土抗压强度试块每100m³混凝土不应少于1组，且每幅槽段不应少于1组，每组3件；墙身混凝土抗渗试块每5幅槽段不应少于1组，每组6件。

作为临时围护结构的地下连续墙，其槽壁垂直度、深度、宽度及沉渣检测数量应为总数的20％；有可靠的施工经验时，可不进行超声波透射法检测。

3. 灌注桩排桩的施工与检测

灌注桩排桩施工前应通过试成孔确定成孔机械、施工工艺、孔壁稳定的技术参数，试成孔数量不宜少于2个。

灌注桩排桩成孔机械应保证垂直度，桩墙合一的灌注桩排桩，宜采用成孔质量易于控制的设备，孔底沉渣厚度不宜大于100mm。

灌注桩排桩采用泥浆护壁成孔时，桩身范围内存在松散的粉土、砂土、软土等易坍塌或流动的软弱土层时，宜采取下列措施：（1）采用膨润土造浆，提高泥浆黏度；（2）先施工隔水帷幕，后施工围护排桩；（3）在围护桩位置宜采取预加固措施。

灌注桩排桩钢筋笼吊筋长度应根据地坪标高和设计桩顶标高计算确定，并固定牢靠。

当灌注桩排桩作为临时围护结构时，其施工和质量检测应符合下列规定：（1）灌注桩成孔结束后，灌注混凝土之前，应对每根桩的成孔中心位置、孔深、孔径、垂直度、孔底沉渣厚度进行检测；（2）桩身混凝土抗压强度试块，每 50m³ 混凝土不应少于 1 组，且每根桩不应少于 1 组，每台班不应少于 1 组；（3）桩身完整性宜采用低应变动测法检测。低应变动测检测桩数不宜少于总桩数的 20%，且不得少于 5 根。当判定的桩身质量存在问题时，应采用钻孔取芯方法进一步验证桩身完整性及混凝土强度。

桩墙合一灌注桩排桩的质量检测除符合上述的规定外，尚应符合下列规定：（1）应采用低应变动测法检测桩身完整性，检测比例应为 100%；应采用声波透射法检测桩身混凝土质量，检测的围护桩数量不应低于总桩数的 10%，且不应少于 5 根；（2）当根据声波透射法判定的桩身质量不合格时，应采用钻孔取芯方法进一步验证桩身完整性及混凝土强度，钻孔取芯完成后应对芯孔进行注浆填充密实；（3）当对排桩的竖向承载力有要求时，宜对其进行静载荷试验检测，比例不宜低于 1%，且不应少于 3 根；（4）挂网喷浆喷射混凝土试块数量每 300m² 取一组，每组试块不应少于 3 块；喷射混凝土厚度可通过凿孔检查。

4. 型钢水泥土搅拌墙

型钢水泥土搅拌墙可采用三轴水泥土搅拌桩、渠式切割水泥土连续墙或铣削深搅水泥土搅拌墙内插型钢的形式，并应符合下列规定：（1）三轴水泥土搅拌桩适用于填土、淤泥质土、黏性土、粉土、砂土和饱和黄土，施工深度不宜大于 30m；（2）渠式切割水泥土连续墙除适用本条第 1 款的地层外，也可用于粒径不大于 100mm 的卵砾石土以及饱和单轴抗压强度不大于 5MPa 的岩层，施工深度不宜大于 60m；（3）铣削深搅水泥土搅拌墙除适用本条（1）和（2）的地层外，也可用于粒径不大于 200mm 的卵砾石土以及饱和单轴抗压强度不大于 20MPa 的岩层，施工深度不宜大于 55m。

型钢水泥土搅拌墙施工应根据地质条件、成桩或成墙深度、桩径或墙厚、型钢规格等技术参数，选用不同功率的设备和配套机具，并应通过试成桩或试成墙确定施工工艺及各项施工技术参数。

型钢水泥土搅拌墙施工范围内应进行清障和场地平整，施工道路的地基承载力应符合成桩或成墙机械、起重机等重型机械安全作业和平稳移位的要求。渠式切割水泥土连续墙施工宜设置导墙。

型钢水泥土搅拌墙施工时，施工机械的平面定位允许偏差应为 20mm，垂直度允许偏差应为 1/250。

三轴水泥土搅拌桩搅拌下沉速度宜为 0.5～1m/min；提升速度在黏性土中宜为 1～2m/min，在粉土和砂土中不宜大于 1m/min。应保持匀速下沉或提升，提升时不应在孔内产生负压。

渠式切割水泥土连续墙施工中，锯链式切割箱应先行挖掘。施工方法的选用应综合考虑土质条件、墙体性能、墙体深度和环境保护要求，当切割土层较硬、墙体深度深、墙体防渗要求高时，宜采用三步施工法。当墙体深度小于 20m 且横向推进速度不小于 2.0m/h 时，可采用直接注入固化液挖掘、搅拌的一步施工法。

渠式切割水泥土连续墙施工中，挖掘液混合泥浆流动度应为 135～240mm，固化液混合泥浆流动度应为 150～280mm。

渠式切割水泥土连续墙施工须拔出切割箱时，宜在墙体外拔出，并应及时回灌固化液。

铣削深搅水泥土搅拌墙墙体厚度宜为 700～1200mm。墙体水泥掺量不宜小于 18％（与被搅拌土体的重量比），水灰比宜取 0.8～1.5。膨润土浆液宜采用钠基膨润土拌制，对黏性土每立方米被搅土体掺入膨润土量不宜少于 30kg，对砂土每立方米被搅土体掺入膨润土量不宜少于 50kg。

铣削深搅水泥土搅拌墙施工可采用一次注浆或两次注浆工艺。当地层复杂、墙体深度较深时，宜采用一次注浆工艺，即搅拌下沉过程中注入膨润土浆液，搅拌提升过程中注入水泥浆液；当地层较软弱、墙体深度小于 20m 时，宜采用两次注浆工艺，即搅拌下沉和提升过程中均注入水泥浆液。

铣削深搅水泥土搅拌墙单幅墙长度为 2.8m，应采用跳幅施工，幅间咬合搭接不应小于 0.3m，相邻墙段的施工间隔时间不宜大于 10h。成墙搅拌下沉速度宜为 0.5～1.0m/min，提升速度宜为 0.3～0.8m/min。

基坑开挖前，水泥土搅拌墙的强度应符合设计要求。水泥土搅拌墙的强度宜采用浆液试块强度试验确定，也可采用钻取芯样强度试验确定。

采用三轴水泥土搅拌桩形成的型钢水泥土搅拌墙，其设计、施工与检测应符合现行行业标准《型钢水泥土搅拌墙技术规程》JGJ/T 199 的有关规定。采用渠式切割水泥土连续墙形成的型钢水泥土搅拌墙，其设计、施工与检测应符合现行行业标准《渠式切割水泥土连续墙技术规程》JGJ/T 303 的有关规定。

5. 咬合式排桩

咬合式排桩平面布置可采用有筋桩和无筋桩搭配、有筋桩和有筋桩搭配两种形式。

有筋桩混凝土设计强度等级不应低于 C25，无筋桩应采用设计强度等级不低于 C20 的混凝土。受力钢筋的混凝土保护层厚度不应小于 50mm。

咬合式排桩垂直度允许偏差应为 1/300；相邻桩咬合宽度不宜小于 150mm，考虑施工偏差后的桩底最小咬合量不应小于 50mm。

桩墙合一的咬合式排桩混凝土强度设计等级不宜低于 C30，承受竖向荷载时咬合式排桩宜进行桩端后注浆。

咬合式排桩宜折算为等厚度墙体进行内力和变形计算，并应符合下列规定：（1）抗弯刚度计算时宜仅考虑有筋桩；（2）内力验算应包括围护桩自身弯矩、剪力，有筋桩与无筋桩密排组合形式尚应验算咬合面局部受剪承载力。

采用桩墙合一的设计时，应符合本书 2.18.4 中 3（灌注桩排桩的施工与检测）的有关规定。

咬合式排桩施工可采用硬切割或软切割的施工方法，宜根据桩长、周边环境条件、工程地质条件和水文地质条件确定。

施工前应通过试成孔确定施工设备、工艺参数、成孔时间、取土面高度和混凝土的凝结时间。试成孔数量应根据工程规模和施工场地地层特点确定，且不应少于 1 组。

咬合式排桩施工前，应在桩顶上部沿咬合式排桩两侧先施工钢筋混凝土导墙。导墙应采用现浇钢筋混凝土结构，并应符合承载力及稳定性的要求。混凝土达到设计强度后，重型机械设备才能在导墙附近作业或停留。

用于咬合式排桩成孔的钢套管在使用前，应对其顺直度进行检查和校正，整根套管的顺直度允许偏差应小于 1/500。

钢筋笼应整体制作，钢筋笼上预留的插筋、接驳器应符合安装精度要求。

钢筋笼吊放时应采取限位措施，矩形钢筋笼或有预埋件的钢筋笼转角允许误差应为 5°。

混凝土浇筑应及时拔套管，起拔量不应超过 100mm，保持混凝土高出套管底端 2.5m。混凝土浇筑过程中，套管应来回转动。

桩墙合一咬合式排桩的桩身完整性检测应采用声波透射法，检测数量不应低于总桩数的 10%，且不应少于 5 根；当根据声波透射法判定的桩身质量不合格时，应采取钻孔取芯方法进一步验证桩身完整性及混凝土强度。

除应符合本节规定外，咬合式排桩的设计、施工与检测尚应符合现行行业标准《咬合式排桩技术标准》JGJ/T 396 的相关规定。

2.18.5　竖向支承桩柱

1. 一般规定

逆作法竖向支承结构由竖向支承柱和竖向支承桩组成。根据逆作阶段承受的竖向荷载与主体结构设计要求，支承柱可采用格构柱、H 型钢柱或钢管混凝土柱等结构形式；支承桩宜采用灌注桩，并宜利用主体结构工程桩。

竖向支承桩柱宜采用一柱一桩形式。当一柱一桩形式无法符合逆作阶段的承载力与变形要求时，也可采用一柱多桩形式。

竖向支承桩柱应根据逆作施工阶段和永久使用阶段的不同荷载工况与结构受力状态进行设计计算，并应同时符合两个阶段的承载能力极限状态和正常使用极限状态的设计要求。

竖向支承桩柱施工前应做下列工作：(1) 清除障碍物及场地平整工作；(2) 完成混凝土硬地坪施工；(3) 选择合适的支承桩施工机械与施工工艺；(4) 明确支承柱加工、连接、插入支承桩方式，调垂和测垂工艺。

竖向支承桩成孔机具及工艺的选择，应根据桩型、成孔深度、土层情况、泥浆排放及处理条件确定；竖向支承柱转向控制、调垂和测垂工艺应根据支承柱形式、长度、垂直度控制要求及其与支承桩连接方式确定。

竖向支承桩柱的设计、施工和检测应符合国家现行标准《钢结构设计标准》GB 50017、《建筑桩基技术规范》JGJ 94、《建筑地基基础设计规范》GB 50007 及《建筑地基基础工程施工质量验收规范》GB 50202 的有关规定。

2. 施工

竖向支承桩柱的施工场地应符合下列规定：(1) 施工场地宜设置硬地坪，应满足大型吊机行走的承载力要求，并应满足固定支承柱调垂装置的要求；(2) 单桩施工作业范围内场地平整度允许偏差宜为 10mm；(3) 地基应符合承载力与变形的控制要求。

竖向支承桩桩位测量及定位应符合下列规定：(1) 施工前应复核测量基准点、水准点及建筑物的基准线，并应进行保护；(2) 桩位放样定位时，应在硬地坪上设置钢钉，并用红漆画好定位三角，标明桩号；(3) 控制点、水准点测量标志应做好保护工作，并做好醒目标记和记录；(4) 支承桩的中心定位允许偏差为 10mm。

支承桩孔口护筒长度应根据土质条件和支承柱调垂需要确定。

支承桩的成桩工艺及机械，应根据土质条件、环境保护要求通过试成孔确定，试成孔数量不应少于 2 个。

当支承桩桩端位于砂土层或者桩长范围分布有较厚砂层且采用回转钻机成孔施工时，宜采用反循环清孔工艺。

支承桩桩身范围内存在深厚的粉土、砂土层时，成孔施工中宜采用膨润土泥浆护壁，并应结合除砂器除砂，清孔时应同时检测泥浆相对密度、黏度、含砂率。

支承桩成孔过程中应控制成孔垂直度，成孔结束后应检查成孔垂直度和孔底沉渣。

当支承桩采用旋挖扩底工艺时，在扩底切削前应确认扩底钻斗的扩幅形状达到设计要求，扩底切削过程宜有监视扩幅切削状态的装置。

当支承桩采用桩端后注浆工艺时，应根据桩端地层情况选用桩端注浆器，注浆管数量、注浆量和注浆压力应符合设计要求。

支承柱宜在工厂按照整根进行焊接制作；当在工厂分节制作时，宜采用现场水平拼接。

支承柱插入支承桩方式可结合支承桩柱类型、施工机械设备、成孔工艺及垂直度要求综合确定，可采用先插法或后插法；当支承桩为人工挖孔桩时，也可采用在支承桩顶部预埋定位基座后再安装支承柱的方法。

支承柱采用先插法施工时应符合下列规定：（1）支承柱安插到位，调垂至设计垂直度控制要求后，应在孔口固定牢靠；（2）用于固定导管的混凝土浇筑架宜与调垂架分开，导管应居中放置，并应控制混凝土的浇筑速度，确保混凝土均匀上升；（3）钢管内混凝土的强度等级不低于 C50 时，宜采用高流态、无收缩、自密实混凝土；（4）钢管混凝土支承柱内的混凝土应与支承桩的混凝土连续浇筑完成；（5）钢管混凝土支承柱内混凝土与支承桩桩身混凝土采用不同强度等级时，施工时应控制其交界面处于低强度等级混凝土一侧；支承柱外部混凝土的上升高度应符合支承桩混凝土超灌高度要求；（6）浇筑钢管内混凝土过程中，应人工对钢管柱外侧均匀回填碎石和砂，分次回填至自然地面；（7）利用预先埋设的注浆管分批次对已回填的支承桩桩孔进行填充注浆，水泥浆注入量不应小于回填体积的 20%。

支承柱采用后插法施工时应符合下列规定：（1）支承桩混凝土宜采用缓凝混凝土，应具有良好的流动性，缓凝时间应根据施工操作流程综合确定，且初凝时间不宜小于 36h，粗骨料宜采用 5～25mm 连续级配的碎石；（2）应根据施工条件选择合适的插放装置和定位调垂架；（3）应控制竖向支承柱起吊时的变形和挠曲，插放过程中应及时调垂，符合设计垂直度要求；（4）钢管柱底部宜加工成锥台形，锥形中心应与钢管柱中心对应；（5）钢管柱插放、调垂到位后，应复核桩位中心与钢管柱中心的定位偏差，并牢靠固定；（6）钢管内混凝土的强度等级不低于 C50 时，宜采用高流态、无收缩、自密实混凝土；（7）钢管内混凝土浇筑完成后，应人工对钢管柱外侧均匀回填碎石和砂至自然地面；（8）利用预先埋设的注浆管对已回填的支承桩桩孔进行填充注浆，水泥浆注入量不应小于回填体积的 20%。

当支承桩采用人工挖孔桩成孔工艺时，支承柱可采用先预埋定位基座后安装的施工方法，且应符合下列规定：（1）人工挖孔桩挖到底后应清除护壁上和孔底的残渣与积水，并应及时封底和浇筑桩身混凝土；（2）人工挖孔桩不含护壁的有效孔径不应小于设计桩径，桩中心与设计桩轴线允许偏差应为 10mm；（3）桩身混凝土可采用 2 次浇筑，第一次浇至不同强度等级混凝土分界处，距离竖向支承柱底部设计标高不应小于 1000mm，第二次混凝土浇筑应在竖向支承柱安放固定后进行；（4）第一次混凝土浇筑面应清除浮浆、凿毛，并应安放定位导向装置。

竖向支承柱吊放应采用专用吊具，起吊吊点数量和位置应通过计算确定，起吊变形应满足垂直度偏差控制要求。

支承柱在施工过程中应采用专用调垂装置控制定位、垂直度和转向偏差。调垂装置安装应符合支承柱调垂过程中的精度要求，支承柱宜接长高出地面，高出长度应根据调垂装置需要确定。

支承柱安装精度的控制应考虑下列因素：（1）竖向支承桩的垂直度和孔径偏差；（2）分节制作时拼接的精度；（3）调垂装置调垂误差；（4）混凝土浇筑及支承柱四周回填不均匀等因素引起的误差。

竖向支承桩柱混凝土浇筑完成后，应待混凝土终凝后方可移走调垂固定装置，并应在孔口位置对支承柱采取固定保护措施。

2.18.6　先期地下结构

1. 一般规定

先期地下结构应为逆作阶段基础底板形成之前施工的地下水平结构与地下竖向结构，包括地下各层水平结构以及框架柱和剪力墙等竖向结构。先期地下结构施工时应预留后期地下结构所需要的施工措施和连接措施。

先期地下水平结构应根据逆作阶段的平面布置和工况，按水平向和竖向联合受荷状态进行承载力和变形计算，并应符合逆作阶段和永久使用阶段的承载能力极限状态和正常使用极限状态的设计要求。

先期地下结构施工前应结合地下结构开口布置、逆作阶段受力和施工要求预留孔洞，施工时应预留后期地下结构所需要的钢筋、埋件以及混凝土浇捣孔。

逆作施工平台层的场地布置应结合各类施工机械运行通道和作业区域、材料堆放、加工场地以及排水的施工组织要求确定。

先期地下结构施工前应确定取土口、材料运输口、进出通风口及其他预留孔洞。预留孔洞的周边应设置防护栏杆，其平面布置应综合下列因素确定：（1）应结合施工部署、行车路线、先期地下结构分区、上部结构施工平面布置确定；（2）预留孔洞大小应结合挖土设备作业、施工机具及材料运转确定；（3）取土口留设时应结合主体结构的楼梯间、电梯井等结构开口部位进行布置，在符合结构受力的情况下，应加大取土口的面积；（4）不宜设置在结构边跨位置；确须设置在边跨时，应对孔洞周边结构进行加强处理；（5）不宜设置在结构标高变化处。

先期地下结构施工前应进行下列准备工作：（1）复核测量基准线、水准基点，并在施工中进行保护；（2）布置场地内的道路、供电、供水、消防、排水系统；（3）确定场地的平面布置；（4）完成围护、地基加固、降水等前道工序；（5）地下室的设计图纸已完善并具备施工条件。

先期地下结构设计、施工及验收应符合现行国家标准《混凝土结构设计规范》GB 50010 和《混凝土结构工程施工质量验收规范》GB 50204 的相关规定。

2. 施工

（1）模板工程。模板工程应进行专项设计并编制施工方案。地下水平结构的模板应根据水平结构形式和荷载大小、地基土类别、施工设备和材料供应等因素确定。

地下水平结构模板形式可采用排架模板、土胎膜及垂吊模板，模板施工时应符合下列规定：①排架支撑模板的排架高度宜为 1.2～1.8m，采用盆式开挖时周边留坡坡体斜面应修筑成台阶状，且台阶边缘与支承柱间距不宜小于 50mm；②采用土胎膜时应在垫层浇筑后铺设模板系统；③采用垂吊模板时，吊具须检验合格，吊设装置应符合相应的荷载要求，垂吊装置应具备安全自锁功能；④对于跨度不小于 4m 的钢筋混凝土梁板结构，模板应按设计要求起拱；当设计未作要求时，起拱高度宜为跨度的 1/1000～3/1000，并应根据垫层和土质条件综合确定。

地下水平结构施工前应预先考虑后期结构的施工方法，并应采取下列技术措施：①框架柱的四周或中间应预留混凝土浇捣孔，浇捣孔孔径大小宜为 100～220mm，每个框架柱浇捣孔数量不应少于 2 个，应呈对角布置，且应避让框架梁；②剪力墙侧边或中间应预留混凝土浇捣孔，浇捣孔宜沿剪力墙纵向按 1200～2000mm 间距均匀布置；③后期结构的混凝土浇捣孔可使用 PVC 管或钢管进行预留；④柱、墙水平施工缝宜距梁底下不小于 300mm。

采用排架模板及土胎模施工时均应设置垫层，垫层厚度不宜小于 100mm，混凝土强度等级宜采用 C20。当垫层下地基承载力和变形不符合支模要求时，应预先对地基进行加固处理。

采用排架模板或土胎模时，下层土方开挖之前应先拆除排架，并应破除垫层。

（2）混凝土结构。钢筋混凝土工程的原材料、加工、连接、安装和验收应符合现行国家标准《混凝土结构工程施工质量验收规范》GB 50204 的有关规定。

每批次混凝土浇筑时应留设相应的拆模混凝土试块。

混凝土浇筑过程中，应设专人对模板支架、钢筋、预埋件和预留孔洞的变形、移位进行观测。

先期与后期地下水平及竖向结构之间施工缝的留设，应符合下列规定：①施工缝的留设应结合设计要求和后期地下结构施工便利性要求综合确定；②对有防水要求的地下结构，应根据主体结构防水要求采取防水措施；③在有防水要求的地下室顶板上预留浇捣孔时，应根据设计要求采取相应的防水构造措施；④柱墙竖向受力钢筋接头宜相互错开，无法错开时，应预留Ⅰ级机械接头；⑤预留孔洞周边的结构梁板钢筋宜伸出 300mm，梁预留筋应留设Ⅰ级机械接头。

先期地下结构施工时应对长期暴露在外部的预留钢筋采取防碰撞和防锈蚀的保护措施。

（3）钢与混凝土组合结构。先期地下结构采用钢结构或钢与混凝土组合结构时，应在先期地下结构楼板上预留下层钢结构吊装用埋件，并应考虑钢结构吊装设备的作业空间。

竖向支承柱施工前，应先确定钢结构的制作工艺和连接方法，并应深化设计钢结构构造节点。

在先期地下结构施工中，界面层以下须连接在支承柱上的钢构件应通过预留孔洞进行垂直运输，并在施工层水平运输至安装位置进行连接，严禁出现在地面拖拉的现象。

钢构件之间连接宜采用可调节的节点形式，并宜预留调整空间。钢构件连接之前宜先进行预拼装。

2.18.7　后期地下结构

1. 一般规定

后期地下结构的施工应包括界面层以下的框架柱、剪力墙、地下室外墙、内衬墙及壁柱等竖向结构的施工逆作阶段预留孔洞须封闭的地下水平结构的施工，以及临时支承柱、临时支撑构件拆除施工等。

后期地下结构施工前应对与先期地下结构连接的接缝部位进行清理，并应对预留的钢筋、机械接头、浇捣孔进行整修。

后期地下结构施工拆除先期地下结构预留孔洞范围内的临时水平支撑时，应按照设计工况在可靠换撑形成后进行；当有多层临时水平支撑时，应自下而上逐层换撑、逐层拆撑；临时支撑拆除时应监测该区域结构的变形及内力，并应预先制定应急预案。

【强制性条文】临时竖向支承柱的拆除应在后期竖向结构施工完成并达到竖向荷载转换条件后进行，并应按自上而下的顺序拆除，拆除时应监测相应区域结构变形，并应预先制定应急预案。

后期地下结构施工前应对先期地下结构的轴线、构件平面位置及标高进行复核，当偏差较大时应会同设计方进行调整。

后期地下结构施工前，应根据施工图和现场施工条件，制定先期与后期结构接缝处理、临时竖向支承柱和临时水平支撑等构件拆除方案，以及后期地下水平和竖向结构的专项施工方案。

后期地下结构的施工及验收应符合现行国家标准《混凝土结构工程施工质量验收规范》GB 50204 的有关规定。

2. 模板工程

柱、墙模板施工中，模板体系应考虑逆作法施工特点进行加工与制作。模板预留洞、预埋件的位置应按图纸准确留设。

模板体系应具有足够的承载能力、刚度和稳定性，并应能承受浇筑混凝土的重量、侧压力以及施工荷载。

后期地下结构柱、墙施工时，宜根据预留浇捣孔位置设喇叭口。喇叭口宽度与倾斜角度应符合混凝土下料和振捣要求，喇叭口内混凝土浇筑面应高于施工缝 300mm 以上。

剪力墙回筑时，宜沿墙两侧设置喇叭口，间距宜为 1.2～2m。墙单侧设置喇叭口时，间距不得大于 1.5m。

柱、墙模板底部应有防止漏浆措施。浇捣高度大于 3m 时，模板中部宜设置临时浇捣口；浇捣高度大于 6m 时，宜设置水平施工缝。扶壁柱与内衬墙回筑时，模板可单侧支模，对拉螺杆可固定在围护结构上并应设置止水钢板。

3. 混凝土工程

后期地下结构梁、柱、墙与先期地下结构连接钢筋直径较粗时，其连接接头宜采用机械连接。钢筋的连接应符合现行行业标准《钢筋机械连接技术规程》JGJ 107 和《钢筋焊接及验收规程》JGJ 18 的有关规定。

钢筋接头应进行隐蔽工程验收，机械接头或焊接接头试件应现场取样。

后期地下水平结构和竖向结构施工前，应对预埋钢筋进行检查并整修，当预埋钢筋损坏或缺失时应按设计要求进行补强。

混凝土配合比应根据逆作法特点设计，浇捣前应对混凝土配合比及浇筑工艺进行现场试验。在现场应做混凝土工作性能试验，并应制作抗压抗渗试块及同条件养护试块。

后期竖向结构混凝土浇筑前应清除模板内各种垃圾并浇水湿润，浇筑时应连续浇捣，不应出现冷缝；宜通过浇捣孔用振动棒对竖向结构混凝土进行内部振捣，对于不宜直接振捣的部位，应在外侧使用挂壁式振捣器组合振捣；钢筋密集处应加强振捣。

混凝土浇筑时不得发生离析，当粗骨料粒径大于 25mm 时倾倒高度不应大于 3m，当粗骨料粒径小于或等于 25mm 时倾倒高度不应大于 6m。当不符合要求时，应分段浇筑或加设串筒、溜管、溜槽装置。

支承柱外包混凝土结构施工前，应将支承柱钢结构表面清理干净，并应保证外包混凝土结构与支承柱连接密实。

4. 接缝处理

后期地下竖向结构施工应采取措施保证水平接缝混凝土浇筑的质量，应结合工程情况采取超灌法、注浆法或灌浆法等接缝处理方式。

采用超灌法时，竖向结构混凝土宜采用高流态低收缩混凝土，也可采用自密实混凝土。浇筑混凝土液面应高出接缝标高不小于 300mm。

采用注浆法时，待后期竖向结构施工完成后，采用注浆料通过预先设置的通道对水平接缝进行处理，注浆料宜采用高流态低收缩材料，强度高于原结构一个等级。注浆宜选用下列方式：（1）在接缝部位预埋专用注浆管，混凝土初凝后，通过专用注浆管注浆；（2）在接缝部位预埋发泡聚乙烯接缝棒，混凝土强度达到设计要求后用稀释剂溶解接缝棒，形成注浆管道进行注浆；（3）混凝土强度达到设计要求后，在接缝部位用钻头引洞，安装有单向功能的注浆针头，进行定点注浆。

采用灌浆法时，水平接缝处应预留不小于 50mm 的间距，采用高于原结构混凝土强度等级的灌浆料填充。采用的模板应密封严密，与上下结构搭接 100mm 以上，灌浆口应与出浆口对应布置，并应沿灌浆方向单向施工。

2.18.8 上下同步逆作法

1. 一般规定

采用上下同步逆作法的建筑工程，其施工流程应符合设计要求，并宜符合下列规定：（1）当主体结构为框架结构时，上部结构应在界面层施工完成后方可施工；（2）当主体结构为框架-剪力墙或筒体结构时，上部结构宜在包含界面层楼板在内的两层地下水平结构施工完成后方可施工。

上下同步逆作法的工程，应选择刚度大、传力可靠的地下水平结构层作为界面层；当剪力墙或核心筒上部同步逆作时，宜选择结构嵌固层以下的地下水平结构层作为界面层；当界面层为地下一层或以下的地下水平结构层时，应对开挖至界面层的围护体悬臂工况采取控制基坑变形的设计与施工措施。

逆作施工平台层宜设置于地下室顶板，其平面及净空应符合逆作施工期间土方及材料的水平和竖向运输的施工作业要求。

上下同步逆作法工程应预先确定设计与施工技术措施，应包括下列主要内容：（1）结合主体结构确定合理的同步施工工况下竖向支承结构和托换结构体系；（2）选择合适的上下同步施工界面层及上下同步施工流程；（3）确定适应于上下同步施工情况的场地布置和机械配置；（4）选择受力明确、施工方便且与主体结构构件结合良好的施工阶段临时构件和节点形式。

【强制性条文】上下同步逆作法施工时，应对上下同步逆作区域内的竖向支承桩柱、托换结构进行变形监测。

2. 施工与监控

取土口的设置除应符合本书 2.18.7 中的相关规定外，还应符合下列规定：（1）取土口的设置宜避开上部结构范围，可利用上部结构周边退界区域或者中庭等大空间部位作为取土口使用；（2）逆作施工平台层以上的楼层净空应符合垂直取土设备的操作要求，取土口上方的上部结构可后施工；（3）应充分考虑挖土行车路线对上部结构施工的影响，合理安排分区域施工。

地上地下结构同步施工时，应对施工平台层的框架柱、剪力墙等竖向结构进行施工作业机械防碰撞保护。

界面层以下的后期框架柱与剪力墙施工时，应在先期与后期的水平施工缝中预埋注浆管，并应采用注浆法进行接缝处理。

应对竖向构件和托换构件的内力进行监测，并应对托换构件的变形和裂缝情况进行监测和观测。

沉降监测应测定建筑的沉降量与水平位移；沉降监测点的布设应考虑地质情况及建筑结构特点，并应全面反映建筑及地基变形特征。监测点的布置宜选择下列位置：（1）建筑的四角、核心筒四角、大转角处及沿外墙每 10～20m 处或每隔 2～3 根柱基上；（2）剪力墙托换区域的四角；（3）后浇带和沉降缝两侧及逆作施工作业区与非作业区交界位置；（4）沿纵、横轴线上的每个或部分竖向支承柱。

2.18.9　地下水控制

1. 一般规定

逆作法基坑工程的地下水控制应考虑下列因素：（1）地下水控制影响范围内的地下水类型、地下水位与动态规律、各含水层之间以及地下水与基坑周边相邻地表水体的水力联系性质；（2）各含水层的水文地质参数、与地下水控制相关的岩土体的物理力学参数；（3）基坑开挖深度、面积，周边建筑物与地下管线的情况和基坑支护结构形式；（4）逆作施工工况、地下结构的布置及土方挖运流程等。

基坑隔水应根据工程地质条件、水文地质条件及施工条件，选用水泥土搅拌桩帷幕、渠式切割水泥土连续墙帷幕、铣削深搅水泥土搅拌墙帷幕、地下连续墙或咬合式排桩。

降水方法应根据基坑规模、土层与含水层性质、施工工况进行选择。在渗透性较弱的黏性土、淤泥质土地层中宜选用轻型井点降水、喷射井点降水、真空管井降水等；在渗透性较强的砂土、粉土地层中可采用集水明排、管井降水等。

降水井应在基坑开挖前完成施工，并经检验合格，降排水系统试运行正常后，方可进行下一步施工。

逆作法基坑工程应进行预疏干降水，疏干降水的持续时间应考虑基坑面积、开挖深度及地质条件等因素，并应结合逆作施工工况中逆作结构的稳定与变形要求综合确定；土方开挖前坑内地下水位应降至分层开挖面以下 0.5～1m。

2. 施工与检测

基坑外侧排水系统的设置应符合下列规定：（1）系统的排水能力不应小于设计排水量的 1.2 倍；（2）地表排水系统应采取防渗及三级沉淀措施；（3）集水井、排水沟宜布置在距离隔水帷幕外不小于 0.5m 处；（4）基坑内排水系统应在坑内排水管集中部位设置合理的接入口。

基坑内排水系统的设置应符合下列规定：（1）降水井排水管宜通过结构开口接入基坑外侧排水系统；（2）当排水管通过在地下结构板上设置预留孔接入基坑外侧排水系统时，应在预留孔周边做好结构止水措施；（3）井点数量较多时，可在地下一层结构上设置集水桶、集水箱作为排水中转站。

轻型井点施工与运行应符合下列规定：（1）井点管直径宜为 38～55mm，井点管水平间距宜为 0.8～1.6m；（2）成孔孔径不应小于 300mm，成孔深度应大于过滤器底端埋深 0.5m；（3）滤料应回填密实，滤料回填顶面与地面高差不宜小于 1m；滤料顶面至地面间应采用黏土封填密实；（4）真空泵应与轻型井点管口处于同一水平高度；（5）运行期间真空负压不应小于 0.065MPa。

管井施工与运行应符合下列规定：（1）成孔垂直度偏差不应大于 1/100；（2）成孔施工中的泥浆密度不宜大于 $1.15g/cm^3$，井管安装阶段的泥浆密度不宜大于 $1.1g/cm^3$，填砾阶段的泥浆密度不宜大于 $1.05g/cm^3$；（3）井管外径不应小于 200mm，且应大于抽水泵体最大外径 50mm 以上，成孔孔径应大于井管外径 300mm 以上；（4）井管安装应准确到位，不得损坏过滤结构；井管连接应确保井管不脱落或渗漏；（5）井管外侧应安装扶正器，每两组扶正器最大间距不应大于 10m；（6）井管周围填砾厚度应均匀一致；（7）应采用空压机或活塞洗井至出水清澈，洗井后井管内沉淀物的厚度不应大于井深的 0.5%，出水稳定后含砂量体积比不应大于 1/20000；（8）抽水泵安装应稳固，泵轴应垂直；并且内动水位应高于抽水泵进水口 2m；（9）达到设计降深时的管井出水量不应小于其设计流量，在同一水文地质单元内结构基本相同的管并出水量应相近。

真空降水管井的施工与运行，除应符合上述管井施工与运行的规定外，还应符合下列规定：（1）滤料柱顶面以上应用黏性土填实至孔口，封填黏土材料直径不应大于井管与孔壁之间间隙宽度的 1/3；（2）管井口应密封，并应分别设置与抽水泵排水管连接的排水孔和与真空泵排气管连接的排气孔，排水管与排气管均应设置单向阀；（3）降水运行期间负压管路系统的真空负压不应小于 0.065MPa；（4）开挖后须继续加载真空负压的真空降水管井，应对开挖后暴露的井管、过滤器和填砾层进行封闭。

减压降水管井的施工与运行，除应符合上述管井施工与运行的规定外，还应符合下列规定：（1）成井施工中应按设计要求实施封闭措施，回填黏土球或黏土的高度、体积不应小于设计值的 95%；（2）抽水井和备用井均应安装抽水泵，抽水泵的排水能力不应小于设计流量和扬程；（3）基坑内观测井水位应符合当前施工工况的设计安全水位要求。

回灌管井的施工与运行，除符合上述管井施工与运行的规定外，还应符合下列规定：（1）滤料柱顶面以上应用黏土球封填，封填高度不应小于 5m，黏土球顶面以上应用混凝土或注浆封填至孔口；（2）回灌井施工结束至正式回灌应至少有 2～3 周的休止期；（3）回灌方式应根据回灌目的含水层的性质和回灌量确定；自然回灌的水源压力宜为 0.1～

0.2MPa，加压回灌压力宜为 0.2～0.5MPa，回灌压力不宜超过过滤器顶端以上的覆土重量；（4）回灌水量应根据回灌影响范围内水位观测井的水位变化进行动态调节。

坑内降水管井顶部宜设置在地下结构顶板底部以下。减压降水井顶部标高应高于目标承压含水层初始承压水位 0.5～1m。土方开挖过程中降水井管不宜割除。

基坑开挖过程中，应对降水井管进行保护。降水井管与各层楼板、支撑之间应有侧向固定措施。

地下水控制应实行全过程运行信息化管理。当基坑周边环境复杂或地下水控制运行风险较大时，应设置地下水控制运行风险控制系统。

基坑内降水施工时，可采取下列措施减少对环境的影响：（1）设置隔水帷幕减小降水对保护对象的影响；（2）采用悬挂帷幕时应结合抽水试验对降水的影响范围进行估算；（3）应采用能减小被保护对象下地下水位变化幅度的降水系统布置方式，并应避免采用可能危害保护对象的降水施工方法；（4）可设置回灌水系统以保持保护对象周边的地下水位。

降水井点运行结束后，应采取有效的封闭措施。

轻型井点及管井施工质量检测应符合下列规定：（1）成孔及成井过程中，应对成孔的孔径、孔深、泥浆相对密度进行检测，检测数量不应少于成孔总数的 50%；（2）成井过程中应检测滤料、止水材料的回填高度及数量、回填密实度，检测数量 100%；（3）成井结束后应检测管井的洗井效果、管内沉淀高度及出水含砂率，检测数量 100%；（4）抽水过程中应检测井点出水效果，井点有效数不应低于 90%，检测数量 100%。

地下水控制措施的检测除应符合本节规定外，还应符合国家现行标准《建筑地基基础工程施工规范》GB 51004、《建筑地基基础工程施工质验收规范》GB 50202 和《建筑与市政工程地下水控制技术规范》JGJ 111 的有关规定。

2.18.10 土方挖运

1.一般规定

基坑开挖施工方案应根据工程的水文地质条件、周边环境保护要求、场地条件、基坑平面尺寸、开挖深度、结构梁板平面布置、施工方法等因素综合制定，临水基坑应考虑水位与潮位等因素。

基坑开挖前应详细了解现场地质情况，专项挖、运土施工方案应包括下列内容：（1）工程概况；（2）开挖的分层分块情况、挖土流程、开挖方法；（3）取土口留设位置及逆作施工平台层的加固区域；（4）土方运输车辆的行走路线；（5）明确开挖与结构施工及养护时间关系；（6）保护竖向支承结构的措施；（7）各分块开挖的时间进度要求；（8）施工机械的规格、数量、工效分析与劳动力配备；（9）落实卸土场地及出土运输条件；（10）质量、安全、文明与环境保护措施；（11）基坑监测与应急预案。

基坑开挖前应对基坑逆作的每一层土方开挖条件进行验收，开挖验收条件应包括下列内容：（1）开挖下层土方时上层混凝土结构梁板强度达到设计要求；（2）临时支护体系安装验收完毕；（3）相邻竖向支承柱之间、竖向支承柱与围护墙之间的差异沉降应控制在设计要求范围内；（4）地下通风及照明设施设置完备；（5）机械设备配备与逆作土方挖运相配套；（6）基坑疏干降水降至开挖面以下 500mm，承压水降压至满足开挖面抗承压水突涌稳定性的要求；（7）上层逆作楼板的下排架模板及垫层拆除完毕。

2. 取土口设置

逆作法施工时，地下结构楼板中宜设置一定数量的取土口，取土口的布置应遵循下列原则：（1）取土口设置的数量、间距应根据土方开挖量、挖土工期、运输方式及基坑平面形状确定；（2）在软土地层的逆作法施工中，取土口间的水平净距不宜超过 30m；（3）取土口平面尺寸应符合挖土机械和施工材料垂直运输的作业要求；（4）地下各层楼板与顶板洞口位置宜上下对应；（5）取土口宜设置在各挖土分区的中部位置，且不宜紧贴基坑的围护结构；（6）取土口的布置应符合挖土分块流水的需要，每个流水分块应至少布置一个出土口；当底板土方采用抽条开挖时，应符合抽条开挖时的出土要求；（7）取土口位置应考虑场地内部交通畅通，并应与外部道路形成较好的连接。

取土口构造应采取下列措施：（1）应在取土口边缘设置防护上翻梁，其截面尺寸可取 200mm×300mm；（2）应在逆作施工平台层上设置合理的集水明排措施，雨水不应回灌至基坑内；（3）预留孔洞四周宜设置挡水槛，对长时间使用的洞口，宜采取避雨措施。

3. 土方开挖

土方开挖应根据土质条件、基坑形状及取土条件等因素，采用分区、分块的挖土方式，并及时形成支撑。

应合理划分各层开挖分块大小，开挖分块划分应综合考虑地下水平结构施工流水及设置结构施工缝的要求。

土方开挖应充分利用机械化施工，应根据基坑土质条件、平面形状、开挖深度、挖土方法、施工进度、挖机作业空间的限制等因素，选择噪声小、效率高、废气排放少的挖土设备。

软土地层中大面积深基坑开挖宜采用盆式挖土，盆边土的留设形式应符合围护设计工况要求；盆边土宜采用抽条式挖土，抽条宽度应符合设计要求。

五类以上岩体地区土方采用控制爆破以后开挖时，爆破作业前应做好地下结构的防护。

逆作法基坑土方开挖应符合下列规定：（1）应根据边坡稳定性验算确定放坡开挖的坡度及坡高；（2）挖土时应对竖向支承柱采取保护措施，竖向支承柱两侧土方高差不应大于 1.5m；（3）土方开挖应符合基坑设计开挖情况，严禁超挖；（4）除垂吊模板外，应及时拆除并清理结构楼板的模板及支撑体系；（5）应严格保护降水井、预留插筋及监测元件等。

土方开挖到基底标高后，应及时浇捣混凝土垫层，基底下土层不应超挖与扰动。

逆作挖土取土口位置宜设置集土坑，集土坑不宜放置在基坑周边，集土坑深度不宜超过 1.5m。

基坑土方开挖时，可采取下列措施减少对环境的影响：（1）有环境保护要求一侧的取土口与基坑边距离宜大于 1 倍取土口边长；（2）宜先开挖周边环境保护要求较低一侧的土方，再开挖环境保护要求较高一侧的土方；（3）应根据基坑的平面特点采用分块开挖的方法，分块大小和开挖顺序应根据基坑环境保护要求、场地条件、结构施工缝位置等因素确定，并应结合分块开挖方法和顺序及时分块形成水平结构或垫层，缩短基坑无支撑暴露时间；（4）基坑与被保护对象之间的地表超载不得超过设计规定。

土方开挖过程中，应在坑内设置通风、换气、照明和用电设备。

4. 土方水平与垂直运输

坑内开挖面的土方水平运输可采用挖土机翻运、水平传输带传输、推土机推土、小型装载机装运、翻斗车装运、卡车装运等方式。

应在施工平台层明确各区域的施工荷载，并应采取隔断的方式进行平面布置，防止施工荷载超出设计要求。

在逆作施工平台层取土时，可选用长臂挖机、伸缩臂挖机、抓斗、升降机或传输带将土方垂直提升至地面层。当采用上下同步逆作法时，施工平台层上应为垂立取土机械留设足够的作业空间。

当采用车辆利用下坑栈桥、坡道或垂直升降设备系统的方式进入坑内装运土方时，应符合下列规定：（1）下坑栈桥、坡道应综合考虑运输车辆的型号、载重、车辆爬坡能力等进行专项设计，下坑栈桥应有防滑和车辆缓冲平台；（2）邻近的支承立柱应设置防撞措施；（3）垂直升降设备系统及车辆出入平台应进行专项设计，升降系统应通过相关安全部门的验收合格后方可使用。

第 19 节　掌握《建筑施工易发事故防治安全标准》JGJ/T 429—2018 的有关要求

《建筑施工易发事故防治安全标准》为行业标准，编号为 JGJ/T 429—2018，自 2018 年 10 月 1 日起实施。

2.19.1　主要内容和适用范围

本标准的主要技术内容是：（1）总则；（2）术语；（3）基本规定；（4）坍塌；（5）高处坠落；（6）物体打击；（7）机械伤害；（8）触电；（9）起重伤害；（10）其他易发事故。

本标准适用于房屋建筑和市政工程施工现场易发事故的防治安全管理。

2.19.2　基本规定

房屋建筑与市政工程施工应符合安全生产条件要求，应组建安全生产领导小组，应建立健全安全生产责任制和安全生产管理制度，应根据项目规模足额配备具备相应资格的专职安全生产管理人员。

施工前应对施工过程存在的危险源进行辨识，对危险源可能导致的事故进行分析，并应进行危险源风险评估，编制风险评估报告，制定控制措施。

施工前应进行现场调查，依据风险评估报告在施工组织设计中编制预防潜在事故的安全技术措施，对于危险性较大的分部分项工程应编制专项施工方案，附图纸和安全验算结果，并应进行论证、审查。

在危险性较大的分部分项工程的施工过程中，应指定专职安全生产管理人员在施工现场进行施工过程中的安全监督。

进入施工现场的作业人员应逐级进行入场安全教育及岗位能力培训，经考核合格后方可上岗。特种作业人员应符合从业准入条件，持证上岗。

施工前应逐级进行安全技术交底，交底应包括工程概况、安全技术要求、风险状况、控制措施和应急处置措施等内容。

施工单位应为现场作业人员配备合格的安全防护用品和用具，并应定期检查。作业人员应正确使用安全防护用品和用具。

施工现场出入口、施工起重机械、临时用电设施以及脚手架、模板支撑架等施工临时设施、临边与洞口等危险部位，应设置明显的安全警示标志和必要的安全防护设施，并应经验收合格后方可使用。临时拆除或变动安全防护设施时，应按程序审批，经验收合格后方可使用。

施工现场在危险作业场所应设置警戒区，在警戒区周边应设置警戒线及警戒标识，并应设置安全防护和逃生设施，作业期间应有安全警戒人员在现场值守。

机具设备、临时用电设施、施工临时设施、临时建筑及安全防护设施等的主要材料、设备、构配件及防护用品应进行进场验收，用于施工临时设施中的主要受力构件和周转材料，使用前应进行复验。

施工临时设施、临时建筑应经验收合格后方可投入使用。复工前应全面检查施工现场、机具设备、临时用电设施、施工临时设施、临时建筑及安全防护设施等，符合要求后方可复工。

特种设备进场应有许可文件和产品合格证，使用前应办理相关手续，使用单位应建立特种设备安全技术档案。

施工现场应根据危险性较大的分部分项工程类别及特征进行监测。

施工现场应熟悉掌握综合应急预案、专项应急预案和现场应急处置方案，配备应急物资，并应定期组织相关人员进行应急培训和演练。

工程项目的工期应根据工程质量、施工安全确定，严禁随意改变合理工期。

2.19.3　坍塌

1. 一般规定

施工现场物料堆放应整齐稳固，严禁超高。模板、钢管、木方、砌块等堆放高度不应大于2m，钢筋堆放高度不应大于1.2m，堆积物应采取固定措施。

建筑施工临时结构应遵循先设计后施工的原则，并应进行安全技术分析，保证其在设计规定的使用工况下保持整体稳定性。

楼板、屋面等结构物上堆放建筑材料、模板、小型施工机具或其他物料时，应控制堆放数量、重量，严禁超过原设计荷载，必要时可进行加固。

在边坡、基坑、挖孔桩等地下作业过程中，土石方开挖和支护结构施工应采用信息施工法配合设计单位采用动态设计法，及时根据实际情况调整施工方法及预防风险措施。

施工现场应进行施工区域内临时排水系统规划，临时排水不得破坏挖填土方的边坡。在地形、地质条件复杂，可能发生滑坡、坍塌的地段挖方时，应确定排水方案。场地周围出现地表水汇流、排泄或地下水管渗漏时，应采取有组织的堵水、排水和疏水措施，并应对基坑采取保护措施。

当开挖低于地下水位的基坑和桩孔时，应合理选用降水措施降低地下水位，并应编制降水专项施工方案。

施工现场物料不宜堆置在基坑边缘、边坡坡顶、桩孔边，当须堆置时，堆置的重量和距离应符合设计规定。各类施工机械距基坑边缘、边坡坡顶、桩孔边的距离，应根据设备重量、支护结构、土质情况按设计要求进行确定，且不宜小于1.5m。

高度超过2m的竖向混凝土构件的钢筋绑扎过程中及绑扎完成后，在侧模安装完成前，应采取有效的侧向临时支撑措施。

较厚大的筏板、楼板、屋面板等混凝土构件钢筋施工过程中，应设置固定钢筋的稳固的定位与支撑件，上层钢筋网上堆放物料严禁超载。

各种安全防护棚上严禁堆放物料，使用期间棚顶严禁上人。

2. 基坑工程

基坑支护施工、使用时间超过设计使用年限时应进行基坑安全评估，必要时应采取加固措施。

基坑施工应按设计规定的顺序和参数进行开挖和支护，并应分层、分段、限时、均衡开挖。

自然放坡的基坑，其坡率应符合设计要求和现行行业标准《建筑施工土石方工程安全技术规范》JGJ 180 的有关规定。

采取支护措施的基坑，应按设计规定的支护方式及时进行支护。支护结构施工前应进行试验性施工，并应将试验结果反馈给设计单位，及时调整设计方案、施工方法。

锚杆（索）施工前应进行现场抗拉拔试验，施工完成后应进行验收试验。

基坑支护结构应在混凝土达到设计要求的强度，并在锚杆（索）、钢支撑按设计要求施加预应力后，方可开挖下层土方，严禁提前开挖和超挖。

施工过程中，严禁设备或重物碰撞支撑、腰梁、锚杆等基坑支护结构，亦不得在基坑支护结构上放置或悬挂重物。

拆除支护结构时应按基坑回填顺序自下而上逐层拆除，随拆随填，必要时应采取加固措施。

基坑支护采用内支撑时，应按先撑后挖、先托后拆的顺序施工，拆撑、换撑顺序应满足设计工况要求，并应结合现场支护结构内力和变形的监测结果进行。内支撑应在坑内梁、板、柱结构及换撑结构混凝土达到设计要求的强度后对称拆除。

基坑开挖及支护完成后，应及时进行地下结构和安装工程施工。在施工过程中，应随时检查坑壁的稳定情况。基坑底部应满铺垫层，贴紧围护结构。

当基坑下部的承压水影响基坑安全时，应采取坑底土体加固或降低承压水头等治理措施。

基坑施工应收集天气预报资料，遇降雨时间较长、降雨量较大时，应提前对已开挖未支护基坑的侧壁采取覆盖措施，并应及时排除基坑内积水。

基坑开挖、支护及坑内作业过程中，应按现行国家标准《建筑基坑工程监测技术规范》GB 50497 的规定实施监测，并应定期对基坑及周边环境进行巡视，发现异常情况应及时采取措施。

3. 边坡工程

边坡工程应按先设计后施工、边施工边治理边监测的原则进行切坡、填筑和支护结构的施工。

对开挖后不稳定或欠稳定的边坡，应采取自上而下、分段跳槽、及时支护的逆作法或半逆作法施工，未经设计许可严禁大开挖、爆破作业。切坡作业时，严禁先切除坡脚，并不得从下部掏采挖土。

边坡开挖后应及时按设计要求进行支护结构施工或采取封闭措施。边坡应在支护结构混凝土达到设计要求的强度，并在锚杆（索）按设计要求施加预应力后，方可开挖或填筑下一级土方。

每级边坡开挖前，应清除边坡上方已松动的石块及可能崩塌的土体。

边坡爆破施工时，应采取措施防止爆破震动影响边坡及邻近建（构）筑物稳定。

边坡坡顶应采取截、排水措施，未支护的坡面应采取防雨水冲刷措施。

边坡开挖前应设置变形监测点，定期监测边坡变形。边坡塌滑区有重要建（构）筑物的一级边坡工程施工时，应对坡顶水平位移、垂直位移、地表裂缝和坡顶建（构）筑物变形进行监测。

4. 挖孔桩工程

挖孔桩的施工应考虑建设场地现状、工程地质条件、地下水位、相邻建（构）筑物基础形式及埋置深度等影响。护壁应根据实际情况进行设计。当采用混凝土护壁时，混凝土的强度等级不宜低于桩身混凝土的强度等级。

抗滑桩在土石层变化处和滑动面处不得分节开挖，并应及时加固护壁内滑裂面。

基础桩当桩净距小于2.5m时，应采用间隔开挖。相邻排桩跳孔开挖的最小施工净距不得小于4.5m。抗滑桩应间隔开挖，相邻桩孔不得同时开挖。相邻两孔中的一孔浇筑混凝土时，另一孔内不得有作业人员。

挖出的土石方应及时运离孔口，不得堆放在孔口周边1m范围内，机动车辆的通行不得对井壁的安全造成影响。

桩孔每次开挖深度应符合设计规定，且不得超过1m。混凝土护壁应随挖随浇，上节护壁混凝土强度达到3MPa后，方可进行下节土方开挖施工。

当采用混凝土护壁时，护壁模板拆除应在灌注混凝土24h后进行，当护壁有孔洞、露筋、漏水现象时，应及时补强。

孔内作业时，孔口应设专人看守，孔内作业人员应检查护壁变形、裂缝、渗水等情况，并与孔口人员保持联系，发现异常应立即撤出。

孔口提升支架应根据跨度、提升重量进行设计计算，各杆件应连接牢固，并应设置剪刀撑。

5. 脚手架工程

落地式钢管脚手架、附着式升降脚手架、悬挑式脚手架、桥式脚手架等应根据实际工况进行设计，应具有足够的承载力、刚度和整体稳固性。

脚手架应按设计计算和构造要求设置能承受压力和拉力的连墙件，连墙件应与建筑结构和架体连接牢固。连墙件设置间距应符合相关标准及专项施工方案的规定。脚手架使用中，严禁任意拆除连墙件。

脚手架连墙件的安装，应符合下列规定：（1）连墙件的安装应随架体升高及时在规定位置处设置，不得滞后安装；（2）当作业脚手架操作层高出相邻连墙件以上2步时，在上层连墙件安装完毕前，应采取临时拉结措施。

脚手架的拆除作业，应符合下列规定：（1）架体拆除应自上而下逐层进行，不得上下层同时拆除；（2）连墙件应随脚手架逐层拆除，不得先将连墙件整层或数层拆除后再拆除架体；（3）拆除作业过程中，当架体的自由端高度大于2步时，应增设临时拉结件。

脚手架应按相关标准的构造要求设置剪刀撑或斜撑杆、交叉拉杆，并应与立杆连接牢固，连成整体。

脚手架作业层应在显著位置设置限载标志，注明限载数值。在使用过程中，作用在作业层上的人员、机具和堆料等严禁超载。

当采用附着式升降脚手架施工时，应符合下列规定：（1）附着式升降脚手架的架体高度、架体宽度、架体支承跨度、水平悬挑长度、架体全高与支承跨度的乘积应符合现行行业标准《建筑施工工具式脚手架安全技术规范》JGJ 202 的相关规定；（2）竖向主框架所覆盖的每个楼层处应设置一道附墙支座，其构造应符合相关标准规定，并应满足承载力要求。在使用工况时，应将竖向主框架固定于附墙支座上；在升降工况时，附墙支座上应设具有防倾、导向功能的结构装置；（3）附着式升降脚手架应设置安全可靠的具有防倾覆、防坠落和同步升降控制功能的结构装置。升降时应设专人对脚手架作业区域进行监护，每提升一次都应经验收合格后方可作业；（4）附着式升降脚手架和建筑物连接处的混凝土强度应由设计计算确定，且不得低于 10MPa；（5）附着式升降脚手架应按产品设计性能指标规定进行使用，不得随意扩大使用范围，不得超载堆放物料。

严禁将模板支撑架、缆风绳、混凝土输送泵管、卸料平台及大型设备的附着件等固定在脚手架上。

6. 模板工程

模板及支撑架应根据施工过程中的各种工况进行设计，应具有足够的承载力、刚度和整体稳固性。施工中，模板支撑架应按专项施工方案及相关标准构造要求进行搭设。

模板支撑架构配件进场应进行验收，构配件及材质应符合专项施工方案及相关标准的规定，不得使用严重锈蚀、变形、断裂、脱焊的钢管或型钢作模板支撑架，亦不得使用竹、木材和钢材混搭的结构。所采用的扣件应进行复试。

满堂钢管支撑架的构造应符合下列规定：（1）立杆地基应坚实、平整，土层场地应有排水措施，不应有积水，并应加设满足承载力要求的垫板；当支撑架支撑在楼板等结构物上时，应验算立杆支承处的结构承载力，当不能满足要求时，应采取加固措施；（2）立杆间距、水平杆步距应符合专项施工方案的要求；（3）扫地杆离地间距、立杆伸出顶层水平杆中心线至支撑点的长度应符合相关标准的规定；（4）水平杆应按步距沿纵向和横向通长连续设置，不得缺失。在立杆底部应设置纵向和横向扫地杆，水平杆和扫地杆应与相邻立杆连接牢固；（5）架体应均匀、对称设置剪刀撑或斜撑杆、交叉拉杆，并应与架体连接牢固，连成整体，其设置跨度、间距应符合相关标准的规定；（6）顶部施工荷载应通过可调托撑向立杆轴心传力，可调托撑伸出顶层水平杆的悬臂长度应符合相关标准要求，插入立杆长度不应小于 150mm，螺杆外径与立杆钢管内径的间隙不应大于 3mm；（7）支撑架高宽比超过 3 时，应采用将架体与既有结构连接、扩大架体平面尺寸或对称设置缆风绳等加强措施；（8）桥梁满堂支撑架搭设完成后应进行预压试验。

采用立柱-纵横梁搭设的梁柱式支撑架的构造应符合下列规定：（1）立柱之间应根据其受力和结构特点设置水平和斜向连接系，连接系的设置应满足立柱长细比及稳定性计算的要求；（2）纵梁之间应设置可靠的连接，当采用贝雷梁时，其两端及支承位置均应设置通长横向连接系，且其间距不应大于 9m；（3）跨越道路或通航水域的支撑架应设置防撞设施和交通标志。

当桥梁采用移动模架施工时，应符合下列规定：（1）模架在首孔梁浇筑位置就位后应按设计要求进行预压试验；（2）混凝土浇筑过程中，以及每完成一孔梁的施工时，应随时检查模架的关键受力部位和支撑系统，发现异常应及时采取有效措施进行处理；（3）模架在移动过孔时的抗倾覆稳定系数不得小于 1.5，移动过孔时应监控模架的运行状态；（4）模架横向移动和纵向移动过孔时，应解除作用于模架上的全部约束，纵向移动时两侧承重钢梁应保持同步。

当桥梁采用挂篮进行悬臂浇筑时，应符合下列规定：（1）挂篮制作加工完成后应进行试拼装，并应按最大施工组合荷载的 1.2 倍进行荷载试验；（2）挂篮行走滑道应铺设平顺，锚固应稳定，行走前应检查行走系统、吊挂系统和模板系统等；（3）挂篮应在混凝土强度符合要求后移动，墩两侧挂篮应对称平稳移动，就位后应立即锁定，每次就位后应经检查验收。

液压爬模的防坠装置应灵敏、可靠，其下坠制动距离不得大于 50mm。爬模装置爬升时，承载体受力处的混凝土强度应满足设计要求，且不得低于 10MPa。

当采用液压滑动模板施工时，应符合下列规定：（1）液压提升系统所需的千斤顶和支承杆的数量和布置方式应符合现行国家标准《滑动模板工程技术规范》GB50113 及专项施工方案的有关规定；支承杆的直径、规格应与所使用的千斤顶相适应；（2）提升架、操作平台、料台和吊脚手架应具有足够的承载力和刚度；（3）模板的滑升速度、混凝土出模强度应符合现行国家标准《滑动模板工程技术规范》GB 50113 及专项施工方案的有关规定。

支撑架的地基基础、架体结构应根据方案设计及相关标准的规定进行验收，验收合格后方可投入使用。

支撑架严禁与施工起重设备、施工脚手架等设施、设备连接。

支撑架使用期间，严禁擅自拆除架体构配件。

模板作业层应在显著位置设置限载标志，注明限载数值，施工荷载不得超过设计允许荷载。

大模板竖向放置应保证风荷载作用下的自身稳定性，同时应采取辅助安全措施。

竖向模板应在吊装就位后及时进行拼接、对拉紧固，并应设置侧向支撑或缆风绳等确保模板稳固的措施。

支撑架在使用过程中应实施监测，出现异常或监测数据达到监测报警值时，应立即停止作业，待查明原因并经处理合格后方可继续施工。

在浇筑混凝土作业时，支撑架下部范围内严禁人员作业、行走或停留。

混凝土浇筑顺序及支撑架拆除顺序应按专项施工方案的规定进行。

7. 操作平台

悬挑式操作平台的悬挑长度不宜大于 5m，其搁置点、拉结点、支撑点应可靠设置在主体结构上。

斜拉式悬挑操作平台应在平台两侧各设置 2 道斜拉钢丝绳；支承式悬挑操作平台应在下部设置不少于 2 道斜撑；悬臂式操作平台应采用型钢梁或桁架梁作为悬挑主梁，不得使用脚手架钢管。

落地式操作平台应设置连墙件和剪刀撑。

操作平台投入使用时，应在平台的明显位置处设置限载标志，物料应及时转运，不得超重与超高堆放。

8. 临时建筑

施工现场供人员使用的临时建筑应稳定、可靠，应能抵御大风、雨雪、冰雹等恶劣天气的侵袭，不得采用钢管、毛竹、三合板、石棉瓦等搭设简易的临时建筑物，不得将夹芯板作为活动房的竖向承重构件使用。临时建筑层数不宜超过 2 层。

临时建筑布置不得选择在滑坡、泥石流、山洪等易发生的危险地段和低洼积水区域，应避开河沟、高边坡、深基坑边缘。

施工现场临时建筑的地基基础应稳固。严禁在临时建筑基础及其影响范围内进行开挖作业。

围挡宜选用彩钢板等轻质材料，围挡外侧为街道或行人通道时，应采取加固措施。

弃土及物料堆放应远离围挡，围挡外侧应有禁止人群停留、聚集和堆砌土方、货物等警示标志。严禁在施工围挡上方或紧靠施工围挡架设广告或宣传标牌。

餐厅、资料室应设置在临时建筑的底层，会议室宜设在临时建筑的底层。

在影响临时建筑安全的区域内堆置物不得超重堆载，严禁堆土、堆放材料、停放施工机械，并不应有强夯、混凝土输送等振动源产生的振动影响。

施工现场使用的组装式活动房屋应有产品合格证，在组装完成后应进行验收，经验收合格后方可使用。活动房使用荷载不得超过其设计允许荷载。

搭设在空旷场地、山脚处的活动房应采取防风、防洪和防暴雨等措施。

临时建筑严禁设置在建筑起重机械安装、使用和拆除期间可能倒塌覆盖的范围内。

9. 钢围堰工程

钢围堰应对内外侧壁、斜撑及内撑、围檩等受力构件及连接焊缝进行设计计算，并应对围堰的整体稳定性和抗倾覆能力进行计算。

钢围堰内基础施工时，挖土、吊运、浇筑混凝土等作业严禁碰撞围堰支撑，不得在支撑上放置重物。

钢围堰在使用过程中应按专项施工方案规定的监测点布置、监测内容、监测方法、监测频率和监测预警值进行监测，出现构配件松动、变形等情况时，应立即停止作业，查明原因。

钢围堰抽水过程中应进行观察，并应进行围堰变形监测。

施工过程中应监测水位变化，钢围堰内外的水头差应在设计范围内。洪水来临前应完成封底混凝土浇筑。

严禁任意加高围堰高度。

水上钢围堰应设置水上作业警示标志和防护栏，夜间河道作业区域应布置警示照明灯；在靠近航道处的作业区应设置防止船舶撞击的装置。

10. 装配式建筑工程

预制混凝土剪力墙等平板式构件应采用设置侧向护栏或其他固定措施的专用运输架进行运输，或采用专用运输车进行运输。超高、超宽、形状特殊部品的运输和堆放应有专项安全保护措施。

施工现场应根据预制构件规格、品种、使用部位、吊装顺序绘制施工场地平面布置图。预制构件应统一分类存放于专门设置的构件存放区，并应放置于专用存放架上或采取侧向支撑措施，存放架应具有足够抗倾覆的稳定性能。构件堆放层数不宜大于 3 层。存放区的场地应平整、排水应畅通，并应具有足够的承载能力。

预制剪力墙、柱安装应设置可靠的临时支撑体系，并应符合下列规定：（1）吊装就位、吊钩脱钩前，应设置工具式斜撑等形式的临时支撑；（2）斜撑与地面的夹角宜为45～60°，其支撑点距离板底的距离不宜小于构件高度的2/3，且不应小于构件高度的1/2；（3）高大剪力墙等构件宜在构件下部增设一道斜撑；（4）斜撑应在同层结构施工完毕、现浇段混凝土强度达到规定要求后方可拆除。

预制梁、楼板安装应设置可靠的临时支撑体系，应具有足够的承载能力、刚度和整体稳固性。

预制构件与吊具应在校准定位完毕及临时支撑安装完成后进行分离。现浇段混凝土强度未达到设计要求，或结构单元未形成稳定体系前，不应拆除临时支撑系统。

预制构件的安装应符合设计规定的部品组装顺序。

11. 拆除工程

对建筑物实施人工拆除作业时，楼板上严禁人员聚集或堆放材料。人工拆除建筑墙体时，严禁采用掏掘或推倒的方法。

大型破碎机械不得上结构物进行拆除，应在结构物侧面进行拆除作业。当起重机械须在桥面或楼（屋）面上进行吊装作业时，应对承载结构进行承载力计算。

当机械拆除建筑时，应从上至下、逐层分段进行；应先拆除非承重结构，再拆除承重结构。框架结构应按楼板、次梁、主梁、柱子的顺序进行拆除。对只进行部分拆除的建筑，应先将保留部分加固，再进行分离拆除。

梁式桥宜采用逆序拆除，不得采用机械破坏墩柱造成整体坍塌等危险方式进行拆除。桥跨结构应根据结构特点按一定顺序方向拆除，当跨数较多时，不应随意拆除形成单独跨。简支梁桥拆除过程应保证梁体稳定，T形梁、工形梁应进行临时支撑加固。

拆除后的混凝土块件和预制构件的存放场地应有足够的承载力，并应采取固定措施，堆放牢靠。堆放场地临近道路边时，应有隔离措施，并应设置安全标志和警示灯。

结构拆除过程中应保证剩余结构的稳定。

从事爆破拆除工程的施工单位，应根据爆破拆除等级，在许可范围内从事爆破拆除作业。爆破拆除设计人员应具有承担爆破拆除作业范围和相应级别的爆破工程技术人员作业证。从事爆破拆除施工的作业人员应持证上岗。

爆破拆除工程的预拆除施工中，不应拆除影响结构稳定的构件。

当采用支架法进行结构拆除时，应采用可靠的支撑系统。

2.19.4 高处坠落

1. 一般规定

开挖深度超过2m的基坑和基槽的周边、边坡的坡顶、未安装栏杆或栏板的阳台边、雨棚与挑檐边、楼梯口、楼梯平台、梯段边、卸料平台、操作平台周边、各种垂直运输设备的停层平台两侧边、无外脚手架的屋面与楼层周边、上下梯道和坡道的周边等临边作业场所，应设置防护栏杆，并应符合下列规定：（1）防护栏杆应由上下两道横杆及立杆组成，上杆离地高度应为1.2m，下杆应在上杆和挡脚板中间设置；立杆间距不应大于2m，底端应固定牢固；（2）防护栏杆的立杆和横杆的设置、固定及连接，应确保防护栏杆在上下横杆和立杆任何部位处，均能承受任何方向1kN的外力作用，当栏杆所处位置有发生人群拥挤、物件碰撞等可能时，应加大横杆截面或加密立杆间距；（3）防护栏杆应张挂密目式安全立网或采用其他材料封闭。采用密目式安全立网时，网间连接应牢固、严密；（4）对坡度大于 25°的屋面，防护栏杆高度不应小于 1.5m；（5）栏杆下部应设置高度不小于 180mm 的挡脚板。

洞口作业场所应采取防坠落措施，并应符合下列规定：（1）非竖向洞口短边边长或直径为 500～1500mm 时，应采用盖板覆盖或防护栏杆等措施；（2）非竖向洞口短边边长或直径大于或等于 1500 时，应在洞口作业侧设置防护栏杆，洞口应采用安全平网封闭；（3）外墙面等处落地的竖向洞口、窗台高度低于 800mm 的窗洞及框架结构在浇筑完混凝土未砌筑墙体时的洞口，应设置防护栏杆；（4）洞口盖板宜采用工具化盖件，盖板应能承受不小于 1kN 的集中荷载和不小于 2kN/m² 的均布荷载；（5）洞口应设置警示标志，夜间应设红灯警示。

电梯井口应采取防坠落措施，并应符合下列规定：（1）电梯井口应设置防护门，其高度不应小于 1.5m，防护门底端距地面高度不应大于 50mm，并应设置高度不小于 180mm 的挡脚板；（2）在电梯施工前，电梯井道内应每隔 2 层且不大于 10m 加设一道安全平网，安装和拆卸电梯井内安全平网时，作业人员应佩戴安全带；（3）电梯井内的施工层上部，应设置隔离防护设施。

操作平台四周应设置防护栏杆，脚手板应铺满、铺稳、铺实、铺平并绑牢或扣紧，严禁出现大于 150mm 探头板，并应布置登高扶梯。装设轮子的移动式操作平台，轮子与平台的接合处应牢固可靠，并有自锁功能。移动式操作平台移动时以及悬挑式操作平台调运或安装时，平台上不得站人。

安全网质量应符合现行国家标准《安全网》GB 5725 的相关规定，安装和使用安全网应符合下列规定：（1）安全网安装应系挂安全网的受力主绳，与支撑件的拉结应牢固，其间距和张力应符合相关规定，不得系挂网格绳，安装完毕应进行检查、验收；（2）安全网安装或拆除作业应根据现场条件采取防坠落安全措施；（3）不得将密目式安全立网代替安全平网使用。

凡在 2m 以上的悬空作业人员，应佩戴安全带，安全带及其使用除应符合现行国家标准《安全带》GB 6095 的有关规定外，还应符合下列规定：（1）安全带除应定期检验外，使用前还应进行检查；织带磨损、灼伤、酸碱腐蚀或出现明显变硬、发脆，以及金属部件磨损出现明显缺陷或受到冲击后发生明显变形的，应及时报废；（2）安全带应高挂低用，并应扣牢在牢固的物体上；（3）缺少或不易设置安全带吊点的工作场所宜设置安全带母索；（4）安全带的安全绳不得打结使用，安全绳上不得挂钩；（5）安全带的各部件不得随意更换或拆除；（6）安全绳有效长度不应大于 2m，有两根安全绳的安全带，单根绳的有效长度不应大于 1.2m；（7）安全绳不得用作悬吊绳；安全绳与悬吊绳不得共用连接器，新更换安全绳的规格及力学性能应符合要求，并应加设绳套。

高处作业应设置专门的上下通道，攀登作业人员应从专门通道上下。上下通道应根据现场情况选用钢斜梯、钢直梯、人行塔梯等，各类梯道安装应牢固可靠，并应符合下列规定：（1）当固定式直梯攀登高度超过 3m 时，宜加设护笼；当攀登高度超过 8m 时，应设置梯间平台；（2）人行塔梯顶部和各平台应满铺防滑板，并应固定牢固，四周应设置防护栏杆，当高度超过 5m 时，应于建筑结构间设置连墙件；（3）上下直梯时，人员应面向梯子，且不得手持器物；（4）单梯不得垫高使用，直梯如须接长，接头不得超过 1 处；（5）使用折梯时，铰链应牢固，并应有可靠的拉撑措施；（6）同一梯子上不得有两人同时作业；（7）脚手架操作层上不得使用梯子作业。

高处作业不得使用座板式吊具或自制吊篮。

作业场地应有采光照明设施。

遇有冰、霜、雨、雪等天气的高处作业，应采取防滑措施。

2. 基坑工程

开挖深度超过 2m 的基坑，周边应安装防护栏杆。

作业人员严禁沿坑壁、支撑或乘坐运土工具上下基坑，应设置专用斜道、梯道、扶梯、人坑踏步等攀登设施，并应符合下列规定：（1）当设置专用梯道时，梯道应设扶手栏杆，梯道的宽度不应小于 1m；（2）梯道的搭设及使用应符合本标准 5.1.7 条的规定；（3）当采用坡道代替梯道时，应加设间距不大于 400mm 的防滑条等防滑措施。

降水井、开挖孔洞等部位应按本标准 5.1.2 条的规定设置防护盖板或防护栏杆，并应设置明显的警示标志。

当基坑施工设置栈桥、作业平台时，应设置临边防护栏杆。

支撑拆除施工时，应设置安全可靠的防护措施和作业空间，严禁非操作人员入内。

3. 脚手架工程

脚手架作业层上脚手板的设置，应符合下列规定：（1）作业平台脚手板应铺满、铺稳、铺实、铺平；（2）脚手架内立杆与建筑物距离不宜大于 150mm；当距离大于 150mm 时，应采取封闭防护措施；（3）工具式钢脚手板应有挂钩，并应带有自锁装置与作业层横向水平杆锁紧，不得浮放；（4）木脚手板、竹串片脚手板、竹笆脚手板两端应与水平杆绑牢，作业层相邻两根横向水平杆间应加设间水平杆，脚手板探头长度不应大于 150mm。

脚手架作业层上防护栏杆的设置，应符合下列规定：（1）扣件式和普通碗扣式钢管脚手架应在外侧立杆 0.6m 及 1.2m 高处搭设 2 道防护栏杆；（2）承插型盘扣式和高强碗扣式钢管脚手架应在外侧立杆 0.5m 及 1.0m 高的立杆节点处搭设 2 道防护栏杆；（3）防护栏杆下部应设置高度不小于 180mm 的挡脚板；（4）防护栏杆和挡脚板均应设置在外立杆内侧。

脚手架外侧应采用密目式安全立网全封闭，不得留有空隙，并应与架体绑扎牢固。

脚手架作业层脚手板下宜采用安全平网兜底，以下每隔不大于 10m 应采用安全平网封闭。

当遇 6 级及以上大风、雨雪、浓雾天气时，应停止脚手架的搭设与拆除作业以及脚手架上的施工作业。雨雪、霜后脚手架作业时，应有防滑措施，并应扫除积雪。夜间不得进行脚手架搭设与拆除作业。

搭设和拆除脚手架作业应有相应的安全设施，操作人员应佩戴安全帽、安全带和防滑鞋。

4. 模板工程

上下模板支撑架应设置专用攀登通道，不得在连接件和支撑件上攀登，不得在上下同一垂直面上装拆模板。

模板安装和拆卸时，作业人员应有可靠的立足点，应采取防护措施，并应符合下列规定：（1）在坠落基准面 2m 及以上高处搭设与拆除柱模板及悬挑结构的模板时，应设置操作平台；（2）支设临空构筑物模板时，应搭设支架或脚手架；（3）悬空安装大模板时，应在平台上操作，吊装中的大模板，不得站人和行走；（4）拆模高处作业时，应配置登高用具或搭设支架。

当模板上有预留孔洞时，应在安装后及时将孔洞覆盖。

翻模、爬模、滑模等工具式模板应设置操作平台，上下操作平台间应设置专用攀登通道。

5. 钢筋及混凝土工程

当绑扎钢筋和安装钢筋骨架须悬空作业时，应搭设脚手架和上下通道，不得攀爬钢筋骨架。

当绑扎圈梁、挑梁、挑檐、外墙、边柱和悬空梁等构件的钢筋时，应搭设脚手架或操作平台。

当绑扎立柱和墙体钢筋时，不得站在钢筋骨架上或攀登骨架作业。在坠落基准面 2m 及以上高处绑扎柱钢筋时，应搭设操作平台。

在高处进行预应力张拉操作前，应搭设操作平台。

当临边浇筑高度 2m 及以上的混凝土结构构件时，应设置脚手架或操作平台。

浇筑储仓或拱形结构时，应自下而上交圈封闭，并应搭设脚手架。当在特殊情况下悬空绑扎钢筋或浇筑混凝土时，必须系好安全带。

6. 门窗工程

门窗作业时，应有防坠落措施。操作人员在无安全防护措施时，不得站在樘子、阳台栏板上作业；当门窗临时固定、封填材料未达到强度以及施焊作业时，不得手拉门窗进行攀登。

当在高处外墙安装门窗且无外脚手架时，操作人员应系好安全带，其保险钩应挂在操作人员上方的可靠物件上。

当进行各项窗口作业时，操作人员的重心应位于室内，不得在窗台上站立，必要时应系好安全带进行操作。

7. 吊装与安装工程

起重吊装悬空作业应有安全防护措施，并应符合下列要求：（1）结构吊装应设置牢固可靠的高处作业操作平台或操作立足点；（2）操作平台外围应设置防护栏杆；（3）操作平台面应满铺脚手板，脚手板应铺平绑牢，不得出现探头板；（4）人员上下高处作业面应设置爬梯，梯道的构造应符合本标准的相关规定。

钢结构构件的吊装，应搭设用于临时固定、焊接、螺栓连接等工序的高空安全设施，并应随构件同时起吊就位，吊装就位的钢构件应及时连接。

钢结构安装宜在施工层搭设水平通道，通道两侧应设置防护栏杆。

钢结构或装配式混凝土结构安装作业层应设置供作业人员系挂安全带的安全绳。

在轻质型材等屋面上作业，应搭设临时走道板，不得在轻质型材上行走；安装轻质型材板前，应采取在梁下张设安全平网或搭设脚手架等安全防护措施

当吊装屋架、梁、柱等大型混凝土预制构件时，应在构件上预先设置登高通道和操作平台等安全设施，操作人员必须在操作平台上进行就位、灌浆等操作。当吊装第一块预制

构件或单独的大中型预制构件时，操作人员应在操作平台上进行操作。

吊装作业中，当利用已安装的构件或既有结构构件作为水平通道时，临空面应设置临边防护栏杆，并应设置连续的钢丝绳、钢索作安全绳。

装配式建筑预制外墙施工所使用的外挂脚手架，其预埋挂点应经设计计算，并应设置防脱落装置，作业层应设置操作平台。

装配式建筑预制构件吊装就位后，应采用移动式升降平台或爬梯进行构件顶部的摘钩作业，也可采用半自动脱钩装置。

安装管道时，应有已完结构或稳固的操作平台为立足点，严禁在未固定、无防护的结构构件及安装中的管道上作业或通行。

8. 垂直运输设备

各种垂直运输设备的停层平台除两侧应按临边作业要求设防护栏杆、挡脚板、安全立网外，平台口还应设置高度不低于 1.8m 的楼层防护门，并应设置防外开装置和连锁保护装置。停层平台应满铺脚手板并固定牢固。

物料提升机应设置刚性停层装置，各层联络应有明确信号和楼层标记，并应采用断绳保护装置和安全停层装置。物料提升机通道中间，应分别设置隔离设施。物料提升机严禁乘人。

施工升降机层门应与吊笼联锁，并应确保吊笼底板距楼层平台的垂直距离不大于150mm 时，层门方能开启。当层门关闭时，人员不得进出。

施工升降机各种限位应灵敏可靠，楼层门应采取防止人员和物料坠落的措施，上下运行行程内应无障碍物。吊笼内乘人、载物时，严禁超载，荷载应均匀分布。

吊篮作业应符合下列规定：（1）吊篮选用应符合现行国家标准《高处作业吊篮》GB/T 19155 的有关规定，其结构应具有足够的承载力和刚度，且应使用专业厂家制作的定型产品，产品应有出厂合格证，不得使用自行制作的吊篮；（2）高处作业吊篮安装拆卸的作业人员应经专业机构培训，并应取得相应的从业资格；（3）吊篮内操作人员的数量应符合产品说明书的使用要求，吊篮中的作业人员应佩戴安全带，安全带应挂设在单独设置的安全绳上，安全绳不得与吊篮任何部位连接；（4）吊篮的安全锁应完好有效，不得使用超过有效标定期的安全锁。

2.19.5 物体打击

交叉作业时，下层作业位置应处于上层作业的坠落半径之外，在坠落半径内时，必须设置安全防护棚或其他隔离措施。

下列部位自建筑物施工至 2 层起，其上部应设置安全防护棚：（1）人员进出的通道口（包括物料提升机、施工升降机的进出通道口）；（2）上方施工可能坠落物件的影响范围内的通行道路和集中加工场地；（3）起重机的起重臂回转范围之内的通道。

安全防护棚宜采用型钢和钢板搭设或采用双层木质板搭设，并应能承受高空坠物的冲击。防护棚的覆盖范围应大于上方施工可能坠落物件的影响范围。

短边边长或直径小于或等于 500mm 的洞口，应采取封堵措施。

进入施工现场的人员必须正确佩戴安全帽，安全帽质量应符合现行国家标准《安全帽》GB 2811 的相关规定。

高处作业现场所有可能坠落的物件均应预先撤除或固定。所存物料应堆放平稳，随身作业工具应装入工具袋。作业中的走道、通道板和登高用具，应清扫干净。作业人员传递物件应明示接稳信号，用力适当，不得抛掷。

临边防护栏杆下部挡脚板下边距离底面的空隙不应大于 10mm。操作平台或脚手架作业层当采用冲压钢脚手板时，板面冲孔内切圆直径应小于 25mm。

悬挑式脚手架、附着升降脚手架底层应采取可靠封闭措施。

人工挖孔桩孔口第一节护壁井圈顶面应高出地面不小于 200mm，孔口四周不得堆积弃渣、无关机具和其他杂物。挖孔作业人员的上方应设置护盖，吊弃渣斗不得装满，出渣时孔内作业人员应位于护盖下。吊运块状岩石前，孔内作业人员应出孔。

临近边坡的作业面、通行道路，当上方边坡的地质条件较差，或采用爆破方法施工边坡土石方时，应在边坡上设置阻拦网、插打锚杆或覆盖钢丝网进行防护。

拆除或拆卸作业应符合下列规定：（1）拆除或拆卸作业下方不得有其他人员；（2）不得上下同时拆除；（3）物件拆除后，临时堆放处离堆放结构边沿不应小于 1m，堆放高度不得超过 1m，楼层边口、通道口、脚手架边缘等处不得堆放任何拆下物件；（4）拆除或拆卸作业应设置警戒区域，并应由专人负责监督警戒；（5）拆除工程中，拆卸下的物件及余料和废料均应及时清理运走，构配件应向下传递或用绳递下，不得任意乱置或向下丢弃，散碎材料应采用溜槽顺槽溜下。

施工现场人员不应在起重机覆盖范围内和有可能坠物的地方逗留、休息。

2.19.6　机械伤害

施工现场应制定施工机械安全技术操作规程，建立设备安全技术档案。

机械应按出厂使用说明书规定技术性能、承载能力和使用条件，正确操作，合理使用，严禁超载、超速作业或任意扩大使用范围。

机械设备上的各种安全防护和保险装置及各种安全信息装置应齐全有效。

施工机械进场前应查验机械设备证件、性能和状况，并应进行试运转。作业前，施工技术人员应向操作人员进行安全技术交底。操作人员应熟悉作业环境和施工条件，并应听从指挥，遵守现场安全管理规定。

大型机械设备的地基基础承载力应满足安全使用要求，其安装、试机、拆卸应按使用说明书的要求进行，使用前应经专业技术人员验收合格。

操作人员应根据机械保养规定进行机械例行保养，机械应处于完好状态，并应进行维修保养记录。机械不得带病运转，检修前应悬挂"禁止合闸、有人工作"的警示牌。

清洁、保养、维修机械或电气装置前，必须先切断电源，等机械停稳后再进行操作。严禁带电或采用预约停送电时间的方式进行维修。

在机械使用、维修过程中，操作人员和配合作业人员应正确使用劳动保护用品，长发应束紧不得外露，高处作业应系安全带。

多班作业的机械应执行交接班制度，填写交接班记录，接班人员上岗前应进行检查。

施工现场应为机械提供道路、水电、机棚及停机场地等必备的作业条件，夜间作业应提供充足的照明。

机械行驶的场内道路应平整坚实，并应设置安全警示标识。多台机械在同一区域作业时，前后、左右应保持安全距离。

机械在临近坡、坑边缘及有坡度的作业现场（道路）行驶时，其下方受影响范围内不得有任何人员。

土石方机械作业时，应符合下列规定：（1）施工现场应设置警戒区域，悬挂警示标志，非工作人员不得入内；（2）机械回转作业时，配合人员应在机械回转半径以外工作，当须在安全距离以内工作时，应将机械停止并制动；（3）拖式铲运机作业中，人员不得上下机械设备、传递物件，以及在铲斗内、拖把或机架上坐立；（4）装载机转向架未锁闭时，不得站在前后车架之间进行检修保养；（5）土方运输车辆的行驶坡度不应大于10°；（6）强夯机械的夯锤下落后，在吊钩尚未降至夯锤吊环附近时，操作人员不得提前下坑挂锤；从坑中提锤时，挂钩人员不得站在锤上随锤提升。

混凝土搅拌机料斗提升时，人员不得在料斗下停留或通过；当须在料斗下进行清理或检修时，应将料斗提升至上止点，并应采用保险销锁牢或用保险链挂牢。

小型机具的使用应符合下列规定：（1）小型机具应有出厂合格证和操作说明书；（2）小型机具应制定管理制度，建立台账，并应按要求使用、维修和保养；（3）作业人员应了解所用机具性能，并应熟悉掌握其安全操作常识，施工中应正确佩戴各类安全防护用品；（4）手持电动工具的操作应符合现行国家标准《手持式、可移式电动工具和园林工具的安全 第1部分：通用要求》GB 3883.1的有关规定，并应配备安全隔离变压器、漏电保护器、控制箱和电源连接器；（5）作业人员不得站在不稳定的地方使用电动或气动工具，当需使用时，应有专人监护；（6）木工圆盘锯机上的旋转锯片应带有护罩，平刨应设置护手装置；（7）齿轮传动、皮带传动、连轴传动的小型机具应设置安全防护装置。

小型起重机具的使用应符合下列规定：（1）千斤顶应垂直安装在坚实可靠的基础上，底部宜采用垫木等垫平；（2）行走电动葫芦应设缓冲器，轨道两端应设挡板；电动葫芦不得超载起吊，起吊过程中，手不得握在绳索与吊物之间；（3）不得使用2台以上手拉葫芦同时起吊重物；（4）卷扬机卷筒上的钢丝绳应排列整齐，不得在传动中用手拉或脚踩钢丝绳。作业中，不得跨越卷扬机钢丝绳。卷筒剩余钢丝绳不得少于3圈。

停用一个月以上或封存的机械设备，应进行停用或封存前的保养工作，并应采取预防大风、碰撞等措施。

2.19.7 触电

施工现场临时用电设备在5台及以上或设备总容量在50kW及以上时，应编制施工现场临时用电组织设计，并应经审核和批准。

施工现场临时用电设备和线路的安装、巡检、维修或拆除，应由建筑电工完成。电工应经考核合格后，持证上岗工作；其他用电人员应通过安全教育培训和技术交底，经考核合格后方可上岗工作。

各类用电人员应掌握安全用电基本知识和所用设备的性能，并应遵守下列规定：（1）使用电气设备前应佩戴相应的劳动保护用品，并应检查电气装置和保护设施，设备不得带缺陷运转；（2）应保管和维护所用设备，发现问题应及时报告解决；（3）暂时停用设备的开关箱应分断电源隔离开关，并应上锁；（4）移动电气设备时，应切断电源并妥善处理后进行；（5）当遇有临时停电、停工、检修或移动电气设备时，应关闭电源。

施工现场临时配电线路应采用三相四线制电力系统，应采用TN-S接零保护系统，并应符合下列规定：(1) 配电电缆应包含全部工作芯线和用作保护零线或保护线的芯线，电缆线路应采用五芯电缆；(2) 电缆线路应采用埋地或架空敷设，不得沿地面明设，并应避免机械损伤和介质腐蚀；埋地电缆路径应设方位标志；(3) 地下埋设电缆应设防护管，与开挖作业边缘的距离不应小于 2m；架空线路应采用绝缘导线，不得使用裸线，并应沿墙或电杆作绝缘固定，架空线应架设在专用电杆上，不得架设在树木、脚手架及其他设施上；(4) 配电线路应有短路保护和过载保护；(5) 配电线路中的保护零线除应在配电室或总配电箱处作重复接地外，还应在配电线路的中间处和末端处作重复接地，重复接地电阻不应大于 10Ω；(6) 通往水上的岸电应采用绝缘物架设，电缆线应留有余量，作业过程中不得挤压或拉拽电缆线。

配电系统应设置配电柜或总配电箱、分配电箱、开关箱，实行三级配电，除应在末级开关箱内加漏电保护器外，还应在总配电箱再加装一级漏电保护器，总体形成两级保护，并应符合下列规定：(1) 配电柜应装设隔离开关及短路、过载、漏电保护器，电源隔离开关分断时应有明显的可见分断点；(2) 配电箱、开关箱应选用专业厂家定型、合格产品，并应使用 3C 认证的成套配电箱技术；(3) 配电箱、开关箱应设置在干燥、通风及常温场所，不得装设在瓦斯、烟气、潮湿及其他有害介质的场所；(4) 配电箱的电器安装板上应分设 N 线端子板和 PE 线端子板；N 线端子板应与金属电器安装板绝缘；PE 线端子板应与金属电器安装板作电气连接；进出线中的 N 线应通过 N 线端子板连接；PE 线应通过 PE 线端子板连接；(5) 配电箱、开关箱的金属箱体、金属电器安装板以及电器正常不带电的金属底座、外壳等应通过 PE 线端子板与 PE 线作电气连接，金属箱门与金属箱体应通过采用编织软铜线作电气连接；(6) 总配电箱和开关箱中两级漏电保护器的额定漏电动作电流和额定漏电动作时间应符合要求，漏电保护器的极数和线数应与其负荷侧负荷的相数和线数一致；(7) 配电箱、开关箱的电源进线端不得采用插头和插座作活动连接；(8) 配电箱、开关箱应定期检查、维修；检查和维修时，应挂接地线，并应悬挂"禁止合闸、有人工作"停电标志牌。停送电应由专人负责。

施工现场的用电设备应符合下列规定：(1) 每台用电设备应有各自专用的开关箱，不得用同一个开关箱直接控制 2 台及 2 台以上用电设备（含插座）；开关箱应装设隔离开关及短路、过载、漏电保护器，不得设置分路开关；(2) 各种施工机具和施工设施应做好保护零线连接；(3) 塔式起重机、施工升降机、滑动模板、爬升模板的金属操作平台、须设置避雷装置的物料提升机及其他高耸临时设施，除应连接 PE 线外，还应进行重复接地；(4) 对防雷接地的电气设备，所连接的 PE 线应同时作重复接地；(5) 对混凝土搅拌机、钢筋加工机械、木工机械、盾构机械等设备进行清理、检查、维修时，应首先将其开关箱分闸断电，呈现可见电源分断点，并关门上锁。

水上或潮湿地带的电缆线应绝缘良好，并应具有防水功能，电缆线接头应经防水处理。

施工照明应符合下列规定：

(1) 应根据作业环境条件选择适应的照明器具，特殊场所应使用安全特低电压照明器，并应符合下列规定：①隧道、人防工程、高温、有导电灰尘、比较潮湿或灯具离地面高度低于 2.5m 等场所的照明，电源电压不应大于 36V；②潮湿和易触及带电体场所的照明，电源电压不得大于 24V；③特别潮湿场所、导电良好的地面、锅炉或金属容器内的照明，电源电压不得大于 12V。

（2）使用行灯电源电压不大于 36V，灯体与手柄应坚固、绝缘良好并耐热耐潮湿，金属网、反光罩、悬吊挂钩固定在灯具的绝缘部位上。

（3）照明灯具的金属外壳应与 PE 线相连接，照明开关箱内应装设隔离开关、短路与过载保护电器和漏电保护器。

（4）室外 220V 灯具距地面不得低于 3m，室内 220V 灯具距地面不得低于 2.5m。

临时用电工程应定期检查，定期检查时应复查接地电阻值和绝缘电阻值，对发现的安全隐患应及时处理，并应履行复查验收手续。

施工现场脚手架、起重机械与架空线路的安全距离应符合相关标准要求，当不满足要求时，应采取有效的绝缘隔离防护措施。

2.19.8　起重伤害

起重机械安装拆卸工、起重机械司机、信号司索工应经专业机构培训，并应取得相应的特种作业人员从业资格，持证上岗。起重司机操作证应与操作机型相符，并应按操作规程进行操作。起重机作业应设专职信号指挥和司索人员，一人不得同时兼顾信号指挥和司索作业。

从事建筑起重机械安装、拆卸活动的单位应具有相应资质和建筑施工企业安全生产许可证，并在其资质许可范围内承揽建筑起重机械安装、拆卸工程。

起重机械安拆、吊装作业应编制专项施工方案，超过一定规模的起重吊装及起重机械安装拆卸工程，其专项施工方案应组织专家论证。起重机械作业前，施工技术人员应向操作人员进行安全技术交底。操作人员应熟悉作业环境和施工条件。

纳入特种设备目录的起重机械进入施工现场，应具有特种设备制造许可证、产品合格证、备案证明和安装使用说明书。起重机械进场组装后应履行验收程序，填写安装验收表，并经责任人签字，在验收前应经有相应资质的检验检测机构监督检验合格。

起重机械的辅助构件、附墙件应由原制造厂家或具有相应能力的专业厂家制造。安装起重设备的地基基础、起重机设备附着处应经过承载力验算并满足使用说明书要求。起重机械的起吊能力应按最不利工况进行计算，索具、卡环、绳扣等的规格应根据计算确定。吊索具系挂点位置和系挂方式应符合设计规定，设计无规定时应经计算确定。

起重机械安装所采用的螺栓、钢楔或木楔、钢垫板、垫木和电焊条等材质应符合设计要求。起重作业前应检查起重设备的钢丝绳及端部固接方式、滑轮、卷筒、吊钩、索具、卡环、绳环和地锚、缆风绳等，所有索具设备和零部件应符合安全要求。

起重机械的变幅限位器、力矩限制器、起重量限制器、防坠安全器、各种行程限位开关以及滑轮和卷筒的钢丝绳防脱装置、吊钩防脱钩装置等安全保护装置，应齐全有效，严禁随意调整或拆除。严禁利用限制器和限位装置代替操纵机构。

吊装大、重、新结构构件和采用新的吊装工艺前应先进行试吊。

高空吊装预制梁、屋架等大型构件时，应在构件两端设溜绳，作业人员不得直接推拉被吊运物。

双机抬吊宜选用同类型或性能相近的起重机，负载分配应合理，单机载荷不得超过额定起重量的 80%。两机位应协同起吊和就位，起吊速度应平稳缓慢。

门式起重机、架桥机、行走式塔式起重机等轨道行走类起重机械应设置夹轨器和轨道限位器。轨道的基础承载力、宽度、平整度、坡度、轨距、曲线半径等应满足说明书和设计要求。

塔式起重机的使用应符合下列规定：（1）塔式起重机基础应按使用说明书的要求进行设计，并应在地基验收合格后安装；基础应设置排水设施；（2）塔式起重机附着处的承载力应满足塔式起重机技术要求，附着装置的安装应符合使用说明书要求；（3）塔式起重机的高强螺栓应由专业厂家制造，高强螺栓不得进行焊接；安装高强螺栓时，应采用扭矩扳手或专业扳手，并应按装配技术要求预紧；（4）塔式起重机顶升加节应符合使用说明书要求；顶升前，应将回转下支座与顶升套架可靠连接，并应将塔式起重机配平；顶升时，不得进行起升、回转、变幅等操作；顶升结束后，应将标准节与回转下支座可靠连接；（5）塔式起重机加节后须进行附着的，应按先安装附着装置、后顶升加节的顺序进行。拆除作业时，应先降节，后拆除附着装置。

施工升降机的使用，应符合下列规定：（1）施工升降机应安装防坠安全器，防坠安全器应在 1 年有效标定期内使用，不得使用超过有效标定期的防坠安全器；（2）施工升降机使用期间，每 3 个月应进行不少于一次的额定载重量坠落试验；（3）升降机额定载重量、额定乘员数标牌应置于吊笼醒目位置，并应安装超载保护装置；（4）不得用行程限位开关作为停止运行的控制开关；（5）施工升降机每 3 个月应进行一次 1.25 倍额定载重量的超载试验，制动器性能应安全可靠；（6）施工升降机应设置附墙架，附墙架应采用配套标准产品，附墙架与结构物连接方式、角度应符合产品说明书要求；当标准附墙架产品不满足施工现场要求时，应对附墙架另行设计；（7）附墙架间距、最高附着点以上导轨架的自由高度应符合产品说明书要求。

装配式建筑施工应根据预制构件的外形、尺寸、重量，采用专用吊架配合预制构件吊装。

在装配式构件、大模板等待吊装构件上设置的吊环应符合下列规定：（1）吊环应采用 HPB300 级钢筋或 Q235 圆钢制作，不得采用冷加工钢筋制作，且每个吊环按 2 个截面计算，采用 HPB300 级钢筋时，吊环应力不应大于 $65N/mm^2$，采用 Q235 圆钢时，吊环应力不应大于 $50N/mm^2$；当一个构件上设有 4 个吊环时，应按 3 个吊环进行计算；（2）吊环锚入预制混凝土构件的深度不应小于 30 倍吊环钢筋直径，并应焊接或绑扎在钢筋骨架上；（3）装配式吊环与构件采用螺栓连接时应采用双螺母。

当多台起重机械在同一施工现场交叉作业时，应采取防撞的安全技术措施。多台塔式起重机在同一施工现场交叉作业时，应编制专项方案，低位塔式起重机的起重臂端与另一台塔式起重机的塔身之间的距离不得小于 2m，且高位塔式起重机的最低位置的部件与低位塔式起重机中处于最高位置部件之间的垂直距离不得小于 2m。

吊装作业区域四周应设置明显标志，严禁非操作人员入内。构件起吊时，所有人员不得站在吊物下方，并应保持一定的安全距离。

起重机械起吊的构件上不应有人、浮置物、悬挂物件，吊运易散落物件或吊运气瓶时，应使用专用吊笼。起重机严禁采用吊具载运人员。

吊运作业时，吊运材料应绑扎牢固，细长物件不得单点起吊。吊运散料时应使用料斗，严禁使用钢丝绳绑扎吊运。

被吊重物应确保在起重臂的正下方，严禁斜拉、斜吊，严禁吊装起吊重量不明、埋于地下或粘结在地面上的构件。

起重吊装作业的操作控制应符合下列规定：（1）吊运重物起升或下降速度应平稳、均匀；（2）起重机主、副钩不应同时作业；（3）起重机在满负荷或接近满负荷时，不得进行增大幅度方向的动作或同时进行两个动作；（4）起重机回转未停稳时，不得反向动作。

暂停作业时，吊装作业中未形成稳定体系的部分，必须采取临时固定措施。临时固定的构件，应在完成永久固定后方可解除临时固定措施。

在风速达到9m/s及以上或大雨、大雪、大雾等恶劣天气时，严禁进行起重机械的安装拆卸作业。在风速达到12m/s及以上或大雨、大雪、大雾等恶劣天气时，应停止露天的起重吊装作业。

雨雪后进行吊装时，应清理积水、积雪，并应采取防护措施，作业前应先试吊。

2.19.9　其他易发事故

1. 淹溺

基坑和顶管工程施工时，应采取防淹溺措施，并应符合下列规定：（1）基坑、顶管工作井周边应有良好的排水系统和设施，避免坑内出现大面积、长时间积水；（2）采用井点降水时，降水井口应设置防护盖板或围栏，并应设置明显的警示标志，完工后应及时回填降水井；（3）对场地内开挖的槽、坑、沟及未竣工建筑内修建的蓄水池、化粪池等坑洞，当积水深度超过0.5m时，应采取有效的防护措施，夜间应设红灯警示。

地下水丰富地带的人工挖孔桩工程或在雨季施工的挖孔桩工程，应采取场地截水、排水措施，下孔作业前应配备抽水设备及时排除孔内积水，井底抽水作业时，人员不得下孔作业。渗水量过大时，应采取降水措施。

隧道及竖井、斜井施工应采取排水措施，并应符合下列规定：（1）隧道内反坡排水应根据距离、坡度、水量和设备情况确定反坡排水方案。抽水设备排水能力应大于排水量的20%，并应有备用台数；（2）隧道内顺坡排水应设置排水沟，其沟断面应满足隧道排水需要；（3）膨胀岩、土质地层、围岩松软地段应铺砌水沟或用管槽排水；（4）遇渗漏水面积或水量突然增加时，应立即停止施工，人员撤至安全地点；（5）竖井应边掘进边排水，涌水量较大地段应分段截排水；（6）竖井、斜井的井底应设置排水泵站，排水泵站应设置在铺设排水管的井身附近，并留有增加水泵的余地；（7）抽水设备应有备用电源；（8）水箱、集水坑处应设置警示标志，并对设备进行挡护。

围堰施工过程及围堰内作业过程中，应监控水位水情变化，根据施工区实测水位和水情预报、海事预报等信息做好相应水情变化应对工作。筑岛围堰应高出施工期间可能出现的最高水位0.7m以上。

钢板桩工程施工应采取防止淹溺的安全技术措施，并应符合下列规定：（1）地下水位较高时，应采用止水、导水、排水等措施；（2）施工过程中对钢板桩围护结构桩间等薄弱部位应设专人监视；若出现少量渗漏，应及时处理，并先堵漏后开挖；当出现大量涌水时，应及时抽排水，并回填干砌片石，注浆加固，待排除渗漏后再开挖。

桥梁工程水上施工作业应采取防止淹溺事故的安全技术措施，并应符合下列规定：（1）水上作业平台周边应按临边作业要求设置防护栏杆，平台应满铺脚手板，人员上下通道应设安全网，并应设置多条安全通道；（2）水上作业时，作业人员应佩戴救生衣，穿防滑鞋，并应配备救生船、救生绳、救生梯、救生网等救生工具；上下游应设置浮绳，并应配备一定数量的固定式防水灯，夜间应有足够的照明；（3）应做好雨水水情通报工作，收集气象、水文信息，并应在河流上游设置水位尺，安排专人负责水情预报、预警、信号传递，遇到水位发生上涨时，应每小时通报一次，当水位超过警戒水位时，应立即启动应急预案。

潜水施工作业应符合下列规定：（1）潜水员应经专业机构培训，并应取得相应的从业资格；（2）现场应配备急救箱及相应的急救器具；（3）应控制潜水最大深度并采取减压措施；（4）应严格控制潜水员的作业时间和替换周期；（5）潜水员下水作业时应有专人值守。

2. 冒顶片帮

在隧道工程施工中应制定预防冒顶片帮的安全专项施工方案和事故应急预案，施工前应进行安全技术交底和交底培训。

穿越特殊不良地质或围岩自稳性差的地段的隧道时，应按设计要求进行超前支护或预加固处理，并应对加固效果进行验证。

隧道拱顶或侧墙穿越洞穴前应按设计要求对洞穴进行填充，符合设计要求后方可进行洞身开挖。

隧道应按设计要求进行开挖，各开挖工序应相互衔接，应按监控结果进行施工方法调整，并应根据围岩的等级控制每循环进尺。

开挖工作面爆破后，应进行敲帮问顶工作，并应按先机械后人工的顺序找顶，确认安全后，其他作业人员方可进入工作面进行下一道工序作业。

隧道工作面开挖后应按要求及时施作初期支护，并应封闭成环，严禁岩层裸露时间过长，Ⅲ、Ⅳ、Ⅴ级围岩封闭位置距离掌子面不得大于 3.5m。施工中应随时观察支护各部位，当支护变形或损坏时，作业人员应及时撤离现场。

隧道初期支护结构施工应确保锚杆、超前小导管、锁脚锚杆、钢拱架、喷射混凝土的施工质量。

隧道开挖过程中应及时收集、验证地质资料，根据围岩地质变化情况和环境工况变化情况，并结合监控量测反馈信息，及时调整支护参数，并选择相匹配的开挖方法和步序。必要时应实施物探、钻探等措施探明地质情况，并应制定相应措施。

隧道仰拱施工应符合下列规定：（1）仰拱开挖前应完成钢架锁脚锚杆施作；（2）Ⅳ级及以上围岩仰拱每循环开挖长度不得大于 3m，仰拱应分段一次整幅浇筑，不得分幅施作，并应根据围岩情况严格限制分段长度；（3）仰拱与掌子面的距离，Ⅲ级围岩不得超过 90m，Ⅳ级围岩不得超过 50m，Ⅴ级及以上围岩不得超过 40m；（4）仰拱开挖后应立即施作初期支护，并应与拱墙初期支护封闭成环。

软弱围岩及不良地质地段隧道的二次衬砌应及时施作，二次衬砌距掌子面的距离，对Ⅳ级围岩不得大于 90m，对Ⅴ级及以上围岩不得大于 70m。

隧道施工应编制专项监控量测方案，明确监测项目、监测点布置、监测方法、监测频率和监测预警值，并应按方案实施监控量测，出现异常时，应立即停止作业，查明原因，采取处置措施并确保监测数据正常后，方可进行后续施工，严禁盲目冒进。

软弱围岩隧道开挖掌子面至二次衬砌之间应设置逃生通道，并应随开挖进尺不断前移。逃生通道的承载力、刚度应满足安全要求，逃生通道距离开挖掌子面不得大于20m，通道内径不宜小于0.8m。

3. 透水

当隧道穿越富水地层、岩溶地质、地下采空区等不良地质段时，施工中应制定防止透水事故的安全专项施工方案和事故应急预案，并应在施工前对作业人员进行安全培训和技术交底。

隧道施工前应对可能出现透水地段地表上方河流、池塘及地下排水管线、岩溶区、地下采空区等进一步进行详细调查、分析，掌握涌水量、补给方式、分布范围、变化规律及水质成分等，并对地下水对施工的影响进行评价，制定治理措施。

隧道工程施工穿越含水层时应根据具体情况适时组织物探、钻探、钎探、监测工作。应观测记录岩层产状、岩性、构造、裂隙、岩溶的发育、钻孔涌水及充填情况，做好预报工作。

穿越富水底层的隧道开挖及支护各道工序应紧密衔接，应采用对围岩扰动小的掘进方式，钻爆作业应控制起爆药量和循环进尺，并结合监控量测信息，及时施作二次衬砌。

当发生强降雨可能造成地下工程透水补给时，应暂停隧道施工作业，待检查无误后再进洞作业。

隧道工程施工应设置照明设施，隧道进出道路应修整平整。

地下水位以下的基坑、顶管或挖孔桩施工，应根据地质钻探资料和工程实际情况，采取降水或抗渗维护措施。当有地下承压水时，应事先探明承压水头和不透水层的标高和厚度，并对坑底土体进行抗浮托能力计算，当不满足抗浮托要求时，应采取措施降低承压水头。

4. 爆炸和放炮

爆破作业和爆破器材的采购、运输和储存等应按现行国家标准《爆破安全规程》GB 6722的有关规定执行。严禁使用不合格、自制、来路不明的爆炸物及爆破器材；当日剩余的爆炸物品应经现场负责人、爆破员、安全员清点后由爆破员或安全员退回仓库储存，并应进行退库登记，严禁私自带回宿舍或私自储存。

施工现场气瓶使用应符合下列规定：（1）气瓶应设置防震圈和防护帽，使用时应安装减压器，不得倾倒或暴晒；（2）乙炔瓶应安装回火防止器；（3）气瓶应分类存放，氧气瓶和乙炔瓶放置间距应大于5m，气瓶到动火点的距离不应小于10m；（4）不得以氢气瓶充装氧气，也不得用氧气瓶充装乙炔气；（5）不得用氧气代替压缩空气作为气动工具的动力源。

有瓦斯或粉尘爆炸危险的隧道施工时，应采取防止瓦斯或粉尘爆炸事故的安全技术措施，并应符合下列规定：（1）应配置专职的瓦斯监测员，并应进行岗前培训教育；（2）进入隧道的机械设备、电器设备、车辆应满足防爆要求；（3）爆破时应使用煤矿许用的瞬发或毫秒雷管；使用的毫秒雷管的总延期时间不得超过130ms，不得使用秒、半秒延期电雷管和导爆管雷管；（4）应进行全隧道和各工区的施工通风设计，并应根据爆破排烟量、同时工作的最多人数以及瓦斯绝对涌出量计算风量，布设通风设施；（5）爆破前应对作业面20m以内进行洒水降尘，爆破作业面20m以内，瓦斯浓度应低于1%；（6）瓦斯隧道施工期间，应建立瓦斯通风监控、检测的组织系统，测定气象参数、瓦斯浓度、风速、风量等参数。

从事爆破工作的爆破员、安全员和保管员应经专业机构培训，并应取得相应的从业资格。

爆破作业单位实施爆破项目前，应办理审批手续，经批准后方可实施爆破作业。

预裂爆破、光面爆破、大型土石方爆破、水下爆破、重要设施附近及其他环境复杂、技术要求高的爆破工程应编制爆破设计方案，制定相应的安全技术措施；其他爆破工程可编制爆破说明书，并应经有关部门审批同意。

经审批的爆破作业项目，爆破作业单位应于施工前 3 天发布公告，并应在作业地点周围张贴，施工公告应明确工程负责人及联系方式、爆破作业时限等。

爆破作业应符合下列规定：（1）爆破作业应设警戒区和警戒哨岗，配备警戒人员和警戒设施，警戒人员应与爆破指挥部信息畅通。起爆前应撤出人员并应发出声光等警示信号；起爆后检查人员应在安全等待时间过后方可进入爆破警戒区范围内进行检查，并应在确认安全后，方可由爆破指挥部发出解除爆破警戒信号，在此之前，岗哨不得撤离，非检查人员不得进入爆破警戒范围；（2）钻孔装药作业应由爆破工程技术人员指挥、爆破员操作，并应按爆破设计方案进行网络连接。钻孔装药应拉稳药包提绳，配合送药杆进行。在雷管和起爆药包放入之前发生卡塞时，应采用长送药杆处理，装入起爆药包后，不得使用任何工具冲击和积压；（3）长度小于 300m 的隧道，起爆站应设在洞口侧面 50m 以外，其余隧道洞内起爆站距爆破位置不得小于 300m；（4）盲炮检查应在爆破 15min 后实施，发现盲炮应立即设立安全警戒，及时报告并由原爆破人员处理。电力起爆发生盲炮时应立即切断电源，爆破网络应置于短路状态。

5. 中毒和窒息

在易产生有毒有害气体的狭小或密闭的缺氧空间作业前，应检测有毒有害气体和氧含量，根据检测结果及时通风或排风，并应符合下列规定：（1）地下管道、烟道、涵洞施工前，应强制送风，且空气中有毒有害气体和氧含量符合要求后方可作业，并应保持空气流通；（2）当挖孔桩开挖深度超过 5m 或有特殊要求时，下孔作业前，应采取机械送风，送风量不应小于 25L/s；（3）当隧道施工独头掘进长度超过 150m 时，应采用机械通风，每人供应新鲜空气量不应小于 $3m^3/min$，风速不得大于 6m/s，全断面开挖时风速不应小于 0.15m/s，导洞内不得小于 0.15m/s，风管出口距离掌子面不得大于 15m；作业前应检测有毒有害气体；（4）作业过程中，应监测作业场所空气中氧含量的变化，作业环境空气中氧含量不得小于 19.5%；（5）不得用纯氧进行通风换气。

在狭小或密闭空间进行电焊、油漆、明火等作业时，应保持空气流通。

在密闭容器内使用氩气、二氧化碳或氦气进行焊接作业时，应在作业过程中通风换气，氧含量不得小于 19.5%。

在已确定为缺氧作业环境的场所作业时，应有专人监护，并应采取下列措施：（1）无关人员不得进入缺氧作业场所，并应在醒目处设置警示标志；（2）作业人员应配备并使用空气呼吸器或软管面具等隔离式呼吸保护器具，不得使用过滤式面具；（3）当存在因缺氧而坠落的危险时，作业人员应使用安全带，并在适当位置可靠地安装必要的安全绳网设备；（4）在每次作业前，应检查呼吸器具和安全带，发现异常应立即更换，不得勉强使用；（5）在作业人员进入缺氧作业场所前和离开时应清点人数。

当进行钻探、挖掘隧道等作业时，应采用试钻等方法进行预测调查。当发现有硫化氢、二氧化碳或甲烷等有害气体逸出时，应先确定处理方法，调整作业方案，再进行作业。

在通风条件差的地下管道、烟道、涵洞等作业场所，当配备二氧化碳灭火器时，应将灭火器放置牢固。二氧化碳灭火器的有效期应符合说明书要求，放置灭火器的位置应设立明显的标志。

施工现场宿舍内不得使用明火取暖，同时应保持房间通风。冬季宿舍内不得使用电热毯取暖。

第3章 新材料、新设备

第1节 钢筋锚固板、钢筋套筒灌浆连接技术

3.1.1 钢筋锚固板连接技术

钢筋锚固板连接技术是将螺帽与垫板合二为一的锚固板通过螺纹与钢筋端部相连形成锚固装置的技术。其工作的机理是，钢筋的锚固力全部由锚固板承担或由锚固板和钢筋的粘结力共同承担（原理见图3-1），从而减少钢筋的锚固长度，其与传统的钢筋锚固技术相比，可减少钢筋锚固长度40%以上，节约锚固钢筋40%以上。在复杂节点采用钢筋锚固板技术，还可简化钢筋工程施工，减少钢筋密集拥堵绑扎困难，改善节点受力性能，提高混凝土浇筑质量。钢筋锚固板连接技术主要适用于：用锚固板钢筋代替传统弯筋，用于框架结构梁柱节点；代替传统弯筋和直钢筋锚固，用于简支梁支座、梁或板的抗剪钢筋。

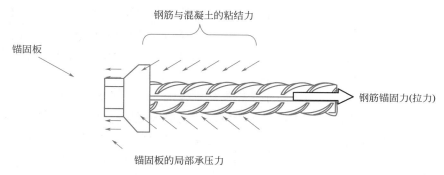

图 3-1 带锚固板钢筋的受力机理示意图

1. 锚固板的分类与尺寸

锚固板有多种类型，按材料分有球墨铸铁锚固板、钢板锚固板、锻钢锚固板、铸钢锚固板；按形状分有圆形锚固板、方形锚固板、长方形锚固板；按厚度分有等厚锚固板、不等厚锚固板；按连接方式分有螺纹连接锚固板、焊接连接锚固板；按受力性能分有部分锚固板、全锚固板。

部分锚固板是指依靠锚固长度范围内钢筋与混凝土的粘结作用和锚固板承压面的承压作用共同承担钢筋规定锚固力的锚固板。全锚固板是指全部依靠锚固板承压面的承压作用承担钢筋规定锚固力的锚固板。

锚固板选用应符合下列规定：（1）全锚固板承压面积不应小于锚固钢筋公称面积的9倍；（2）部分锚固板承压面积不应小于锚固钢筋公称面积的4.5倍；（3）锚固板厚度不应小于锚固钢筋公称直径；（4）当采用不等厚或长方形锚固板时，除应满足上述面积和厚度要求外，还应通过省部级的产品鉴定；（5）采用部分锚固板锚固的钢筋公称直径不宜大于40mm；（6）当公称直径大于40mm的钢筋采用部分锚固板锚固时，应通过试验验证确定

其设计参数。

2. 钢筋锚固板的性能要求

锚固板原材料通常为球墨铸铁、钢板、锻钢和铸钢，其牌号宜选用表 3-1 中的牌号，且应满足表 3-1 的力学性能要求；当锚固板与钢筋采用焊接连接时，锚固板原材料应符合《钢筋焊接及验收规程》JGJ 18 对连接件材料的可焊性要求。

锚固板原材料力学性能要求　　　　　　　表 3-1

锚固板原材料	牌号	抗拉强度 σ_s（N/mm²）	屈服强度 σ_b（N/mm²）	伸长率 δ（%）
球墨铸铁	QT450-10	≥450	≥310	≥10
钢板	45	≥600	≥355	≥16
钢板	Q345	450~630	≥325	≥19
锻钢	45	≥600	≥355	≥16
锻钢	Q235	370~500	≥225	≥22
铸钢	ZG230-450	≥450	≥230	≥22
铸钢	ZG270-500	≥500	≥270	≥18

钢筋应符合《钢筋混凝土用钢　第 2 部分：热轧带肋钢筋》GB/T 1499.2 及《钢筋混凝土用余热处理钢筋》GB 13014 的有关规定。采用部分锚固板的钢筋不应采用光圆钢筋。采用全锚固板的钢筋可选用光圆钢筋，光圆钢筋应符合《钢筋混凝土用钢　第 1 部分：热轧光圆钢筋》GB/T 1499.1 的有关规定。

钢筋锚固板试件的极限拉力不应小于钢筋达到极限强度标准值时的拉力 $f_{stk}A_s$。钢筋锚固板在混凝土中的锚固极限拉力不应小于钢筋达到极限强度标准值时的拉力 $f_{stk}A_s$。

锚固板与钢筋的连接宜选用直螺纹连接，连接螺纹的公差带应符合《普通螺纹 公差》GB/T 197 中 6H、6f 级精度规定。采用焊接连接时，宜选用穿孔塞焊，其技术要求应符合《钢筋焊接及验收规程》JGJ 18 的有关规定。

3. 采用部分锚固板基本要求

（1）一类环境中设计使用年限为 50 年的结构，锚固板侧面和端面的混凝土保护层厚度不应小于 15mm；更长使用年限结构或其他环境类别时，宜按照《混凝土结构设计规范》GB 50010 的相关规定增加保护层厚度，也可对锚固板进行防腐处理。

（2）钢筋的混凝土保护层厚度应符合《混凝土结构设计规范》GB 50010 的有关规定，锚固长度范围内钢筋的混凝土保护层厚度不宜小于 $1.5d$；锚固长度范围内应配置不少于 3 根箍筋，其直径不应小于纵向钢筋直径的 0.25 倍，间距不应大于 $5d$，且不应大于 100mm，第 1 根箍筋与锚固板承压面的距离应小于 $1d$；锚固长度范围内钢筋的混凝土保护层厚度大于 $5d$ 时，可不设横向箍筋。

（3）钢筋净间距不宜小于 $1.5d$。

（4）锚固长度 l_{ab} 不宜小于 $0.4l_{ab}$（或 $0.4l_{abE}$）；对于 500MPa、400MPa、335MPa 级钢筋，锚固区混凝土强度等级分别不宜低于 C35、C30、C25。

（5）纵向钢筋不承受反复拉、压力，且满足下列条件时，锚固长度 l_{ab} 可减小

至 $0.3l_{ab}$。

① 锚固长度范围内钢筋的混凝土保护层厚度不小于 $2d$。

② 对 500MPa、400MPa、335MPa 级钢筋，锚固区的混凝土强度等级分别不低于 C40、C35、C30。

（6）梁、柱或拉杆等构件的纵向受拉主筋采用锚固板集中锚固于与其正交或斜交的边柱、顶板、底板等边缘构件时（图 3-2），锚固长度 l_{ab} 除应符合采用部分锚固板基本要求中的第（4）条或第（5）条的规定外，宜将钢筋锚固板延伸至正交或斜交边缘构件对侧纵向主筋内边。

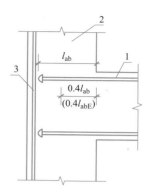

图 3-2 钢筋锚固板在边缘构件梁中的锚固示意图
1—构件纵向受拉主筋；
2—边缘构件；
3—边缘构件对侧纵向主筋

4. 采用全锚固板的基本要求

（1）全锚固板的混凝土保护层厚度应按前述采用部分锚固板中的规定执行。

（2）钢筋的混凝土保护层厚度不宜小于 $3d$。

（3）钢筋净间距不宜小于 $5d$。

（4）钢筋锚固板用做梁的受剪钢筋、附加横向钢筋或板的抗冲切钢筋时，应在钢筋两端设置锚固板，并应分别伸至梁或板主筋的上侧和下侧定位（图 3-3）；墙体拉结筋的锚固板宜置于墙体内层钢筋外侧。

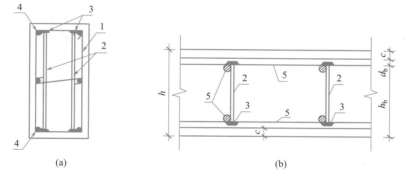

图 3-3 梁、板中钢筋锚固板设置
（a）梁中钢筋锚固板；（b）板中钢筋锚固板
1—箍筋；2—钢筋锚固板；3—锚固板；4—梁主筋；5—板主筋

（5）500MPa、400MPa、300MPa 级钢筋采用全锚固板时，混凝土强度等级分别不宜低于 C35、C30、C25。

3.1.2 钢筋套筒灌浆连接

钢筋套筒灌浆连接（简称套筒灌浆连接）是在金属套筒中插入单根带肋钢筋并注入灌浆料拌合物，通过拌合物硬化形成整体并实现传力的钢筋对接连接，如图 3-4 所示。套筒灌浆连接应用于装配式混凝土结构中竖向构件钢筋对接时，金属灌浆套筒常预埋在竖向预制混凝土构件底部，连接时在灌浆套筒中插入带肋钢筋后注入灌浆料拌合物，也有灌浆套筒预埋在竖向预制构件顶部的情况，连接时在灌浆套筒中倒入灌浆料拌合物后再插入带肋钢筋。钢筋套筒灌浆连接也可应用于预制构件及既有建筑与新建结构相连时的水平钢筋连接。

图 3-4　钢筋套筒灌浆连接

钢筋套筒灌浆连接所用的材料包括带肋钢筋、钢筋连接用灌浆套筒和灌浆料。

1. 带肋钢筋

套筒灌浆连接的钢筋应采用符合现行国家标准《钢筋混凝土用钢　第 2 部分：热轧带肋钢筋》GB 1499.2 和《钢筋混凝土用余热处理钢筋》GB 13014 要求的带肋钢筋。钢筋直径不宜小于 12mm，且不宜大于 40mm。

2. 灌浆套筒

钢筋连接用灌浆套筒按加工方式分为铸造灌浆套筒和机械加工灌浆套筒；按结构形式分为全灌浆和半灌浆套筒，如图 3-5 所示。半灌浆套筒按非灌浆一端连接方式分为滚轧直

尺寸：
L——灌浆套筒总长；
L_0——锚固长度；
L_1——预制端预留钢筋安装调整长度；
L_2——现场装配端预留钢筋安装调整长度；
t——灌浆套筒壁厚；
d——灌浆套筒外径；
D——内螺纹的公称直径；
D_1——内螺纹的基本直径；
D_2——半灌浆套筒螺纹端与灌浆端连接处的通孔直径；
D_3——灌浆套筒锚固段环形突起部分的内径。

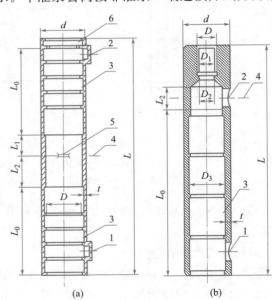

(a)　(b)

注：D_2不包括灌浆孔、排浆孔外侧因导向、定位等其他目的而设置的比锚固段环形突起内径偏小的尺寸，D_3可以为非等截面。

图 3-5　灌浆套筒示意图

（a）全灌浆套筒；（b）半灌浆套筒

1—灌浆孔；2—排浆孔；3—剪力槽；4—强度验算用截面；5—钢筋限位挡块；6—安装密封垫的结构

螺纹灌浆套筒、剥肋滚轧直螺纹灌浆套筒和镦粗直螺纹灌浆套筒。

（1）型号。灌浆套筒型号由名称代号、分类代号、主参数代号和产品更新变型代号组成，灌浆套筒主参数为被连接钢筋的强度级别和直径，灌浆套筒型号如下所示。

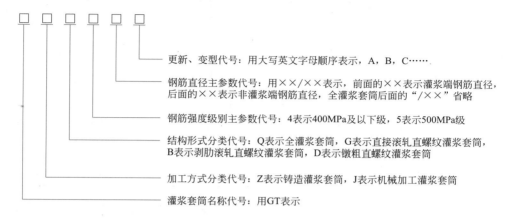

更新、变型代号：用大写英文字母顺序表示，A，B，C……

钢筋直径主参数代号：用××/××表示，前面的××表示灌浆端钢筋直径，后面的××表示非灌浆端钢筋直径，全灌浆套筒后面的"/××"省略

钢筋强度级别主参数代号：4表示400MPa及以下级，5表示500MPa级

结构形式分类代号：Q表示全灌浆套筒，G表示直接滚轧直螺纹灌浆套筒，B表示剥肋滚轧直螺纹灌浆套筒，D表示镦粗直螺纹灌浆套筒

加工方式分类代号：Z表示铸造灌浆套筒，J表示机械加工灌浆套筒

灌浆套筒名称代号：用GT表示

示例：

① 连接标准屈服强度为400MPa、直径40mm钢筋，采用铸造加工的全灌浆套筒表示为：GTZQ4 40。

② 连接标准屈服强度为500MPa钢筋，灌浆端连接直径36mm钢筋，非灌浆端连接直径32mm钢筋，采用机械加工方式加工的剥肋滚轧直螺纹灌浆套筒的第一次变型表示为：GTJB5 36/32A。

（2）材料性能。铸造灌浆套筒宜选用球墨铸铁，机械加工灌浆套筒宜选用优质碳素结构钢、低合金高强度结构钢、合金结构钢或其他符合要求的钢材。球墨铸铁灌浆套筒的材料性能如表 3-2 所示，各类钢质机械加工灌浆套筒的材料性能如表 3-3 所示，灌浆套筒尺寸偏差如表 3-4 所示。

球墨铸铁灌浆套筒的材料性能　　　　　　　　　　　　　　　　表 3-2

项目	性能指标
抗拉强度 σ_b（N/mm^2）	≥550
断后伸长率 δ（%）	≥5
球化率（%）	≥85
硬度（HBW）	180～250

各类钢质机械加工灌浆套筒的材料性能　　　　　　　　　　　　表 3-3

项目	性能指标
屈服强度 σ_s（N/mm^2）	≥355
抗拉强度 σ_b（N/mm^2）	≥600
断后伸长率 δ（%）	≥16

灌浆套筒尺寸偏差表　　　　　　　　　　　　表 3-4

序号	项目	灌浆套筒尺寸偏差					
		铸造灌浆套筒			机械加工灌浆套筒		
1	钢筋直径(mm)	12～20	22～32	36～40	12～20	22～32	36～40
2	外径允许偏差(mm)	±0.8	±1.0	±1.5	±0.6	±0.8	±0.8
3	壁厚允许偏差(mm)	±0.8	±1.0	±1.2	±0.5	±0.6	±0.8
4	长度允许偏差(mm)	±(0.01×L)			±2.0		
5	锚固段环形突起部分的内径允许偏差(mm)	±1.5			±1.0		
6	锚固段环形突起部分的内径最小尺寸与钢筋公称直径差值(mm)	≥10			≥10		
7	直螺纹精度	—			GB/T 197 中 6H 级		

（3）力学性能。灌浆套筒应与灌浆料匹配使用，采用灌浆套筒连接钢筋接头的抗拉强度应符合《钢筋机械连接技术规程》JGJ 107 中Ⅰ级接头的规定。

（4）外观。铸造灌浆套筒内外表面不应有影响使用性能的夹渣、冷隔、砂眼、缩孔、裂纹等质量缺陷。机械加工灌浆套筒表面不应有裂纹或影响接头性能的其他缺陷，端面和外表面的边棱处应无尖棱、毛刺。灌浆套筒外表面应标识清晰。灌浆套筒表面不应有锈皮。

3. 钢筋连接用套筒灌浆料

钢筋连接用套筒灌浆料（简称"套筒灌浆料"）是以水泥为基本材料，配以细骨料及混凝土外加剂和其他材料组成的干混料，加水搅拌后具有良好的流动性及早强、高强、微膨胀等性能，填充于套筒和带肋钢筋间隙内的干粉料。套筒灌浆料的性能应符合表 3-5 的规定。

套筒灌浆料的性能　　　　　　　　　　　　表 3-5

检测项目		性能指标
流动度(mm)	初凝	≥300
	30min	≥260
抗压强度(MPa)	1d	≥35
	3d	≥60
	28d	≥85
竖向膨胀率(%)	3h	0.02
	24h 与 3h 差值	0.02～0.50
氯离子含量(%)		≤0.03
泌水率(%)		0

套筒灌浆料应与灌浆套筒匹配使用，钢筋套筒灌浆连接接头应符合《钢筋机械连接技术规程》JGJ 107 中Ⅰ级接头的规定。套筒灌浆料应按产品设计（说明书）要求的用水量进行配制。拌合用水应符合《混凝土用水标准》JGJ 63 的相关规定。套筒灌浆料使用温度

不宜低于 5℃。

4. 设计要求

采用钢筋套筒灌浆连接的混凝土结构，设计应符合国家现行标准《混凝土结构设计规范》GB 50010、《建筑抗震设计规范》GB 50011、《装配式混凝土结构技术规程》JGJ 1 的有关规定。

采用套筒灌浆连接的构件混凝土强度等级不宜低于 C30。当装配式混凝土结构采用套筒灌浆连接接头时，全部构件纵向受力钢筋可在同一截面上连接。混凝土结构中全截面受拉构件同一截面不宜全部采用钢筋套筒灌浆连接。

采用套筒灌浆连接的混凝土构件设计应符合下列规定：（1）接头连接钢筋的强度等级不应高于灌浆套筒规定的连接钢筋强度等级；（2）接头连接钢筋的直径规格不应大于灌浆套筒规定的连接钢筋直径规格，且不宜小于灌浆套筒规定的连接钢筋直径规格一级以上；（3）构件配筋方案应根据灌浆套筒外径、长度及灌浆施工要求确定；（4）构件钢筋插入灌浆套筒的锚固长度应符合灌浆套筒参数要求；（5）竖向构件配筋设计应结合灌浆孔、出浆孔位置；（6）底部设置键槽的预制柱，应在键槽处设置排气孔。

混凝土构件中灌浆套筒的净距不应小于 25mm。混凝土构件的灌浆套筒长度范围内，预制混凝土柱箍筋的混凝土保护层厚度不应小于 20mm，预制混凝土墙最外层钢筋的混凝土保护层厚度不应小于 15mm。

第 2 节　夹心保温墙板技术指标

夹心保温墙板（又称"三明治夹心保温墙板"）是指把保温材料夹在两层混凝土墙板（内叶墙、外叶墙）之间形成的复合墙板（图 3-6），可达到增强外墙保温节能性能，减小外墙火灾危险，提高墙板保温寿命从而减少外墙维护费用的目的。适用于高层及多层装配式剪力墙结构外墙、高层及多层装配式框架结构非承重外墙挂板、高层及多层钢结构非承重外墙挂板等外墙形式，可用于各类居住与公共建筑。

图 3-6　夹心保温墙板

3.2.1　夹心保温墙板组成、分类与适用范围

夹心保温墙板一般由内叶墙、保温板、拉接件和外叶墙组成（图 3-7），形成类似于三明治的构造形式。内叶墙和外叶墙一般为钢筋混凝土材料，保温板一般为 B1 或 B2 级有机

保温材料，拉接件一般为FRP高强复合材料或不锈钢材质。

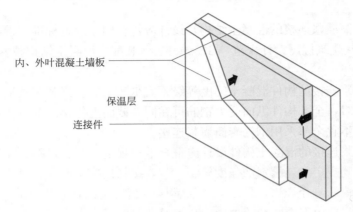

内、外叶混凝土墙板

保温层

连接件

图3-7　夹心保温墙板示意图

根据受力特点，夹心保温墙板可分为非组合夹心保温墙板、组合夹心保温墙板和部分组合夹心保温墙板。非组合夹心保温墙板内外叶混凝土受力相互独立，易于计算和设计，可适用于各种高层建筑的剪力墙和围护墙；组合夹心保温墙板的内外叶混凝土需要共同受力，一般只适用于单层建筑的承重外墙或作为围护墙；部分组合夹心保温墙板的受力介于组合和非组合之间，受力非常复杂，计算和设计难度较大，其应用方法及范围有待进一步研究。

非组合夹心墙板一般由内叶墙承受所有的荷载作用，外叶墙起到保温材料的保护层作用，两层混凝土之间可以产生微小的相互滑移，保温拉接件对外叶墙的平面内变形约束较小，可以释放外叶墙在温差作用下的产生的温度应力，从而避免外叶墙在温度作用下产生开裂，使得外叶墙、保温板与内叶墙和结构同寿命。我国装配式混凝土结构预制外墙主要采用的是非组合夹心墙板。

夹心保温墙板中的保温拉接件布置应综合考虑墙板生产、施工和正常使用工况下的受力安全和变形影响。

3.2.2　夹心保温墙板技术指标

1. 材料的要求

（1）混凝土、钢筋和钢材

预制夹心外墙板采用的混凝土，力学性能指标和耐久性要求等应符合现行国家标准《混凝土结构设计规范》GB 50010的有关规定；设计强度等级不应低于C30。与建筑物主体结构现浇连接部分的混凝土设计强度等级不应低于预制夹心外墙板的混凝土设计强度等级。

预制夹心外墙板采用的钢筋，性能指标和要求应符合现行国家标准《混凝土结构设计规范》GB 50010的有关规定；宜采用钢筋焊接网，钢筋焊接网应符合现行国家标准《钢筋混凝土用钢 第3部分：钢筋焊接网》GB/T 1499.3和行业标准《钢筋焊接网混凝土结构技术规程》JGJ 114的有关规定；吊环应采用未经冷加工的HPB300级钢筋或Q235B圆钢制作。吊装用内埋式螺母或吊杆的材料应符合现行国家相关标准及产品应用技术文件的有关规定。

预制夹心外墙板采用的钢材，力学性能指标和耐久性要求等应符合现行国家标准《钢结构设计标准》GB 50017 的有关规定。

（2）保温材料

预制夹心外墙板可采用有机类保温板和无机类保温板作为夹心保温材料，其产品性能指标和要求等应符合相应的标准要求。保温材料燃烧性能等级应符合现行国家标准《建筑设计防火规范》GB 50016 的有关规定，且不应低于现行国家标准《建筑材料及制品燃烧性能分级》GB 8624 中 B_1 级的要求，其他性能还应符合下列规定。

① 聚苯乙烯应符合下列规定：

A. 模塑聚苯乙烯板应符合现行国家标准《模塑聚苯板薄抹灰外墙外保温系统材料》GB/T 29906 的有关规定；

B. 挤塑聚苯乙烯板应符合现行国家标准《绝热用挤塑聚苯乙烯泡沫塑料（XPS）》GB/T 10801.2 中带皮板的有关规定。

② 硬泡聚氨酯板应符合现行国家标准《建筑绝热用硬质聚氨酯泡沫塑料》GB/T 21558 中Ⅲ类产品的有关规定。

③ 酚醛泡沫板应符合现行国家标准《绝热用硬质酚醛泡沫制品（PF）》GB/T 20974 中Ⅱ类产品的有关规定。

④ 泡沫玻璃板应符合现行行业标准《泡沫玻璃绝热制品》JC/T 647 中对建筑用泡沫玻璃Ⅰ、Ⅱ型产品的有关要求。

⑤ 采用其他保温材料应符合相关标准的要求，或有效的技术依据，并通过省部级以上建设行政管理部门的产品鉴定。

2. 夹心保温墙板设计

夹心保温墙板的设计应该与建筑结构同寿命，墙板中的保温拉接件应具有足够的承载力和变形性能。非组合夹心墙板应遵循"外叶墙混凝土在温差变化作用下能够释放温度应力，与内叶墙之间能够形成微小的自由滑移"的设计原则。

对于非组合夹心保温外墙的拉接件在与混凝土共同工作时，承载力安全系数应满足以下要求：对于抗震设防烈度为 7、8 度的地区，考虑地震组合时安全系数不小于 3.0，不考虑地震组合时安全系数不小于 4.0；对于抗震设防烈度为 9 度及以上地区，必须考虑地震组合，承载力安全系数不小于 3.0。

非组合夹心保温墙板的外叶墙在自重作用下垂直位移应控制在一定范围内，内、外叶墙之间不得有穿过保温层的混凝土连通桥。

夹心保温墙板的热工性能应满足节能计算要求。拉结件本身应满足力学、锚固及耐久等性能要求，拉结件的产品与设计应用应符合国家现行有关标准的规定。

第 3 节　活性粉末混凝土 RPC、高耐久性混凝土等材料性能

3.3.1　活性粉末混凝土 RPC

活性粉末混凝土 RPC 是以水泥和矿物掺合料等活性粉末材料、细骨料、外加剂、高强度微细钢纤维（有机合成纤维）、水等原料生产的超高强增韧混凝土。这种混凝土的抗压强度可以达到 200～800MPa；抗拉强度可以达到 20～50MPa；弹性模量为 40～60GPa；断裂韧性高达 40000J/m^2，是普通混凝土的 250 倍；抗渗透能好，氯离子渗透性是高强混凝土的 1/25；抗冻性好，300 次快速冻融循环后，试样未受损。活性粉末混凝土 RPC 在

工程结构中的应用可以解决目前的高强与高性能混凝土抗拉强度不够高、脆性大、体积稳定性不良等缺点，同时还可以解决钢结构的投资高、防火性能差、易锈蚀等问题。

活性粉末混凝土 RPC 分为两类，即用于现场浇筑的活性粉末混凝土（RC）和用于工厂化预制制品的活性粉末混凝土（RP）。用于混凝土制品生产的活性粉末混凝土，力学性能等级为 RPC140，标记为 RPC140-RP-GB/T31387；用于现场浇筑用的活性粉末混凝土，力学性能等级为 RPC100，标记为 RPC100-RP-GB/T31387。

1. 原材料

（1）胶凝材料。水泥应符合 GB 175 的有关规定。宜采用硅酸盐水泥或普通硅酸盐水泥。粉煤灰应符合 GB/T 1596 的有关规定，粒化高炉矿渣应符合 GB/T 18046 的有关规定，硅灰应符合 GB/T 27690 的有关规定，钢铁渣粉应符合 GB/T 28293 的有关规定。宜采用Ⅰ级粉煤灰、S95 以上等级的粒化高炉矿渣和 G85 及以上等级的钢铁渣粉。当采用其他矿物掺合料时，应通过试验进行验证，确定活性粉末混凝土性能满足工程应用要求后方可使用。

（2）骨料。RPC120 以上等级的活性粉末混凝土所用骨料宜为单粒级石英砂和石英粉，性能指标应符合表 3-6 的规定。石英砂应分为粗粒径砂（1.25～0.63mm）、中粒径砂（0.63～0.315mm）和细粒径砂（0.315～0.16mm）3 个粒级。不同粒级石英砂的超粒径颗粒含量限制值应符合表 3-7 的规定。石英粉中公称粒径小于 0.16mm 的颗粒的比例应大于 95%。石英砂和石英粉的筛分试验应符合《普通混凝土用砂、石质量及检验方法标准》JGJ 52 的有关规定；石英砂和石英粉的二氧化硅含量检验应符合《水泥用硅质原料化学分析方法》JC/T 874 的有关规定；石英砂和石英粉的氯离子含量、硫化物及硫酸盐含量、云母含量检验方法应符合《普通混凝土用砂、石质量及检验方法标准》JGJ 52 的有关规定。

石英砂和石英粉技术指标（%）   表 3-6

项目	技术指标
二氧化硅含量	≥97.00
氯离子含量	≤0.02
硫化物及硫酸盐含量	≤0.50
云母含量	≤0.50

不同粒级石英砂的超粒径颗粒含量   表 3-7

粒级要求	1.25～0.63mm 粒级		0.63～0.315mm 粒级		0.315～0.16mm 粒级	
	≥1.250mm	<0.630mm	≥0.630mm	<0.315mm	≥0.315mm	<0.160mm
超粒径颗粒含量（%）	≤5	≤10	≤5	≤10	≤5	≤5

RPC120 及以下等级的活性粉末混凝土可选用级配Ⅱ区的中砂。砂中公称粒径大于 5mm 的颗粒含量应小于 1%。天然砂的含泥量应符合表 3-8 的要求；人工砂的亚甲蓝试验结果（MB 值）应小于 1.4，石粉含量应符合表 3-9 的要求。砂的性能应符合《普通混凝土用砂、石质量及检验方法标准》JGJ 52 的有关规定。

天然砂的含泥量和泥块含量（%）　　　　　表 3-8

项目	含泥量	泥块含量
指标	≤0.5	0

人工砂的石粉含量　　　　　表 3-9

亚甲蓝 MB 值	石粉含量
MB>1.0	≤5.0%
1.0≤MB≤1.4	≤2.0%

（3）外加剂。减水剂应符合《混凝土外加剂》GB 8076 和《混凝土外加剂应用技术规范》GB 50119 的有关规定，宜选用高性能减水剂，减水剂的减水率宜大于 30%。掺用改善活性粉末混凝土性能的其他外加剂时，其性能应符合国家现行相关标准的规定，且应通过试验确认活性粉末混凝土性能满足工程应用要求。

（4）纤维。钢纤维应采用高强度微细纤维，其性能指标应符合表 3-10 的规定。钢纤维的性能检验应符合规定。活性粉末混凝土中掺加的有机合成纤维应符合 GB/T 21120 的有关规定，并通过试验确认活性粉末混凝土性能达到标准的要求和设计要求。

钢纤维的性能指标　　　　　表 3-10

项目	性能指标
抗拉强度（MPa）	≥2000
长度（12～16mm 纤维比例）a（%）	≥96
直径（0.18～0.12mm 纤维比例）b（%）	≥90
形状合格率（%）	≥96
杂度含量（%）	≤1.0

注：1. A50 根试样的长度平均值应在 12～16mm 范围内。
　　2. b50 根试样的直径平均值在 0.18～0.22mm 范围内。

（5）拌合用水。拌合用水应符合 JGJ 63 的规定

2. 配合比

（1）一般规定。活性粉末混凝土配合比设计应考虑结构形式特点、施工工艺以及环境作用等因素。应根据混凝土工作性能、强度、耐久性以及其他必要性能要求计算初始配合比。设计配合比应经试配、调整，得出满足工作性能要求的基准配合比，并经强度等技术指标复核后确定。活性粉末混凝土配合比设计宜采用绝对体积法。当需要改善活性粉末混凝土的密实性时，宜增加粉体材料用量；当需要改善拌合物的黏聚性和流动性时，宜调整减水剂的掺量。

（2）配合比设计。活性粉末混凝土的配制强度应按下式计算：

$$f_{cu,0} \geq 1.1 f_{cu,k} \tag{3-1}$$

式中　$f_{cu,0}$——活性粉末混凝土配制强度（MPa）；

　　　$f_{cu,k}$——要求的活性粉末混凝土的力学性能等级对应的立方体抗压强度等级值（MPa）。

活性粉末混凝土的水胶比、胶凝材料用量和钢纤维掺量宜符合表 3-11 的规定。掺加有机合成纤维时，其掺量不宜大于 1.5kg/m³。硅灰用量不宜小于胶凝材料用量的 10%，水泥用量不宜小于胶凝材料用量的 50%。骨料体积的计算应为混凝土总体积减去水、胶凝材料和钢纤维的体积及含气量得到。骨料的总用量应为骨料体积乘以骨料的密度得到。骨料各个粒级的相对比例宜遵循最密实堆积理论，并经过试配，确认拌合物的工作性能满足要求后确定。必要时可掺加适量石英粉，改善硬化混凝土的密实性。

活性粉末混凝土的水胶比、胶凝材料用量和钢纤维掺量　　　　　　　　表 3-11

等级	水胶比	胶凝材料用量（kg/m³）	钢纤维掺量（体积分数）（%）
PRC120	≤0.20	≤900	≥1.2
PRC140	≤0.18	≤950	≥1.7
PRC160	≤0.16	≤1000	≥2.0
PRC180	≤0.14	≤100	≥2.5

活性粉末混凝土试配、配合比调整与确定应符合下列规定：

① 活性粉末混凝土试配时应采用工程实际使用的原材料，每盘混凝土的最小搅拌量不宜小于 1.5L。

② 试配时，首先应进行试拌、检查拌合物工作性。当试拌所得拌合物的工作性能不能满足要求时，应在水胶比不变、胶凝材料用量和外加剂量合理的原则下，调整胶凝材料用量、外加剂用量或不同粒级砂的体积分数等，直到符合要求为止。根据试拌结果提出活性粉末混凝土强度试验用的基准配合比。

③ 活性粉末混凝土强度试验时应至少采用 3 个不同的配合比。当采用不同的配合比时，其中一个应按前一条确定的基准配合比，另外两个配合比的水胶比宜较基准配合比分别增加和减小 0.01；用水量与基准配合比相同，砂的体积分数分别增加和减少 1%。

④ 制作活性粉末混凝土强度试件时，应验证拌合物工作性能是否达到设计要求，并以该结果代表相应配合比的活性粉末混凝土拌合物性能指标。

⑤ 活性粉末混凝土强度试验时每种配合比应至少制作 1 组（3 块）试件，按规定的条件养护到要求的龄期试压。如有耐久性要求时，还应制作相应的试件并检测相应的指标。

⑥ 根据试配结果对基准配合比进行调整，确定的配合比为设计配合比；对于应用条件特殊的工程，宜对确定的设计配合比进行模拟试验。

3. 技术要求

（1）力学性能。活性粉末混凝土的力学性能等级应符合表 3-12 的规定。

活性粉末混凝土力学性能等级　　　　　　　　表 3-12

等级	抗压强度（MPa）	抗折强度（MPa）	弹性模量（GPa）
RPC100	≥100	≥10	≥40
RPC120	≥120	≥12	≥40
RPC140	≥140	≥14	≥40
RPC160	≥160	≥16	≥40
RPC180	≥180	≥18	≥40

注：当对混凝土的韧性或延性有特殊要求时，混凝土的等级可由抗折强度决定，抗压强度不应低于 100MPa。

（2）耐久性能。活性粉末混凝土的耐久性能应符合表 3-13 的规定。

活性粉末混凝土的耐久性　　　　　　　　　表 3-13

抗冻性（快冻法）	抗氯离子渗透性（电量法）（C）	抗硫酸盐侵蚀性
≥F500	$Q \leqslant 100$	≥KS120

注：采用电量法测试活性粉末混凝土的抗氯离子渗透性时，试件不应掺加钢纤维等导电介质。

3.3.2　高耐久性混凝土技术

高耐久性混凝土是通过对原材料的质量控制、优选及施工工艺的优化控制，合理掺加优质矿物掺合料或复合掺合料，采用高效（高性能）减水剂制成的具有良好工作性能、满足结构所要求的各项力学性能且耐久性优异的混凝土。

高耐久性混凝土适用于对耐久性要求高的各类混凝土结构工程，如内陆港口与海港、地铁与隧道、滨海地区盐渍土环境工程等，包括桥梁及设计使用年限 100 年的混凝土结构以及其他严酷环境中的工程。

1. 技术内容

（1）原材料和配合比的要求。

① 水胶比（W/B）≤0.38

② 水泥必须采用符合现行国家标准规定的水泥，如硅酸盐水泥或普通硅酸盐水泥等，不得选用立窑水泥；水泥比表面积宜小于 $350m^2/kg$，不应大于 $380m^2/kg$。

③ 粗骨料的压碎值≤10%，宜采用分级供料的连续级配，吸水率<1.0%，且无潜在碱骨料反应危害。

④ 采用优质矿物掺合料或复合掺合料及高效（高性能）减水剂是配制高耐久性混凝土的特点之一。优质矿物掺合料主要包括硅灰、粉煤灰、磨细矿渣粉及天然沸石粉等，所用的矿物掺合料应符合国家现行有关标准，且宜达到优品级，对于沿海港口、滨海盐田、盐渍土地区，可添加防腐阻锈剂、防腐流变剂等。矿物掺合料等量取代水泥的最大量宜为：硅粉≤10%，粉煤灰≤30%，矿渣粉≤50%，天然沸石粉≤10%，复合掺合料≤50%。

⑤ 混凝土配制强度可按以下公式计算：

$$f_{cu,0} \geqslant f_{cu,k} + 1.645\sigma \tag{3-2}$$

式中　$f_{cu,0}$——混凝土配制强度（MPa）；

　　　$f_{cu,k}$——混凝土立方体抗压强度标准值（MPa）；

　　　σ——强度标准差，无统计数据时，预拌混凝土可按《普通混凝土配合比设计规程》JGJ 55 的有关规定取值。

（2）耐久性设计要求。

对处于严酷环境的混凝土结构的耐久性，应根据工程所处环境条件，按《混凝土结构耐久性设计规范》GB/T 50476 的有关规定进行耐久性设计，考虑的环境劣化因素及采取措施如下：

① 抗冻害耐久性要求：A. 根据不同冻害地区确定最大水胶比；B. 不同冻害地区的抗冻耐久性指数 DF 或抗冻等级；C. 受除冰盐冻融循环作用时，应满足单位面积剥蚀量的要求；D. 处于有冻害环境的，应掺入引气剂，引气量应达到 3%～5%。

② 抗盐害耐久性要求：A. 根据不同盐害环境确定最大水胶比；B. 抗氯离子的渗透性、扩散性，宜以 56d 龄期电通量或 84d 氯离子迁移系数来确定。一般情况下，56d 电通量宜 ≤800C，84d 氯离子迁移系数宜 ≤2.5×10^{-12} m²/s；C. 混凝土表面裂缝宽度符合规范要求。

③ 抗硫酸盐腐蚀耐久性要求：A. 用于硫酸盐侵蚀较为严重的环境，水泥熟料中的 C_3A 不宜超过 5%，宜掺加优质的掺合料并降低单位用水量；B. 根据不同硫酸盐腐蚀环境，确定最大水胶比、混凝土抗硫酸盐侵蚀等级；C. 混凝土抗硫酸盐等级宜不低于 KS120。

④ 对于腐蚀环境中的水下灌注桩，为解决其耐久性和施工问题，宜掺入具有防腐和流变性能的矿物外加剂，如防腐流变剂等。

⑤ 抑制碱骨料反应有害膨胀的要求：A. 混凝土中碱含量 <3.0kg/m³；B. 在含碱环境或高湿度条件下，应采用非碱活性骨料；C. 对于重要工程，应采取抑制碱骨料反应的技术措施。

2. 技术指标

（1）工作性。根据工程特点和施工条件，确定合适的坍落度或扩展度指标；和易性良好；坍落度经时损失满足施工要求，具有良好的充填模板和通过钢筋间隙的性能。

（2）力学及变形性能。混凝土强度等级宜 ≥C40；体积稳定性好，弹性模量与同强度等级的普通混凝土基本相同。

（3）耐久性。可根据具体工程情况，按照《混凝土结构耐久性设计规范》GB/T 50476、《混凝土耐久性检验评定标准》JGJ/T 193 及上述技术内容中的耐久性技术指标进行控制；对于极端严酷环境和重大工程，宜针对性地开展耐久性专题研究。

耐久性试验方法宜采用《普通混凝土长期性能和耐久性能试验方法标准》GB/T 50082 和《预防混凝土碱骨料反应技术规范》GB/T 50733 规定的方法。

第 4 节　自保温混凝土复合砌块技术性能

自保温混凝土复合砌块是通过在骨料中加入轻质骨料和（或）在实心混凝土块孔洞中填插保温材料等工艺生产的，其所砌筑墙体具有保温功能的混凝土小型空心砌块，简称自保温砌块（SIB），如图 3-8 所示。

自保温砌块墙体由具有良好热工性能的自保温砌块砌筑而成，其构成的墙体主体两侧不附加其他保温措施，墙体的传热系数能满足建筑所在地区现行建筑节能设计标准规定的墙体平均传热系数限值。具有耐久、防火、耐冲击、施工方便、综合成本低、质量通病少、与建筑物同寿命等特点，与外墙外保温系统等保温技术相比较，自保温砌块墙体在施工性、安全性、耐久性、经济性等方面具有显著优势。

图 3-8　自保温混凝土复合砌块

3.4.1　自保温混凝土复合砌块分类与标记

1. 自保温混凝土复合砌块类别

按自保温砌块复合类型可分为 Ⅰ、Ⅱ、Ⅲ 三类。Ⅰ 类：在骨料中复合轻质骨料制成的自保温砌块；Ⅱ 类：在孔洞中填插保温材料制成的自保温砌块；Ⅲ 类：在骨料中复合轻质骨料且在孔洞中填插保温材料制成的自保温砌块。

按自保温砌块孔的排放分为三类：单排孔（1）、双排孔（2）、多排孔（3）。

2. 自保温混凝土复合砌块等级

自保温砌块密度等级分为九级：500、600、700、800、900、1000、1100、1200、1300；自保温砌块强度等级分为五级：MU3.5、MU5.0、MU7.5、MU10.0、MU15.0；自保温砌块砌体当量导热系数等级分为七级：EC10、EC15、EC20、EC25、EC30、EC35、EC40；自保温砌块砌体当量蓄热系数等级分为七级：ES1、ES2、ES3、ES4、ES5、ES6、ES7。

3. 自保温混凝土复合砌块标记与示例

自保温砌块的标记由自保温混凝土复合砌块产品代号、复合类型、孔排数、密度等级、强度等级、当量导热系数等级、当量蓄热系数等级和本标准编号八部分组成，表示如下。

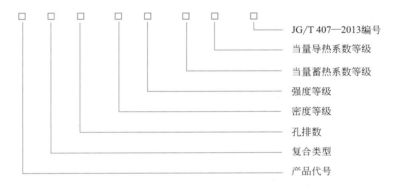

标记示例：复合类型为Ⅱ类、双排孔、密度等级为1000、强度等级为MU5.0、当量导热系数等级为EC20、当量蓄热系数等级为ES4的自保温砌块标记为 SIBⅡ（2）1000 MU5.0 EC20 ES4 JG/T 407-2013。

3.4.2 原材料

1. 水泥

水泥应符合 GB 175 的有关规定。

2. 普通骨料

（1）粗骨料。碎石、卵石最大粒径不宜大于 10mm，其他应符合《建设用卵石、碎石》GB/T 14685 的有关规定。

（2）细骨料。细骨料小于 0.15mm 的颗粒含量不应大于 20%，其他应符合《建设用砂》GB/T 14684 的有关规定。

3. 轻质骨料

粉煤灰陶粒、黏土陶粒、页岩陶粒、天然轻骨料、超轻陶粒、自然煤矸石轻骨料和黏土砖渣应符合《轻集料及其试验方法 第1部分：轻集料》GB/T 17431.1 的有关规定。非煅烧粉煤灰轻骨料除应符合《轻集料及其试验方法 第1部分：轻集料》GB/T 17431.1 的有关规定外，SO_3 含量应小于 1%，烧失量小于 15%，最大粒径不宜大于 10mm。膨胀珍珠岩应符合《膨胀珍珠岩》JC/T 209 的有关规定，堆积密度不宜低于 80kg/m³。聚苯颗粒应符合表 3-14 的规定。其他轻质骨料应符合相关现行国家标准的规定。

聚苯颗粒主要技术指标 表 3-14

项目	技术指标
堆积密度(kg/m³)	8.0～21.0
粒度(5mm 筛孔筛余)(%)	≤5

4. 掺合料

粉煤灰应符合《用于水泥和混凝土中的粉煤灰》GB/T 1596 的有关规定。磨细矿渣粉应符合《用于水泥、砂浆和混凝土中的粒化高炉矿渣粉》GB/T 18046 的有关规定。

5. 外加剂

减水剂应符合《混凝土外加剂》GB 8076 的有关规定。其他外加剂应符合相关现行国家标准的规定。

6. 拌合水

拌合水应符合《混凝土用水标准》JGJ 63 的有关规定。

7. 填插材料

(1) 填插用挤塑聚苯乙烯泡沫塑料（XPS）、模塑聚苯乙烯泡沫塑料（EPS）。填插用挤塑聚苯乙烯泡沫塑料（XPS）、模塑聚苯乙烯泡沫塑料（EPS）主要性能指标应符合表 3-15 的规定。

XPS、EPS 主要性能指标 表 3-15

序号	项目	性能指标	
		XPS	EPS
1	密度(kg/m³)	≥20	≥9
2	导热系数[W/(m·K)](平均温度 25℃)	≤0.035	≤0.050
3	体积吸水率(V/V)(%)	≤4.0	≤5.0

(2) 填孔用聚苯颗粒保温浆料。填孔用聚苯颗粒保温浆料主要性能指标应符合表 3-16 的规定。

填孔用聚苯颗粒保温浆料主要性能指标 表 3-16

序号	项目	性能指标
1	干密度(kg/m³)	120～180
2	导热系数[W/(m·K)](平均温度 25℃)	≤0.055
3	吸水率(%)	≤20

(3) 填孔用泡沫混凝土。填孔用泡沫混凝土主要性能指标应符合表 3-17 的规定。

泡沫混凝土主要性能指标 表 3-17

序号	项目	性能指标
1	干密度(kg/m³)	≤300
2	导热系数[W/(m·K)](平均温度 25℃)	≤0.08
3	吸水率(%)	≤25

（4）其他填插保温材料。其他填插保温材料的主要性能指标应符合相关现行国家标准的规定。

3.4.3　自保温混凝土复合砌块技术要求

1. 自保温混凝土复合砌块规格尺寸

自保温砌块的主规格长度为 390mm、290mm，宽度为 190mm、240mm、280mm，高度为 190mm，其他规格尺寸由供需双方商定。尺寸允许偏差应符合表 3-18 的规定。

尺寸允许偏差　　　　　　　　　　表 3-18

项目	指标
长度（mm）	±3
宽度（mm）	±3
高度（mm）	±3

注：1. 自承重墙体的砌块最小外壁厚不应小于 15mm，最小肋厚不应小于 15mm。
　　2. 承重墙体的砌块最小外壁厚不应小于 30mm，最小肋厚不应小于 25mm。

2. 外观质量

自保温砌块的外观质量应符合表 3-19 的规定。

外观质量　　　　　　　　　　表 3-19

弯曲（mm）	≤3
缺棱掉角个数（个）	≤2
缺棱掉角在长、宽、高度 3 个方向投影尺寸的最大值（mm）	≤30
裂缝延伸投影的累计尺寸（mm）	≤30

3. 密度等级

自保温砌块的密度等级应符合表 3-20 的规定。

密度等级　　　　　　　　　　表 3-20

密度等级	砌块干表观密度的范围（kg/m³）
500	≤500
600	510～600
700	610～700
800	710～800
900	810～900
1000	910～1000
1100	1010～1100
1200	1110～1200
1300	1210～1300

4. 强度等级

自保温砌块的强度等级应符合表 3-21 的规定。

强度等级 表 3-21

强度等级	砌块抗压强度（MPa）	
	平均值	最小值
MU3.5	≥3.5	≥2.8
MU5.0	≥5.0	≥4.0
MU7.5	≥7.5	≥6.0
MU10	≥10.0	≥8.0
MU15	≥15.0	≥12.0

5. 当量导热系数及当量蓄热系数等级

自保温砌块的当量导热系数等级应符合表 3-22 的规定，当量蓄热系数等级应符合表 3-23 的规定。

当量导热系数等级 表 3-22

当量导热系数等级	砌块当量导热系数[W/(m·K)]
EC10	≤0.10
EC15	0.11～0.15
EC20	0.16～0.20
EC25	0.21～0.25
EC30	0.26～0.30
EC35	0.31～0.35
EC40	0.36～0.40

当量蓄热系数等级 表 3-23

当量蓄热系数等级	砌块当量蓄热系数[W/(m²·K)]
ES1	1.00～1.99
ES2	2.00～2.99
ES3	3.00～3.99
ES4	4.00～4.99
ES5	5.00～5.99
ES6	6.00～6.99
ES7	≥7.00

6. 质量吸水率和干缩率

去除填插保温材料后，自保温砌块的质量吸水率不应大于 18%，自保温砌块的干缩率不应大于 0.065。

7. 抗渗性能

用于清水墙的自保温砌块，其抗渗性能应符合表 3-24 的规定。

抗渗性能	表 3-24
项目名称	指标
三块中任一块的水面下降高度(mm)	≤10

8. 碳化系数和软化系数

自保温砌块的碳化系数不应小于 0.85；软化系数不应小于 0.85。

9. 抗冻性能

自保温砌块的抗冻性能应符合表 3-25 的规定。

抗冻性能　　　　　　　　　　　　　　　　　　　　　表 3-25

使用条件	抗冻指标	质量损失(%)	强度损失(%)
夏热冬冷地区	F25		
寒冷地区	F35	≤5	≤25
严寒地区	F50		

注：1. F25、F35、F50 分别指冻融循环 25 次、35 次、50 次。
　　2. 针对自保温砌块Ⅱ、Ⅲ类型，应去除填插保温材料后再进行测试。

10. 放射性核素限量

掺工业废渣的砌块及填充无机保温材料，其放射性核素限量应符合《建筑材料放射性核素限量》GB 6566 的有关规定。

第 5 节　高性能门窗、一体化遮阳窗技术要求

3.5.1　高性能门窗

1. 高性能保温门窗

高性能保温门窗是指具有良好保温性能的门窗，应用最广泛的主要包括高性能断桥铝合金保温窗、高性能塑料保温门窗和复合窗，适用于公共建筑、居住建筑，广泛应用于低能耗建筑、绿色建筑、被动房等对门窗保温性能要求极高的建筑。

（1）高性能断桥铝合金保温窗。高性能断桥铝合金保温窗是在铝合金窗基础上为提高门窗保温性能而推出的改进型门窗（图 3-9），其通过尼龙隔热条将铝合金型材分为内外两部分，阻隔铝合金框材的热传导。同时框材再配上 2 腔或 3 腔的中空结构，腔壁垂直于热流方向分布，多道腔壁对通过的热流起到多重阻隔作用，腔内传热（对流、辐射和导热）相应被削弱，特别是辐射传热强度随腔数量增加而成倍减少，使门窗的保温效果大大提高。高性能断桥铝合金保温门窗采用的玻璃主要采用中空 Low-E 玻璃、三玻双中空玻璃及真空玻璃。

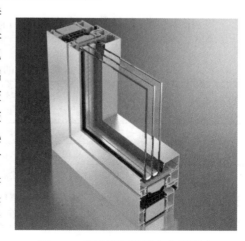

图 3-9　高性能断桥铝合金保温窗

（2）高性能塑料保温门窗。高性能塑料保温

门窗，即采用 U-PVC 塑料型材制作而成的门窗（图 3-10）。塑料型材本身具有较低的导热性能，使得塑料窗的整体保温性能大大提高。另外通过增加门窗密封层数、增加塑料异型材截面尺寸厚度、增加塑料异型材保温腔室、采用质量好的五金件等方式提高了塑料门窗的保温性能。同时为增加窗的刚性，在塑料窗窗框、窗扇、梃型材的受力杆件中，使用增强型钢增加了窗户的强度。高性能塑料保温门窗采用的玻璃主要采用中空 Low-E 玻璃、三玻双中空玻璃及真空玻璃。

（3）复合窗。复合窗的型材采用两种不同材料复合制成，使用较多的复合窗主要是铝木复合窗和铝塑复合窗（图 3-11）。铝木复合窗是以铝合金挤压型材作为框、梃、扇的主料作受力杆件（承受并传递自重和荷载的杆件），另一侧覆以实木装饰制作而成的窗，由于实木的导热系数较低，因而使得铝木复合窗整体的保温性能大大提高。铝塑复合窗是用塑料型材将室内外两层铝合金既隔开又紧密连接成一个整体，由于塑料型材的导热系数较低，所以做成的这种铝塑复合窗保温性能也大大提高。复合窗采用的玻璃主要采用中空 Low-E 玻璃、三玻双中空玻璃及真空玻璃。

图 3-10　高性能塑料保温门窗　　　　图 3-11　复合窗

（4）技术指标。公共建筑使用的门窗的传热系数应符合《公共建筑节能设计标准》GB 50189 的有关规定，其限值不得大于表 3-26 的规定。

外窗（包括透光幕墙）的传热系数和太阳得势系数基本要求　　　表 3-26

气候分区	窗墙面积比	传热系数 K [W/(m²·K)]	太阳得热系数 SHGC
严寒 A、B 区	0.40＜窗墙面积比≤0.60	≤2.5	—
	窗墙面积比＞0.60	≤2.2	
严寒 C 区	0.40＜窗墙面积比≤0.60	≤2.6	—
	窗墙面积比＞0.60	≤2.3	
寒冷地区	0.40＜窗墙面积比≤0.70	≤2.7	
	窗墙面积比＞0.70	≤2.4	

续表

气候分区	窗墙面积比	传热系数 K $[W/(m^2 \cdot K)]$	太阳得热系数 $SHGC$
夏热冬冷地区	$0.40<$ 窗墙面积比 $\leqslant0.70$	$\leqslant3.0$	$\leqslant0.44$
	窗墙面积比 >0.70	$\leqslant2.6$	
夏热冬暖地区	$0.40<$ 窗墙面积比 $\leqslant0.70$	$\leqslant4.0$	$\leqslant0.44$
	窗墙面积比 >0.70	$\leqslant3.0$	

居住建筑使用的门窗按所在气候区的不同，其传热系数应相应符合《严寒和寒冷地区居住建筑节能设计标准》JGJ 26、《夏热冬暖地区居住建筑节能设计标准》JGJ 75 和《夏热冬冷地区居住建筑节能设计标准》JGJ 134 的有关规定，不应高于门窗的最大限值要求。

2. 耐火节能窗

耐火节能窗是针对国标《建筑设计防火规范》GB 50016 对高层建筑中部分外窗应具有耐火完整性要求研发而成的，如图 3-12 所示。建筑外窗作为建筑物外围护结构的开口部位，是火灾竖向蔓延的重要途径之一，外窗的防火性能已成为阻止高层建筑火灾层间蔓延的关键因素；同时建筑外窗也是建筑物与外界进行热交换和热传导的窗口，因此在高层建筑上应用同时具备耐火和节能性能的窗户，有重大的工程应用价值。

图 3-12　耐火节能窗

（1）技术内容。耐火窗是指在规定时间内，能满足耐火完整性要求的窗户。目前市场上主流的建筑外窗，如断桥铝合金窗、塑钢窗等，经采取一定的技术手段，可实现耐火完整性不低于 0.5h 的要求。对有耐火完整性要求的建筑外窗，所用玻璃最少有一层应符合《建筑用安全玻璃 第 1 部分 防火玻璃》GB 15763.1 的有关规定，耐火完整性达到 C 类不小于 0.5h 的要求。

外窗型材所用的加强钢或其他增强材料应连接成封闭的框架。在玻璃镶嵌槽口内宜采取钢质构件固定玻璃，该构件应安装在增强型材料钢主骨架上，防止玻璃受火软化后脱落窜火，失去耐火完整性。耐火窗所使用的防火膨胀密封条、防火密封胶、门窗密封件、五金件等材料，应是不燃或难燃材料，其燃烧性能应符合现行国家标准的要求。

耐火窗可以采用湿法和干法安装，与普通窗洞口安装不一样的地方就是在洞口与窗框之间的密封要采用防火阻燃密封材料（如防火密封胶）。

（2）技术指标。高层建筑耐火节能窗的耐火完整性按照《镶玻璃构件耐火试验方法》GB/T 12513 的有关规定进行试验，其耐火完整性不小于 0.5h。

按照《建筑外门窗保温性能分级及检测方法》GB/T 8484 的有关规定进行试验，其传热系数可以满足工程设计要求。

（3）适用。

① 住宅建筑。建筑高度大于 27m，但不大于 100m，当其外墙外保温系统采用 B_1 级

保温材料时，其建筑外墙上门、窗的耐火完整性不应小于0.5h；建筑高度不大于27m，当其外墙外保温系统采用B₂级保温材料时，其建筑外墙上门、窗的耐火完整性不应小于0.5h。

建筑高度大于54m的住宅建筑，每户应有一间房间的外窗耐火完整性不宜小于1.0h。

② 除住宅建筑外的其他建筑（未设置人员密集场所）。建筑高度大于24m，但不大于50m，当其外墙外保温系统采用B₁级保温材料时，其建筑外墙上门、窗的耐火完整性不应小于0.5h。

建筑高度不大于24m，当其外墙外保温系统采用B₂级保温材料时，其建筑外墙上门和窗的耐火完整性不应小于0.5h。

3.5.2　一体化遮阳窗

一体化遮阳窗指的是活动遮阳部件与窗一体化设计、配套制造及安装，且具有遮阳功能的外窗，具有便于保证遮阳效果、简化施工安装、方便使用保养的特点，并符合国家建筑工业化产业政策导向。一体化遮阳窗主要有内置百叶一体化遮阳窗、硬卷帘一体化遮阳窗、软卷帘一体化遮阳窗、遮阳篷一体化遮阳窗和金属百叶帘一体化遮阳窗等产品类型。

1. 分类和标记

（1）分类。按遮阳部件类型分为内置遮阳中空玻璃（代号NZ）、硬卷帘（代号YJ）、软卷帘（代号RJ）、遮阳篷（代号ZP）和百叶帘（代号BY）。

按遮阳部件位置分为外遮阳（代号W）、中间遮阳（代号Z）和内遮阳（N）。

按外窗材质类型分为玻璃钢窗（代号BG）、铝合金窗（代号LJ）、钢窗（代号GC）、木窗（代号MC）、塑料窗（代号SC）、铝木复合窗（LM）和铝塑复合窗（代号LS）。

按遮阳部件的操作方式分为电动（代号DD）和手动（代号SD）。

（2）标记。一体化遮阳窗的标记是按遮阳代号、遮阳部件代号、遮阳位置代号、外窗类型代号、规格、性能代号、标准编号顺序进行标记，如下所示。

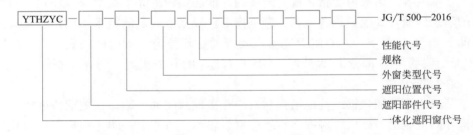

注：性能代号标记顺序为抗风、水密、气密、隔声、遮阳、保温、采光；当抗风、水密、气密、隔声、遮阳、保温、采光性能无指标要求时不填写。

示例1：一体化遮阳窗，硬卷帘外遮阳铝合金窗，宽度为1150mm，高度为1450mm，抗风性能整窗静压性能4.0kPa、动态风压性能17.2m/s，水密性能遮阳部件收回状态下150Pa、遮阳部件完全伸展状态下200Pa，气密性能1.5m³/（m·h），隔声性能遮阳部件收回状态下30dB、遮阳部件完全伸展状态下35dB，遮阳性能遮阳部件收回状态下0.50、遮阳部件完全伸展状态下0.15，保温性能遮阳部件收回状态下2.7W/（m²·K）、遮阳部件完全伸展状态下2.5W/（m²·K），采光性能0.4。标记为：YTHZYC—YJ—W—LJ—115145—P₃4.0（V17.2）—△P150（200）—q₁（或q₂）1.5—R$_w$30（35）—SC0.50（0.15）—K2.7（2.5）—T₁0.4—JG/T 500—2016。

示例2：一体化遮阳窗，软卷帘内遮阳铝塑复合窗，宽度为1200mm，高度为1500mm，性能无指标要求时不填写，标记为：YTHZYC—N—RJ—LS—120150—JG/T 500—2016。

2. 材料要求

金属百叶帘及材料与配件应符合《建筑用遮阳金属百叶窗》JG/T251的有关规定。遮阳篷及材料应符合《建筑用曲臂遮阳蓬》JG/T 253的有关规定。软卷帘及材料应符合《建筑用遮阳软卷帘》JG/T 254的有关规定。内置遮阳中空玻璃及材料配件与构造应符合《内置遮阳中空玻璃制品》JG/T 255的有关规定。硬卷帘的帘片、填充物、侧扣、密封条、卷管应符合《建筑遮阳硬卷帘》JG/T 443的有关规定。玻璃钢窗材料应符合《玻璃纤维增强塑料（玻璃钢）窗》JG/T 186的有关规定。铝合金材料应符合《铝合金门窗》GB/T 8478的有关规定。钢窗材料应符合《钢门窗》GB/T 20909的有关规定。塑料窗材料应符合《建筑用塑料窗》GB/T 28887的有关规定。木窗材料应符合《木门窗》GB/T 29498的有关规定。铝木复合窗材料、配件应符合《建筑用节能门窗 第1部分：铝木复合门窗》GB/T 29734.1的有关规定。铝塑复合窗材料、配件材料应符合《建筑用节能门窗 第2部分：铝塑复合门窗》GB/T 29734.2的有关规定。电传动系统中的电力驱动装置应符合《建筑遮阳产品电力驱动装置技术要求》JG/T 276的有关规定。电路的安全性应符合《家用和类似用途电器的安全 第1部分：通用要求》GB 4706.1的有关规定。

3. 性能要求

（1）外观。

① 金属构件表面不应有金属屑、毛刺、污渍、杂质，色泽应均匀无明显色差。

② 帘布表面不应有破损、明显折痕、皱叠、污垢、明显色差、毛边；拼接处不得发生裂缝、跳缝、脱线。

③ 塑料件表面应光洁，无明显擦伤、划痕，不应有毛刺及锐角，不应有明显色差。

④ 木质件不应有腐朽、裂纹、虫孔和霉变，表面喷漆应均匀，无爆皮，不应有漏喷、粘漆、挂漆等缺陷。

⑤ 密封胶缝应连续、平滑，连接处不应有外溢的胶粘剂。

⑥ 玻璃应无明显色差，表面不应有明显擦伤、划伤和霉变。

（2）尺寸偏差。

① 遮阳部件位于外窗中间的一体化遮阳窗尺寸偏差应符合其外窗类型对应标准中尺寸偏差的规定。

② 遮阳部件位于外窗外、内的一体化遮阳窗的尺寸偏差应符合表3-27的规定。

窗及装配尺寸允许偏差表 表3-27

项目	尺寸范围(mm)	允许偏差(mm)
高度、宽度	≤2000	±2.0
	>200	±2.5
对边尺寸之差	≤2000	≤2.0
	>200	≤3.0

续表

项目	尺寸范围(mm)	允许偏差(mm)
两对角线尺寸之差	≤3000	≤2.5
	>3000	≤3.5
相邻两构件同一平面高低差	—	≤0.4
装配间隙	—	≤0.5

（3）装配。窗框、扇、杆件、五金配件等各部件装配应符合设计要求，装配牢固无松动，五金配件安装位置正确。密封条安装位置应正确、连续、无翘曲。遮阳部件的安装连接构造应可靠，方便更换和维修。

（4）操作性能。开启扇启闭灵活，无卡滞、无噪声，闭合后间隙均匀，无翘曲。遮阳部件的伸展和收回、开启和关闭应操作方便、反应灵敏、动作准确，完成运行后，可有效自动定位于设定位置。遮阳部件帘片边缘运行过程不应与其他构件接触。

（5）操作力。窗扇操作力的最大值（F_W）应符合表3-28的规定。遮阳部件操作力的最大值（F_C）应符合表3-29的规定。

窗扇操作力分级　　　　　　　　　　　　　　表3-28

操作方式	窗材质				
	铝合金、钢、木铝	塑料、玻璃纤维增强塑料			
		平开		推拉	
		平合页	滑撑	左右	上下
窗开启和关闭	≤50	≤80	≥30且≤80	≤100	≤135
锁闭器开启和关闭	—	≤80(力矩不大于10N·m)		≤100	

遮阳部件操作力分级　　　　　　　　　　　　表3-29

操作方式		F_C	
		1级	2级
曲柄、铰盒		15<F_C≤30	≤15
拉绳(链或带)		50<F_C≤90	≤50
棒	垂直面	50<F_C≤90	≤50
	水平或斜面	30<F_C≤50	≤30
磁控	伸展、收回	≤50	
	开启、关闭	≤50	

注：带弹簧负载的遮阳部件，在完全伸展和收回被锁住时允许用1.5倍F_C的力。

（6）耐久性。耐久性包括窗扇反复启闭耐久性能、遮阳部件机械耐久性能，须符合《建筑一体化遮阳窗》JG/T 500的有关规定。

（7）抗风性能。

① 静压性能。一体化遮阳窗静压性能分级应符合表3-30的规定。外窗在各性能分级指标值风压下，主要受力杆件相对（面法线）挠度应符合表3-31的规定。风压作用后，窗不应出现使用功能障碍和损坏。

静压性能分级（kPa）　　　　　表 3-30

分级	指标值	分级	指标值
1	$1.0 \leqslant P_3 < 1.5$	6	$3.5 \leqslant P_3 < 4.0$
2	$1.5 \leqslant P_3 < 2.0$	7	$4.0 \leqslant P_3 < 4.5$
3	$2.0 \leqslant P_3 < 2.5$	8	$4.5 \leqslant P_3 < 5.0$
4	$2.5 \leqslant P_3 < 3.0$	9	$P_3 \geqslant 5.0$
5	$3.0 \leqslant P_3 < 3.5$	—	—

注：1. P_3 为定级检测压力差值。

2. 第 9 级应在分级后同时注明具体检测压力差值。

窗主要受力杆件相对法线挠度要求（mm）　　　　　表 3-31

支承玻璃种类	单层玻璃、夹层玻璃	中空玻璃
相对挠度	$L/100$	$L/150$
相对挠度最大值	20	

注：L 为主要受力杆件的支承跨距。

②　动态风压性能。遮阳部件的动态风压性能分级应符合表 3-32 的规定，试验后遮阳部件不应出现损坏和功能障碍，手动遮阳部件试验前后操作力数值应维持在试验前初始操作力的等级范围内。

动态风压性能分级（m/s）　　　　　表 3-32

分级	指标值	分级	指标值
1	$0.3 \leqslant V < 1.6$	7	$13.9 \leqslant V < 17.2$
2	$1.6 \leqslant V < 3.4$	8	$17.2 \leqslant V < 20.8$
3	$3.4 \leqslant V < 5.5$	9	$20.8 \leqslant V < 24.5$
4	$5.5 \leqslant V < 8.0$	10	$24.5 \leqslant V < 28.5$
5	$8.0 \leqslant V < 10.8$	11	$28.5 \leqslant V < 32.7$
6	$10.8 \leqslant V < 13.9$	12	$V \geqslant 32.7$

注：1. V 为检测风速。

2. 窗扇开启状态下，遮阳系统应处于伸展状态。

3. 超过 12 级应在分级后注明检测风速。

（8）水密性。一体化遮阳窗在遮阳部件收回、伸展状态下的水密性能分级应符合表 3-33 的有关规定。具体的测试状态由供需双方协商确定。

水密性能分级（Pa）　　　　　表 3-33

分级	指标值	分级	指标值
1	$100 \leqslant \Delta P < 150$	5	$500 \leqslant \Delta P < 700$
2	$150 \leqslant \Delta P < 250$	6	$700 \leqslant \Delta P < 1000$
3	$250 \leqslant \Delta P < 350$	7	$1000 \leqslant \Delta P < 1600$
4	$350 \leqslant \Delta P < 500$	8	$\Delta P \geqslant 1600$

注：1. ΔP 为严重渗漏压力差值的前一级压力差值。

2. 第 8 级应在分级后注明检测压力差值。

（9）气密性。一体化遮阳窗在遮阳产品收回状态下的气密性能分级应符合表 3-34 的规定。

气密性能分级   表 3-34

分类	单位缝长指标值 $q_1[m^3/(m \cdot h)]$	单位面积指标值 $q_2[m^3/(m \cdot h)]$	分级	单位缝长指标值 $q_1[m^3/(m \cdot h)]$	单位面积指标值 $q_2[m^3/(m \cdot h)]$
1	$4.0 \geqslant q_1 > 3.5$	$12.0 \geqslant q_2 > 10.5$	5	$2.0 \geqslant q_1 > 1.5$	$6.0 \geqslant q_2 > 4.5$
2	$3.5 \geqslant q_1 > 3.0$	$10.5 \geqslant q_2 > 9.0$	6	$1.5 \geqslant q_1 > 1.0$	$4.5 \geqslant q_2 > 3.0$
3	$3.0 \geqslant q_1 > 2.5$	$9.0 \geqslant q_2 > 7.5$	7	$1.0 \geqslant q_1 > 0.5$	$3.0 \geqslant q_2 > 1.5$
4	$2.5 \geqslant q_1 > 2.0$	$7.5 \geqslant q_2 > 6.0$	8	$q_1 \leqslant 0.5$	$q_2 \leqslant 1.5$

（10）隔声性能。一体化遮阳窗的隔声性能以计权隔声和交通噪声频谱修正量之和 $R_w + C_u$ 表示，遮阳部件收回、伸展状态下隔声性能的分级应符合表 3-35 的规定，具体测试状态由供需双方协商确定。

隔声性能的分级   表 3-35

分级	指标值	分级	指标值
1	$20 \leqslant R_w + C_u < 25$	4	$35 \leqslant R_w + C_u < 40$
2	$25 \leqslant R_w + C_u < 30$	5	$40 \leqslant R_w + C_u < 45$
3	$30 \leqslant R_w + C_u < 35$	6	$R_w + C_u \geqslant 45$

（11）遮阳性能。一体化遮阳窗的遮阳性能以遮阳部件收回、伸展状态下遮阳系数 SC 表示，遮阳性能的分级应符合表 3-36 的规定。

遮阳性能分级   表 3-36

分级	2	3	4
指标值	$0.6 \leqslant SC < 0.7$	$0.5 \leqslant SC < 0.6$	$0.4 \leqslant SC < 0.5$
分级	5	6	7
指标值	$0.3 \leqslant SC < 0.4$	$0.2 \leqslant SC < 0.3$	$SC \leqslant 0.2$

（12）保温性能。一体化遮阳窗保温性能以遮阳部件收回、伸展状态下窗传热系数 K 表示，遮阳部件收回、伸展状态下保温性能分级应符合表 3-37 的规定。

保温性能的分级 $[W/(cm^2 \cdot K)]$ 表 3-37

分级	1	2	3	4	5
指标值	$K \geqslant 5.0$	$5.0 > K \geqslant 4.0$	$4.0 > K \geqslant 3.5$	$3.5 > K \geqslant 3.0$	$3.0 > K \geqslant 2.5$
分级	6	7	8	9	10
指标值	$2.5 > K \geqslant 2.0$	$2.0 > K \geqslant 1.6$	$1.6 > K \geqslant 1.3$	$1.3 > K \geqslant 1.1$	$K < 1.1$

（13）耐火完整性。当外墙保温防火等级为 B_1、B_2 时，一体化遮阳窗在遮阳部件收回的状态下，在耐火试验期间能继续保持耐火隔火性能的时间应不小于 30min。

（14）采光性能。采光性能以透光折减系数 T_t 表示，一体化遮阳窗在遮阳部件收回的状态下，其分级应符合表 3-38 的规定。

采光性能分级　　　　　　　　表 3-38

分级	1	2	3	4	5
指标值	$0.20{\leq}T_t{<}0.30$	$0.30{\leq}T_t{<}0.40$	$0.40{\leq}T_t{<}0.50$	$0.50{\leq}T_t{<}0.60$	$T_t{\geq}0.60$

第 6 节　钢结构防火涂料、防腐涂料技术指标

3.6.1　钢结构防火涂料技术指标

钢结构防火涂料是指施涂于建筑物及构筑物的钢结构表面，能形成耐火隔热保护层以提高钢结构耐火极限的涂料。防火涂料分为薄涂型和厚涂型两种，薄涂型防火涂料通过遇火灾后涂料受热材料膨胀延缓钢材升温，厚涂型防火涂料通过防火材料吸热延缓钢材升温，根据工程情况选取使用。薄涂型防火涂料涂装技术适用于工业、民用建筑楼盖与屋盖钢结构；厚涂型防火涂料涂装技术适用于有装饰面层的民用建筑钢结构柱、梁。

1. 分类和命名

钢结构防火涂料按使用场所可分为室内结构防火涂料和室外结构防火涂料；按使用厚度可分为超薄型钢结构防火涂料、薄型钢结构防火涂料和厚型钢结构防火涂料。以汉语拼音字母的缩写作为代号，N 和 W 分别代表室内和室外，CB、B 和 H 分别代表超薄型、薄型和厚型 3 类。如室内超薄型钢结构防火涂料表示为 NCB。

2. 技术指标

钢结构防火材料的性能应符合《钢结构防火涂料》GB 14907 的有关规定（表 3-39、表 3-40），涂层厚度及质量要求应符合《钢结构防火涂料应用技术规范》CECS 24 的有关规定和设计要求，防火材料中环境污染物的含量应符合《民用建筑工程室内环境污染控制规范》GB 50325 的有关规定和要求。

室内钢结构防火涂料的技术性能一　　　　　　表 3-39

序号	检验项目	技术指标			缺陷分类
		NCB	NB	NH	
1	在容器中的状态	经搅拌后呈均匀细腻状态、无结块	经搅拌后呈均匀液态或稠厚液体状态、无结块	经搅拌后呈均匀稠厚液体状态、无结块	C
2	干燥时间（表干）(h)	≤8	≤12	≤24	C
3	外观与颜色	涂层干燥后，外观与颜色同样品相比应无明显差别	涂层干燥后，外观与颜色同样品相比应无明显差别	—	C
4	初期干燥抗裂性	不应出现裂纹	允许出现1～3条裂纹，其宽度应≤0.5mm	允许出现1～3条裂纹，其宽度应≤1mm	C
5	粘结强度(MPa)	≥0.20	≥0.15	≥0.04	B
6	抗压强度(MPa)	—	—	≥0.3	C
7	干密度(kg/m³)	—	—	≤500	C
8	耐水性(h)	≥24涂层应无起层、发泡、脱落现象	≥24涂层应无起层、发泡、脱落现象	≥24涂层应无起层、发泡、脱落现象	B

续表

序号	检验项目		技术指标			缺陷分类
			NCB	NB	NH	
9	耐冷热循环性（次）		≥15 涂层应无开裂、剥落、起泡现象	≥15 涂层应无开裂、剥落、起泡现象	≥15 涂层应无开裂、剥落、起泡现象	B
10	耐火性能	涂层厚度（不大于）(mm)	2.00±0.20	5.0±0.5	25±2	A
		耐火极限（不低于）(h)（以 13Gb 或 140b 标准工字钢梁作基料）	1.0	1.0	2.0	

注：裸露钢梁耐火极限为 15min（以 13Gb、140b 验证数据），作为表中 0 涂层耐火极限基础数据。

室内钢结构防火涂料的技术性能二　　　　　　　表 3-40

序号	检验项目	技术指标			缺陷分类
		WCB	WB	WH	
1	在容器中的状态	经搅拌后呈均匀细腻状态、无结块	经搅拌后呈均匀液态或稠厚液体状态、无结块	经搅拌后呈均匀稠厚液体状态、无结块	C
2	干燥时间（表干）(h)	≤8	≤12	≤24	C
3	外观与颜色	涂层干燥后，外观与颜色同样品相比应无明显差别	涂层干燥后，外观与颜色同样品相比应无明显差别	—	C
4	初期干燥抗裂性	不应出现裂纹	允许出现 1～3 条裂纹，其宽度应≤0.5mm	允许出现 1～3 条裂纹，其宽度应≤1mm	C
5	粘结强度（MPa）	≥0.20	≥0.15	≥0.04	B
6	抗压强度（MPa）	—	—	≥0.5	C
7	干密度（kg/m³）	—	—	≤650	C
8	耐曝热性（h）	≥720 涂层应无起层、脱落、空鼓、开裂现象	≥720 涂层应无起层、脱落、空鼓、开裂现象	≥24 涂层应无起层、脱落、空鼓、开裂现象	B
9	耐湿热性（h）	≥504 涂层应无起层、脱落现象	≥720 涂层应无起层、脱落现象	≥24 涂层应无起层、脱落现象	B
10	耐冷热循环性（次）	≥15 涂层应无开裂、剥落、起泡现象	≥15 涂层应无开裂、剥落、起泡现象	≥15 涂层应无开裂、剥落、起泡现象	B
11	耐酸性（h）	≥360 涂层应无起层、脱落、开裂现象	≥360 涂层应无起层、脱落、开裂现象	≥360 涂层应无起层、脱落、开裂现象	B
12	耐碱性（h）	≥360 涂层应无起层、脱落、开裂现象	≥360 涂层应无起层、脱落、开裂现象	≥360 涂层应无起层、脱落、开裂现象	B
13	湿盐雾腐蚀性（次）	≥30 涂层应无起泡、明显的变质、软化现象	≥30 涂层应无起泡、明显的变质、软化现象	≥30 涂层应无起泡、明显的变质、软化现象	B

序号	检验项目		技术指标			缺陷分类
			WCB	WB	WH	
14	耐火性能	涂层厚度（不大于）（mm）	2.00±0.20	5.0±0.5	25±2	A
		耐火极限（不低于）(h)（以 13Gb 或 140b 标准工字钢梁作基料）	1.0	1.0	2.0	

注：裸露钢梁耐火极限为 15min（以 13Gb、140b 验证数据），作为表中 0 涂层耐火极限基础数据。耐久性项目（耐暴热性、耐湿热性、耐冻融循环性、耐酸性、耐碱性、耐盐雾腐蚀性）的技术要求除表中规定外，还应满足附加耐火性的要求，方能判定该对应项目合格。耐酸性和耐碱性可仅进行其中一项测试。

钢结构防火涂料生产厂家必须有防火监督部门核发的生产许可证。防火涂料应通过国家检测机构检测合格。产品必须具有国家检测机构的耐火极限检测报告和理化性能检测报告，并应附有涂料品种、名称、技术性能、制造批量、贮存期限和使用说明书。在施工前应复验防火涂料的粘结强度和抗压强度。防火涂料施工过程中和涂层干燥固化前，环境温度宜保持在 5～38℃，相对湿度不宜大于 90%，空气应流通。当风速大于 5m/s 或雨天和构件表面有结露时，不宜作业。

3.6.2　钢结构防腐涂料技术指标

钢结构水性用防腐涂料是以水为主要介质，在大气腐蚀环境（C2～C4）条件下使用的低合金碳钢材质的钢结构表面用防腐涂料。

1. 钢结构水性用防腐涂料分类和分级

（1）按用途分类。产品分为底漆、中间漆和面漆。底漆常用水性醇酸涂料、水性丙烯酸涂料、水性环氧涂料、水性无机硅酸锌底漆、水性环氧富锌底漆等。中间漆常用水性环氧涂料、水性丙烯酸涂料、水性聚氨酯涂料、水性氟树脂涂料等。面漆有水性醇酸涂料、水性丙烯酸涂料、水性双组分丙烯酸涂料、水性聚氨酯涂料、水性氟树脂涂料、水性环氧涂料等。

（2）按大气腐蚀性分级。按大气腐蚀性严重程度分为 C1、C2、C3、C4、C5-Ⅰ和 C5-Ⅱ，由低到高，如表 3-41 所示。

大气腐蚀性等级和典型环境示例　　　表 3-41

腐蚀性等级	单位面积质量损失/厚度损失（经过 1 年暴露后）				温和气候下典型环境示例	
	低碳钢		锌		外部	内部
	质量损失（g/m²）	厚度损失（μm）	质量损失（g/m²）	厚度损失（μm）		
C1 很低	≤10.0	≤1.3	≤0.7	≤0.1	—	加热的建筑物内部,空气洁净,如办公室、商店、学校和宾馆等
C2 低	10.0～200.0	1.3～25.0	0.7～5.0	0.1～0.7	污染水平较低,大部分是乡村地区	未加热的地方,冷凝有可能发生,如库房、体育馆等

续表

腐蚀性等级	单位面积质量损失/厚度损失(经过1年暴露后)				温和气候下典型环境示例	
	低碳钢		锌		外部	内部
	质量损失 (g/m^2)	厚度损失 (μm)	质量损失 (g/m^2)	厚度损失 (μm)		
C3 中等	200.0～400.0	25.0～50.0	5.0～15.0	0.7～2.1	城市和工业大气，中等二氧化硫污染。低盐度沿海区	具有高湿度和一些空气污染的生产车间，如食品加工厂、洗衣店、酿酒厂、牛奶场
C4 高	400.0～650.0	50.0～80.0	15.0～30.0	2.1～4.2	中等盐度的工业区和沿海区	化工厂、游泳池、沿海船舶和造船厂
C5-I 很高 (工业)	650.0～1500.0	80.0～200.0	30.0～60.0	4.2～8.4	高湿度和恶劣气氛的工业区	总是有冷凝和高污染的建筑物和地区
C5-M 很高 (海洋)	650.0～1500.0	80.0～200.0	30.0～60.0	4.2～8.4	高盐度的沿海和海上区域	总是有冷凝和高污染的建筑物和地区

注：在沿海区的炎热、潮湿地带，质量或厚度损失值可能超过C5-M种类的界限。

（3）按涂层体系耐久性等级分级。每种大气腐蚀性等级下的涂层体系的耐久性等级按GB/T 30790—2014的相关要求分为低、中、高3级，其中低（L），2～3年；中（M），5～15年；高（H），15年以上。

2. 钢结构水性用防腐涂料产品的性能要求

（1）钢结构用水性防腐涂料底漆应符合表3-42的要求。

钢结构用水性防腐涂料底漆的要求   表3-42

项目		技术指标	
		水性富锌底漆	其他水性底漆
在容器中状态		液料:搅拌混合后无硬块,呈均匀状态; 粉料:呈微小的均匀粉末状态	
冻融稳定性(3次循环)		不变质	
不挥发物含量(%) ≥		商定值	
密度(g/mL)		商定值±0.05	
挥发性有机化合物(VOC)含量(g/L) ≤		200	
施工性		施涂无障碍	
涂膜外观		正常	
闪锈抑制性		正常	
干燥时间(h)	表干 ≤	4	
	实干 ≤	24	
早期耐水性		无异常	

项目		技术指标	
		水性富锌底漆	其他水性底漆
划格试验[a]/级	≤	—	1
附着力（拉开法）[b]（MPa）	≥	3	
不挥发分中金属锌含量（%）	≥	60	—

a 不含锌的水性底漆测试该项目。

b 水性富锌底漆和水性含锌底漆测试该项目。

（2）钢结构用水性防腐涂料中间漆应符合表 3-43 的要求。

钢结构用水性防腐涂料中间漆的要求　　　　表 3-43

项目		指标
在容器中状态		搅拌混合后无硬块，呈均匀状态
冻融稳定性（3 次循环）		不变质
不挥发物含量（%）	≥	商定值
密度（g/mL）		商定值±0.05
挥发性有机化合物（VOC）含量（g/L）	≤	200
施工性		施涂无障碍
涂膜外观		正常
干燥时间（h）	表干 ≤	4
	实干 ≤	24
耐冲击性（cm）	≥	40
划格试验（级）	≤	1
早期耐水性		无异常

（3）钢结构用水性防腐涂料面漆应符合表 3-44 的要求。

钢结构用水性防腐涂料面漆的要求　　　　表 3-44

项目		指标
在容器中状态		搅拌混合后无硬块，呈均匀状态
冻融稳定性（3 次循环）		不变质
不挥发物含量（%）	≥	商定值
密度（g/mL）		商定值±0.05
挥发性有机化合物（VOC）含量（g/L）	≤	250
施工性		施涂无障碍
涂膜外观		正常
干燥时间（h）	表干 ≤	4
	实干 ≤	24
弯曲试验（mm）	≤	3

续表

项目		指标
耐冲击性(cm)	≥	40
划格试验(级)	≤	1
光泽(60°)(单位值)		商定
早期耐水性		无异常

3. 钢结构水性用防腐涂料涂层体系配套

（1）要求。涂层体系配套要求由供需双方商定。配套体系示例参见表3-45。较高腐蚀性等级和非较高耐久性等级的涂层配套也可作为较低腐蚀性等级和较低耐久性等级的涂层配套体系使用，并可适当降低涂层厚度。

低合金碳钢上常见钢结构用水性防腐涂层配套体系示例   表 3-45

配套体系编号	涂层体系配套情况								适用的大气腐蚀性等级（最高耐久性等级）
	底漆			中间漆			面漆		
	类型	建议施涂道数（道）	最低干膜厚度（μm）	类型	建议施涂道数（道）	最低干膜厚度（μm）	类型	建议施涂道数（道）	最低干膜厚度（μm）	
配套 1	水性醇酸涂料	1	40	—	—	—	水性醇酸涂料	1	40	C2(L)
配套 2	水性醇酸涂料	1~2	80	—	—	—	水性醇酸涂料	1	40	C2(M)、C3(L)
配套 3	水性醇酸涂料	2~3	120	—	—	—	水性醇酸涂料	1	40	C2(H)
配套 4	水性醇酸涂料	1~2	80	—	—	—	水性醇酸涂料	2~3	80	C2(H)、C3(M)
配套 5	水性醇酸涂料	1~2	80	—	—	—	水性醇酸涂料	2~3	120	C2(H)、C3(H)
配套 6	水性醇酸涂料	1~2	80	—	—	—	水性丙烯酸涂料	1~2	60	C2(M)、C3(L)
配套 7	水性醇酸涂料	1~2	80	—	—	—	水性丙烯酸涂料	2~3	80	C2(H)、C3(M)
配套 8	水性醇酸涂料	1~2	80	—	—	—	水性丙烯酸涂料	2~3	120	C2(H)、C3(H)
配套 9	水性丙烯酸涂料	2~3	100	—	—	—	—	—	—	C2(M)
配套 10	水性丙烯酸涂料	2~3	120	—	—	—	水性丙烯酸涂料	1	40	C2(H)
配套 11	水性丙烯酸涂料	1~2	80	—	—	—	水性丙烯酸涂料	1~2	80	C2(H)、C3(M)
配套 12	水性丙烯酸涂料	1~2	80	—	—	—	水性丙烯酸涂料	2~3	120	C2(H)、C3(H)
配套 13	水性丙烯酸涂料	1	100	—	—	—	水性丙烯酸涂料	2	100	C4(H)
配套 14	水性丙烯酸涂料	1~2	80	—	—	—	水性丙烯酸涂料	2~3	160	C2(H)、C3(H)
配套 15	水性丙烯酸涂料	2	160	—	—	—	水性丙烯酸涂料	1	40	C3(H)、C4(L)
配套 16	水性环氧涂料	1	100	—	—	—	水性丙烯酸涂料	1~2	80	C2(H)、C3(H)
配套 17	水性环氧涂料	1	100	—	—	—	水性氟碳涂料	1	50	C4(H)
配套 18	水性环氧涂料	2	80	—	—	—	水性双组分丙烯酸涂料	2	60	C3(H)
配套 19	水性环氧涂料	1	80	—	—	—	水性聚氨酯涂料	1	60	C2(H)、C3(M)

续表

配套体系编号	底漆 类型	底漆 建议施涂道数(道)	底漆 最低干膜厚度(μm)	中间漆 类型	中间漆 建议施涂道数(道)	中间漆 最低干膜厚度(μm)	面漆 类型	面漆 建议施涂道数(道)	面漆 最低干膜厚度(μm)	适用的大气腐蚀性等级(最高耐久性等级)
配套 20	水性环氧涂料	2	160	—	—	—	水性聚氨酯涂料	1	40	C3(H),C4(M)
配套 21	水性环氧涂料	2	200	—	—	—	水性聚氨酯涂料	1	40	C4(M)
配套 22	水性环氧涂料	1	100	—	—	—	水性聚氨酯或水性氟树脂涂料	1～2	100	C2(H),C3(H)
配套 23	水性环氧涂料	2	160	—	—	—	水性聚氨酯或水性氟树脂涂料	1	40	C3(H)
配套 24	水性环氧涂料	1～2	80	水性环氧涂料	1～2	80	水性聚氨酯或水性氟树脂涂料	1～2	80	C2(H),C3(L)
配套 25	水性环氧涂料	1～2	80	水性环氧涂料	2～3	120	水性环氧、水性聚氨酯或水性氟树脂涂料	1～2	80	C2(H),C3(M)
配套 26	水性环氧涂料	1～2	80	水性环氧涂料	2～4	160	水性环氧、水性聚氨酯或水性氟树脂涂料	1～2	80	C2(H),C3(H)
配套 27	水性环氧涂料	1～2	80	水性环氧涂料	2～4	160	水性环氧、水性聚氨酯或水性氟树脂涂料	1	40	C4(H)
配套 28	水性环氧涂料	1～2	80	水性环氧涂料	3～5	200	水性环氧、水性聚氨酯或水性氟树脂涂料	1～2	80	C2(H),C3(H),C4(H)
配套 29	水性无机硅酸锌底漆	2	100	—	—	—	—	—	—	C2(H),C3(H),C4(H)
配套 30	水性环氧富锌底漆	1	60	—	—	—	—	—	—	C2(H),C3(M)
配套 31	水性环氧富锌底漆	1	40	水性双组分环氧涂料	1	40	水性双组分丙烯酸涂料	1	40	C3(H),C4(M)
配套 32	水性环氧富锌底漆	1	60	水性环氧涂料	1～2	80	水性丙烯酸涂料	1～2	80	C2(H),C3(M),C4(L)
配套 33	水性环氧富锌底漆	1	40	水性环氧涂料	1～2	110	水性聚氨酯涂料	1	50	C4(M)
配套 34	水性环氧富锌底漆	1	40	水性环氧涂料	2～3	160	水性聚氨酯涂料	1	40	C4(H)
配套 35	水性环氧富锌底漆	1	40	水性环氧涂料	2～4	200	水性聚氨酯涂料	1	40	C4(H)

续表

配套体系编号	涂层体系配套情况									适用的大气腐蚀性等级（最高耐久性等级）
	底漆			中间漆			面漆			
	类型	建议施涂道数（道）	最低干膜厚度（μm）	类型	建议施涂道数（道）	最低干膜厚度（μm）	类型	建议施涂道数（道）	最低干膜厚度（μm）	
配套36	水性环氧富锌底漆	1	60	水性环氧涂料	2～3	120	水性丙烯酸涂料	1～2	80	C2(H),C3(H),C4(M)
配套37	水性环氧富锌底漆	1	60	水性环氧涂料	3～4	180	水性丙烯酸涂料	1～2	80	C2(H),C3(H),C4(H)
配套38	水性环氧富锌底漆	1	60	水性环氧涂料	3～4	240	水性丙烯酸涂料	1～2	80	C2(H),C3(H),C4(H)
配套39	水性环氧富锌底漆	1	60	水性环氧涂料	1～2	80	水性丙烯酸、水性聚氨酯或水性氟树脂涂料	1～2	80	C2(H),C3(H),C4(L)
配套40	水性环氧富锌底漆	1	60	水性环氧涂料	2～3	120	水性丙烯酸、水性聚氨酯或水性氟树脂涂料	1～2	80	C2(H),C3(H),C4(M)
配套41	水性环氧富锌底漆	1	60	水性丙烯酸、水性聚氨酯或水性氟树脂涂料	2～3	180	水性丙烯酸、水性聚氨酯或水性氟树脂涂料	1～2	80	C2(H),C3(H),C4(H)

（2）涂层配套体系性能要求。涂层配套体系的性能应符合表3-46的要求。涂层配套体系适用于多种大气腐蚀性等级和耐久性等级时，按最高等级要求进行测试。

钢结构用水性防腐涂层配套体系性能要求　　　　　　　　　表3-46

项目		腐蚀性等级/耐久性等级								
		C2			C3			C4		
		L	M	H	L	M	H	L	M	H
附着力（拉开法）(MPa)	≥	3（使用锌粉底漆、单组分醇酸底漆或单组分丙烯酸底漆等单组分体系适用）；5（使用其他双组分交联型底漆的体系适用）								
附水性[a](h)		48	72	120	72	96	120	96	120	240
耐酸性[a,b](h)（50g/L硫酸溶液）		—	—	—	48	48	48	48	96	120
耐碱性[a,c](h)（50g/L氢氧化钠溶液）		—	—	—	—	—	—	48	96	120
耐油性[a,d](h)（3号普通型油漆及清洗用熔剂油或商定）		—	—	—	—	—	—	48	96	120

续表

项目	腐蚀性等级/耐久性等级								
	C2			C3			C4		
	L	M	H	L	M	H	L	M	H
连续冷凝试验a(h)	48	48	120	48	120	240	120	240	480
耐中性盐雾a(h)	—	—	—	120	240	480	240	480	720
耐人工气候老化性e.f(h)	—	300	500	200	300	500	500	800	1000
附着力(拉开法)(MPa)　≥ (盐雾试验后)	2 且不小于初始测试结果的 50%								

a 耐水性、耐酸性、耐碱性、耐油性、连续冷凝试验、耐中性盐雾试验后不生锈、不起泡、不开裂、不剥落。

b 在酸性环境条件下使用时测试。

c 在碱性环境条件下使用时测试。

d 在油类环境条件下使用时测试。

e 在户外条件下使用时测试。

f 人工加速老化试验后性能不低于 GB/T 1766—2008 中保护性涂膜综合评定 1 级的要求。

4. 建筑钢结构防腐技术内容与指标

（1）技术内容。在涂装前，必须对钢构件表面进行除锈。除锈方法应符合设计要求或根据所用涂层类型的需要确定，并达到设计规定的除锈等级。常用的除锈方法有喷射除锈、抛射除锈、手工和动力工具除锈等。涂料的配置应按涂料使用说明书的规定执行，当天使用的涂料应当天配置，不得随意添加稀释剂。涂装施工可采用刷涂、滚涂、空气喷涂和高压无气喷涂等方法。宜在温度、湿度合适的封闭环境下，根据被涂物体的大小、涂料品种及设计要求，选择合适的涂装方法。构件在工厂加工涂装完毕，现场安装后，针对节点区域及损伤区域须进行二次涂装。

近年来，水性无机富锌漆凭借优良的防腐性能，外加耐光耐热好、使用寿命长等特点，常用于对环境和条件要求苛刻的钢结构领域。

（2）技术指标。防腐涂料中环境污染物的含量应符合《民用建筑工程室内环境污染控制规范》GB 50325 的相关规定和要求。涂装之前钢材表面除锈等级应符合设计要求，设计无要求时应符合《涂覆涂料前钢材表面处理 表面清洁度的目视评定 第 1 部分：未涂覆过的钢材表面和全面清除原有涂层后的钢材表面的锈蚀等级和处理等级》GB/T 8923.1 的有关规定评定等级。涂装施工环境的温度、湿度、基材温度要求，应根据产品使用说明确定，无明确要求的，宜按照环境温度 5～38℃，空气湿度小于 85%，基材表面温度高于露点 3℃ 以上的要求控制，雨、雪、雾、大风等恶劣天气严禁户外涂装。涂装遍数、涂层厚度应符合设计要求，当设计对涂层厚度无要求时，涂层干漆膜总厚度：室外应为 150μm，室内应为 125μm，允许偏差为 −25μm。每遍涂层干膜厚度的允许偏差为 −5μm。

当钢结构处在有腐蚀介质或露天环境且设计有要求时，应进行涂层附着力测试，可按照现行国家标准《漆膜附着力测定法》GB 1720 或《色漆和清漆　漆膜的划格试验》GB/T 9286 的有关规定执行。在检测范围内，涂层完整程度达到 70% 以上即为合格。

第 7 节　铝合金模板系统技术要求

铝合金模板是铝合金材料（AL 6061-T6 或 AL 6082-T6）挤压型材焊接而成的模板

（图 3-13），它具有自重轻、强度高、加工精度高、单块幅面大、拼缝少、施工方便的特点；同时模板周转使用次数多、摊销费用低、回收价值高，有较好的综合经济效益；并具有应用范围广、可墙顶同时浇筑、成型混凝土表面质量高、建筑垃圾少的技术优势。铝合金模板符合建筑工业化、环保节能要求。铝合金模板适用于墙、柱、梁、板等混凝土结构支模施工、竖向结构外墙爬模与内墙及梁板支模同步施工，目前在国内住宅标准层得到广泛推广和应用。

图 3-13 铝合金模板

3.7.1 材料

1. 铝合金挤压型材

铝合金挤压型材宜采用现行国家标准《一般工业用铝及铝合金挤压型材》GB/T 6892 中的 AL 6061-T6 或 AL 6082-T6。铝合金材质应符合现行国家标准《变形铝及铝合金化学成分》GB/T 3190 的有关规定。铝合金材料的物理性能指标应按表 3-47 采用。铝合金材料的强度设计值应按表 3-48 采用。铝合金材料焊接时，应采用交流氩弧气体保护焊或钨极脉冲氩弧气体保护焊，焊丝牌号应与母材成分相匹配。

铝合金材料的物理性能指标 表 3-47

弹性模量 E_a （N/mm²）	泊松比 v_a	剪变模量 G_a （N/mm²）	线膨胀系数 α_a （以每℃计）	质量密度 ρ_a （kg/m³）
70000	0.3	27000	23×10^{-6}	2700

铝合金材料的强度设计值（N/mm²） 表 3-48

铝合金材料			用于构件计算		用于焊接连接计算	
牌号	状态	厚度 （mm）	抗拉、抗压 和抗弯 f_a	抗剪 f_{va}	焊件热影响区抗拉、 抗压和抗弯 $f_{a,haz}$	焊件热影响区 抗剪 $f_{v,haz}$
6061	T6	所有	200	115	100	60
6082	T6	所有	230	120	100	60

2. 钢材

钢材应符合现行国家标准《碳素结构钢》GB/T 700 和《低合金高强度结构钢》GB/T 1591 的有关规定；其物理性能指标、强度设计值应符合现行国家标准《钢结构设计标准》GB 50017 的有关规定。焊接钢管应符合现行国家标准《直缝电焊钢管》GB/T 13793 或《低压流体输送用焊接钢管》GB/T 3091 中 Q235、Q345 普通钢管的有关规定。无缝钢管应符合现行国家标准《结构用无缝钢管》GB/T 8162 的有关规定。钢材焊接时，所用焊条应符合现行国家标准《非合金钢及细晶粒钢焊条》GB/T 5117 或《热强钢焊条》GB/T 5118 的有关规定。对拉螺栓应采用粗牙螺纹，其规格和轴向受拉承载力设计值可按表 3-49 采用。

对拉螺栓规格及轴向受拉承载力设计值（N_t^b）　　　　　表 3-49

螺栓规格	螺纹外径（mm）	螺纹内径（mm）	净截面面积 A_n（mm²）	重量（N/m）	轴向受拉承载力设计值 N_t^b（kN）
φ18	17.75	14.6	167.4	16.1	28.1
φ22	21.6	18.4	265.9	24.6	43.6
φ27	26.9	23.0	415.5	38.4	68.1

3.7.2　铝合金模板系统

组合铝合金模板体系是指由铝合金模板、早拆装置、支撑及配件组成的模板体系。

1. 铝合金模板

铝合金模板包括平面模板和转角模板等。

（1）平面模板。平面模板是用于混凝土结构平面处的模板。它由 U 形材和肋焊接而成，如图 3-14、图 3-15 所示。其中面板实测厚度不得小于 3.5mm，边框、端肋公称壁厚不得小于 5mm，模板边框与端肋高宜为 65mm，销钉孔位中心与板面距离宜为 40mm。

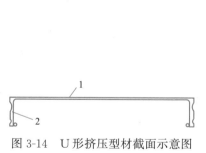

图 3-14　U 形挤压型材截面示意图
1—面板；2—边框

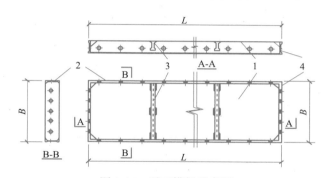

图 3-15　平面模板示意图
1—面板；2—边框；3—次肋；4—端肋

① 平面模板分类及用途。平面模板包括楼板模板、墙柱模板、梁模板、承接模板等，其分类及用途如表 3-50 所示。平面模板有标准模板和非标准模板，建筑层高为 2.8～3.3m 的住宅建筑模板宜采用标准模板，根据工程需要可增设其他非标准模板。

平面模板的分类及用途　　　　　表 3-50

类别	名称		用途
平面模板	楼板模板		用于楼板
	墙柱模板	外墙柱模板	外墙、柱外侧模板，与承接模板连接
		内墙柱模板	墙、柱内侧模板，底部连有 40mm 高的底脚
		墙端模板	墙端部封口处模板，两长边方向连有 65mm 宽的翼缘，底部连有 40mm 高的底脚
	梁模板	梁侧模板	用于梁侧
		梁底模板	用于梁底，两长边方向均带 65mm 宽的翼缘
	承接模板		承接上层外墙、柱外侧及电梯井道内侧模板

② 标准模板。楼板、梁底模板规格与孔位规定如表 3-51 所示；梁侧模板规格与孔位规定如表 3-52 所示；墙柱模板规格与孔位规定如表 3-53 所示；承接模板规格与孔位规定如表 3-54 所示。

楼板、梁底模板规格与孔位规定（mm）　　　　　　　表 3-51

规格	长度 L	宽度 B					
	1100	600	400	350	300	250	200
孔位	100+300× 3+100	50+100× 5+50	50+100× 3+50	50+100+50+ 100+50	50+100× 2+50	50×5	50×4

注：用于梁底时，沿模板两长边方向应连接 65mm 宽的翼缘。翼缘可与模板一次挤压成型，也可焊接或用螺栓连接。翼缘孔位中心距应为 50mm。

梁侧模板规格与孔位规定（mm）　　　　　　　表 3-52

规格	长度 L	宽度 B					
	1200	400	350	300	250	200	150
孔位	50+100+300× 3+100+50	50+100× 3+50	50+100+50+ 100+50	50+100× 2+50	50×5	50×4	50×3

墙柱模板规格与孔位规定（mm）　　　　　　　表 3-53

规格	长度 L	宽度 B						
	2700	2500	400	350	300	250	200	150	100
孔位	50+100+ 300×8+ 100+50	50+100+200+ 300×6+200+ 100+50	50+100× 3+50	50+100+50+ 100+50	50+100× 2+50	50×5	50×4	50×3	50×2

注：用于内墙柱时，模板底部应连接 40mm 高的底脚。底脚可与墙柱模板用螺栓连接，也可焊接。

承接模板规格与孔位规定（mm）　　　　　　　表 3-54

规格	长度 L					宽度 B
	1800	1500	1200	900	600	300
孔位	N×50					50+100×2+50

注：承接模板锚栓孔为长圆孔，沿长度方向孔中心间距不应大于 800mm。

③ 非标准模板

非标准平面模板边框、端肋的孔位应符合下列规定：A. 相邻孔位中心距应以 50mm 为模数；B. 边框相邻孔位中心距不应大于 300mm；C. 端肋相邻孔位中心距不应大于 150mm；D. 应与标准模板的孔位相适应。

（2）转角模板。转角模板是用于混凝土结构转角处的模板，连接角模公称壁厚不得小于 6.0mm；阴角模板公称壁厚不得小于 3.5mm。它分为楼板阴角模板、梁底阴角模板、梁侧阴角模板、楼板阴角转角模板、墙柱阴角模板及连接角模等，如表 3-55 所示。

转角模板的分类及用途　　　　　　　　　　　　　　表 3-55

类别	名称	用途
转角模板	楼板阴角模板	连接楼板模板与梁侧或墙柱模板
	梁底阴角模板	连接梁底模板与墙柱模板
	梁侧阴角模板	连接梁侧模板与墙柱模板
	楼板阴角转角模板	连接阴角转角处的楼板与梁侧、墙、柱模板
	墙柱阴角模板	连接阴角转角处相邻墙柱模板
	连接角模	连接阳角转角处的相邻模板

楼板、梁侧、梁底阴角模板如图 3-16 所示，规格与孔位如表 3-56 所示；楼板阴角转角模板如图 3-17 所示，规格与孔位如表 3-57 所示；墙、柱阴角模板如图 3-18 所示，规格与孔位如表 3-58 所示；连接角模如图 3-19 所示，规格与孔位如表 3-59 所示。

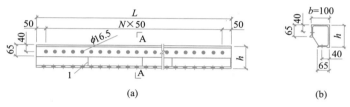

图 3-16　楼板、梁侧、梁底阴角模板示意图

（a）平面图；（b）A-A 剖面

1—铝板加劲，间距不大于 700mm

楼板、梁侧、梁底阴角模板规格与孔位规定（mm）　　　　表 3-56

规格	宽度×高度 （$b \times h$）	100×150	100×140	100×130	100×120	100×110	100×100
	长度 L	1800	1500	1200	900	600	550	500
		450	400	350	300	250	200	
	孔位	沿模板长度方向 $N \times 50$						

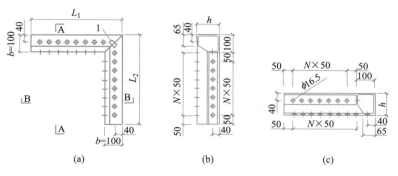

图 3-17　楼板阴角转角模板示意图

（a）平面图；（b）A-A 剖面；（c）B-B 剖面

1—铝板加劲

楼板阴角转角模板规格与孔位规定（mm）　　　　　　　　　　　表 3-57

规格	宽度×高度 ($b×h$)	100×150	100×140	100×130	100×120	100×110	100×100
	长度 ($L_1×L_2$)	400×400		350×350		300×300	250×250
	孔位	沿模板长度方向 $N×50$					

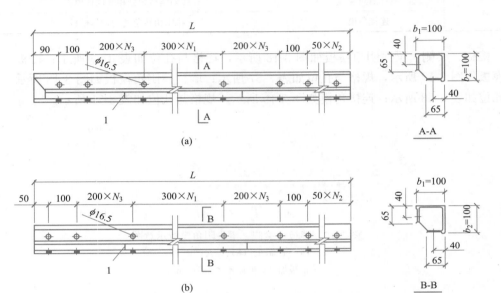

图 3-18　墙柱阴角模板示意图

（a）内墙柱阴角；（b）外墙柱阴角

1—铝板加劲，间距不大于 700mm

墙柱阴角模板规格与孔位规定（mm）　　　　　　　　　　　表 3-58

内墙柱	规格	宽度×宽度 ($b_1×b_2$)	100×100					
		长度 L	3040	2940	2840	2740	2640	2540
	孔位		90+100+ 300×8+ 100+50×7	90+100+ 300×8+ 100+50×5	90+100+ 300×8+ 100+50×3	90+100+ 300×8+ 100+50	90+100+200+ 300×6+200+ 100+50×3	90+100+200+ 300×6+200+ 100+50
外墙柱	规格	宽度×宽度 ($b_1×b_2$)	100×100					
		长度 L	3000	2900	2800	2700	2600	2500
	孔位		50+100+ 300×8+ 100+50×7	50+100+ 300×8+ 100+50×5	50+100+ 300×8+ 100+50×3	50+100+ 300×8+ 100+50	50+100+200+ 300×6+200+ 100+50×3	50+100+200+ 300×6+200+ 100+50

注：内墙柱阴角模板底部第一个孔位中心距模板底部（50+40）mm。

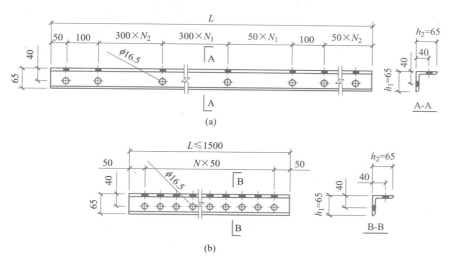

图 3-19 连接角模示意图

（a）墙柱连接角模；（b）其他位置连接角模

连接角模规格与孔位规定（mm）   表 3-59

墙柱	规格	高度×高度 $(h_1 \times h_2)$	65×65					
		长度 L	3000	2900	2800	2700	2600	2500
		孔位	50+100+ 300×8+ 100+50×7	50+100+ 300×8+ 100+50×5	50+100+ 300×8+ 100+50×3	50+100+ 300×8+ 100+50	50+100+200+ 300×6+200+ 100+50×3	50+100+200+ 300×6+200+ 100+50
其他	规格	高度×高度 $(h_1 \times h_2)$	65×65					
		长度 L	1500	1200	900	600	550	500
			450	400	350	300	250	200
		孔位	沿模板长度方向 $N \times 50$					

2. 早拆装置

早拆装置安装在竖向支撑上，可将模板及早拆铝梁降下，实现先行拆除模板。早拆装置由早拆头、早拆铝梁、快拆锁条等组成，如表 3-60 所示。

早拆装置分类及用途   表 3-60

类别	名称	用途
早拆装置	梁底早拆头	连接梁底模板、支撑早拆梁
	板底早拆头	连接早拆铝梁、支撑早拆板
	单斜中拆铝梁	连接楼板端部的板底早拆头与楼板模板
	双斜早拆铝梁	连接楼板跨中的板底早拆头与楼板模板
	快拆锁条	连接板底早拆头与早拆铝梁

（1）梁底早拆头。梁底早拆头如图 3-20 所示，规格与孔位如表 3-61 所示。

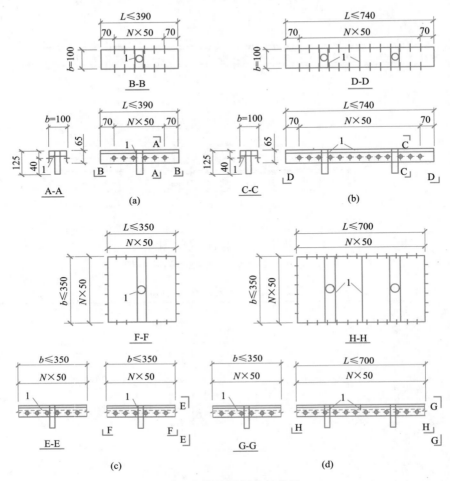

图 3-20　梁底早拆头示意图

（a）单向单管；（b）单向双管；（c）双向单管；（d）双向双管

1—铝板加劲

梁底早拆头规格与孔位规定（mm）　　　　　　　　　　　　表 3-61

		宽度 b	100					
单向	规格	长度 L	490	440	390	340	290	240
	孔位		两端第一个孔位中心到板端间距为(50+20)mm，中间相邻孔位中心距为 50mm					
双向	规格	宽度 b	450	400	350	300	250	200
		长度 L	450	400	350	300	250	200
	孔位		各边相邻孔位中心距均为 50mm					

注：1. 单向梁底早拆头宽度 b=100mm，长度 L=梁宽+2×20mm。

　　2. 双向梁底早拆头长、宽尺寸分别同各向梁宽。

（2）板底早拆头。板底早拆头如图 3-21 所示，规格如表 3-62 所示。

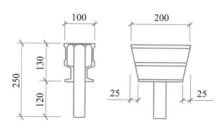

图 3-21　板底早拆头示意图

板底早拆头规格（mm）　　　　表 3-62

规格	宽度 b	100
	长度 L	200

（3）早拆铝梁。早拆铝梁如图 3-22 所示，规格与孔位如表 3-63 所示。

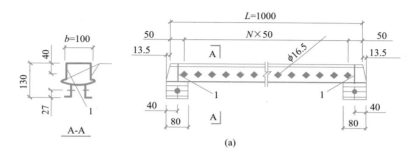

(a)

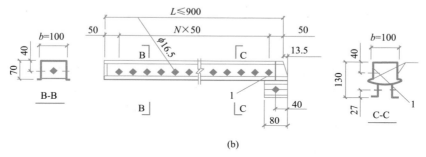

(b)

图 3-22　早拆铝梁示意图
（a）双斜早拆铝梁；（b）单斜早拆铝梁
1—加劲封板

早拆铝梁规格与孔位规定（mm）　　　　表 3-63

规格	宽度 b		100				
	长度 L	双斜	100				
		单斜	900	850	800	750	700
			650	600	550	500	450	400
孔位			沿模板长度方向 N×50				

3. 支撑

支撑是用于支撑铝合金模板、加强模板整体刚度、调整模板垂直度、承受模板传递的荷载的部件，包括可调钢支撑、斜撑、背楞、柱箍等，如表 3-64 所示。

支撑系统的名称及用途 　　　　　　　　　表 3-64

类别	名称	用途
支撑	可调钢支撑	支撑早拆头
	斜撑	用于竖向侧模板调直或增加模板刚度和稳定性
	背楞	用于增加竖向侧模板刚度的方钢管或其他形式的构件
	柱箍	用于增加柱模板刚度

（1）可调钢支撑。可调钢支撑如图 3-23 所示，截面特性及承载力如表 3-65 所示。

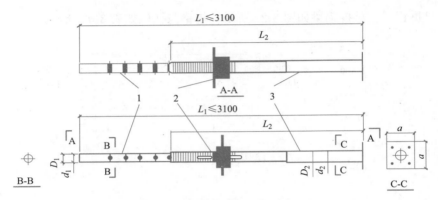

图 3-23　常用可调钢支撑示意图

1—插管；2—插销；3—套管

可调钢支撑截面特性及承载力 　　　　　　　　　表 3-65

编号	项目	直径(mm) 外径	直径(mm) 内径	壁厚 (mm)	截面积 A (cm²)	惯性矩 l (cm⁴)	回转半径 r (cm)	承载力设计值 (kN)
1	插管	48	42	3.0	4.24	10.78	1.59	16
	套管	60	54	3.0	5.37	21.88	2.02	
2	插管	48	41	3.5	4.89	12.19	1.58	18
		60	53	3.5	6.21	24.88	2.00	

（2）背楞。背楞如图 3-24 所示，截面特性如表 3-66 所示。

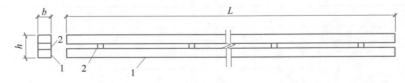

图 3-24　背楞示意图

1—矩形钢管；2—连接钢管

背楞截面特性

表 3-66

规格		截面积 A（cm²）	惯性矩 l（cm⁴）	截面抵抗矩 W（cm³）
矩形钢管	60.0mm×40.0mm×2.5mm	4.57	21.88	7.29
	80.0mm×40.0mm×2.0mm	4.52	37.13	9.28
	100.0mm×50.0mm×3.0mm	8.64	112.12	22.42

4. 配件

配件是用于铝合金模板构件之间的拼接或连接、两竖向侧模板及背楞拉结的部件，包括销钉、销片、对拉螺栓、对拉螺栓垫片等，如表 3-67 所示。

配件的分类及用途

表 3-67

类别	名称	用途
配件	销钉	与销片配合使用，用于模板之间的连接，其中，长销钉用于连接快拆锁条与早拆装置
	销片	与销钉配合使用
	对拉螺栓	用于拉结两竖向侧模板及背楞
	对拉螺栓垫片	对拉螺栓配件

第 8 节 承插型盘扣式钢管支架材料质量技术要求

承插型盘扣式钢管支架是指立杆采用套管承插连接，水平杆和斜杆采用杆端扣接头卡入连接盘，用楔形插销连接，形成结构几何不变体系的钢管支架。其具有安全可靠、稳定性好、承载力高；全部杆件系列化、标准化、搭拆快、易管理、适应性强；除搭设常规脚手架及支撑架外，由于有斜拉杆的连接，销键型脚手架还可搭设悬挑结构、跨空结构架体，可整体移动、整体吊装和拆卸等特点。根据其用途可分为模板支架和脚手架两类。

承插型盘扣式钢管支架主要特点如下：

（1）安全可靠。立杆上的连接盘与焊接在横杆或斜拉杆上的插头锁紧，接头传力可靠；立杆与立杆的连接为同轴心承插；各杆件轴心交于一点。架体受力以轴心受压为主，由于有斜拉杆的连接，使得架体的每个单元形成格构柱，因而承载力高，不易发生失稳。

（2）搭拆快、易管理。横杆、斜拉杆与立杆连接，用一把铁锤敲击楔型销即可完成搭设与拆除，速度快，功效高。全部杆件系列化、标准化，便于仓储、运输和堆放。

（3）适应性强。除搭设一些常规架体外，由于有斜拉杆的连接，盘销式脚手架还可搭设悬挑结构、跨空结构、整体移动、整体吊装、整体拆卸的架体。

（4）节省材料、绿色环保。由于采用低合金结构钢为主要材料，在表面热浸镀锌处理后，与钢管扣件脚手架、碗扣式钢管脚手架相比，在同等荷载情况下，材料可以节省约 1/3，节省材料费和相应的运输费、搭拆人工费、管理费、材料损耗费等，产品寿命长，绿色环保，技术经济效益明显。

3.8.1　承插型盘扣式钢管支架

承插型盘扣式钢管支架由立杆、水平杆、斜杆、可调底座及可调托座等构配件构成，如图 3-25 所示。

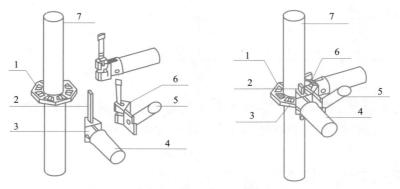

图 3-25　承插型盘扣式钢管支架

1—连接盘；2—插销；3—水平杆杆端扣接头；4—水平杆；5—斜杆；6—斜杆杆端扣接头；7—立杆

（1）立杆：立杆是焊接有连接盘和连接套筒的竖向支撑杆件。

（2）连接盘：连接盘是焊接于立杆上可扣接 8 个方向扣接头的八边形或圆环形孔板。

（3）盘扣节点：盘扣节点是支架立杆上的连接盘与水平杆、斜杆杆端上的插销连接的部位。

（4）立杆连接套管：立杆连接套管是焊接于立杆一端，用于立杆竖向接长的专用外套管。

（5）立杆连接件：立杆连接件是将立杆与立杆连接套管固定防拔脱的专用部件。

（6）水平杆：水平杆是两端焊接有扣接头，且与立杆扣接的水平杆件。

（7）扣接头：扣接头是位于水平杆或斜杆杆件端头，用于与立杆上的连接盘扣接的部件。

（8）插销：插销是固定接头与连接盘的专用楔形部件。

3.8.2　材料要求

1. 材质

承插型盘扣式钢管支架的构配件除有特种要求外，其材质应符合现行国家标准《低合金高强度结构钢》GB/T 1591、《碳素结构钢》GB/T 700 以及《一般工程用铸造碳钢件》GB/T 11352 的有关规定，各类支架主要构配件材质应符合表 3-68 的规定。

承插型盘扣式钢管支架主要构配件材质　　　　　　　　　　　表 3-68

立杆	水平杆	紧身斜杆	水平斜杆	扣接头	立杆连接套管	可调底座、可调托座	可调螺母	连接盘、插销
Q345A	Q235A	Q195	Q235B	ZG230-450	ZG230-450 或 20 号无缝钢管	Q235B	ZG270-500	ZG230-450 或 Q235B

2. 钢管外径与壁厚

钢管外径允许偏差应符合表 3-69 的规定，钢管壁厚允许偏差应为 ±0.1mm。

钢管外径允许偏差（mm）　　　　　　　　　　表 3-69

外径 D	外径允许偏差
33、38、42、48	+0.2 −0.1
60	+0.3 −0.1

3. 连接盘、扣接头、插销以及可调螺母的调节手柄

连接盘、扣接头、插销以及可调螺母的调节手柄采用碳素铸钢制造时，其材料机械性能不得低于现行国家标准《一般工程用铸造碳钢件》GB/T 11352 中 ZG230-450 的屈服强度、抗拉强度、延伸率的要求。

3.8.3　制作质量要求

1. 焊接

杆件焊接制作应在专用工艺装备上进行，各焊接部位应牢固可靠。焊丝宜采用符合现行国家标准《气体保护电弧焊用碳钢、低合金钢焊丝》GB/T 8110 中气体保护电弧焊用碳钢、低合金钢焊丝的要求，有效焊缝高度不应该小于 3.5mm。

2. 连接盘

铸钢或钢板热锻制作的连接盘的厚度不应小于 8mm，允许尺寸偏差应为 ±0.5mm；钢板冲压制作的连接盘厚度不应小于 10mm，允许尺寸偏差应为 ±0.5mm。

3. 接头

塑钢制作的杆端扣接头应与立杆钢管外表面形成良好的弧面接触，并应有不小于 $500mm^2$ 的接触面积。

4. 插销

楔形插销的斜度应确保楔形插销楔入连接盘后能自锁。铸钢、钢板热锻或钢板冲压制作的插销厚度不应小于 8mm，允许尺寸偏差为 ±0.1mm。

5. 套管

立杆连接套管可采用铸钢套管或无缝钢管套管。采用铸钢套管形式的立杆连接套长度不应小于 90mm，可插入长度不应小于 75mm；采用无缝钢管套管形成的立杆连接套长度不应小于 160mm，可插入长度不应小于 110mm。套管内径与立杆钢管外径间隙不应大于 2mm。

6. 销孔

立杆与立杆连接套管应设置固定立杆连接件的防拔出销孔，销孔孔径不应大于 14mm，允许尺寸偏差为 ±0.1mm；立杆连接件直径宜为 12mm，允许尺寸偏差为 ±0.1mm。

7. 连接盘与立杆焊接

连接盘与立杆焊接固定时，连接盘盘心与立杆轴心的不同轴度不应大于 0.3mm；以单侧边连接盘外边缘处为测点，盘面与立杆纵轴线正交的垂直度偏差不应大于 0.3mm。

8. 可调底座和可调托座的丝杆

可调底座和可调托座的丝杆宜采用梯形牙，A 型立杆宜配置 $\phi48mm$ 的丝杆和调节手柄，丝杆外径不应小于 46mm；B 型立杆宜配置 ϕ38mm 的丝杆和调节手柄，丝杆外径不应小于 36mm。

9. 可调底座的底板和可调托座托板

可调底座的底板和可调托座托板宜采用 Q235 钢板制作，厚度不应小于 5mm，允许尺寸偏差为 ±0.2mm，承力面钢板长度和宽度均不应小于 150mm；承力面钢板与丝杆应采用环焊，并应设置加劲片或加劲拱度；可调托座托板应设置开口挡板，挡板高度不应小于 40mm。

10. 可调底座及可调座丝杆与螺母旋合长度

可调底座及可调座丝杆与螺母旋合长度不应小于五扣，螺母厚度不得小于 30mm，可调托座和可调底座插入立杆内的长度应符合《建筑施工承插型盘扣式钢管支架安全技术规程》JGJ 231—2010 第 6.1.5 条的规定。

11. 主要构配件的制作质量及形位公差要求

主要构配件的制作质量及形位公差要求，应符合表 3-70 的规定。

主要构配件的制作质量及形位公差要求   表 3-70

构配件名称	检查项目	公称尺寸(mm)	允许偏差(mm)	检测工具
立杆	长度	—	±0.7	钢卷尺
	连接盘间距	500	±0.5	钢卷尺
	杆件直线度	—	$L/1000$	专用量具
	杆端面对轴线垂直度	—	0.3	角尺
	连接盘与立杆同轴度	—	0.3	专用量具
水平杆	长度	—	±0.5	钢卷尺
	扣接头平行度	—	≤1.0	专用量具
水平斜杆	长度	—	±0.5	钢卷尺
	扣接头平行度	—	≤1.0	专用量具
竖向斜杆	两端螺栓孔间距	—	≤1.5	钢卷尺
可调托座	托板厚度	5	±0.2	游标卡尺
	加劲片厚度	4	±0.2	游标卡尺
	丝杆外径	ϕ48,ϕ38	±2.0	游标卡尺
	底板厚度	5	±0.2	游标卡尺
	丝杆外径	ϕ48,ϕ38	±2.0	游标卡尺
挂扣式钢脚手板	挂钩圆心间距	—	±2.0	钢卷尺
	宽度	—	±3.0	钢卷尺
	高度	—	±2.0	钢卷尺
挂扣式钢梯	挂钩圆心间距	—	±2.0	钢卷尺
	梯段宽度	—	±3.0	钢卷尺
	踏步高度	—	±2.0	钢卷尺
挡脚板	长度	—	±2.0	钢卷尺
	宽度	—	±2.0	钢卷尺

12. 可调托座、可调底座承载力

可调托座、可调底座承载力应符合表 3-71 的规定。

可调托座、可调底座承载力　　　　　　　　　　　　表 3-71

轴心抗压承载力		偏心抗压承载力	
平均值（kN）	最小值（kN）	平均值（kN）	最小值（kN）
200	180	170	153

13. 挂扣式钢脚手板承载力

挂扣式钢脚手板承载力，应符合表 3-72 的规定。

挂扣式钢脚手板承载力　　　　　　　　　　　　表 3-72

项目	平均值	最小值
挠度（mm）	$\leqslant 10$	
受弯承载力（kN）	＞5.4	＞4.9
抗滑移强度（kN）	＞3.2	＞2.9

14. 构配件外观质量

构配件外观质量应符合下列要求：（1）钢管应无裂缝、凹陷、锈蚀，不得采用对接焊接钢管；（2）钢管应平直，直线度允许偏差应为管长的 1/500，两端面应平整，不得有斜口、毛刺；（3）铸件表面应光滑，不得有斜口、毛刺，不得有砂眼、缩孔、裂纹、浇冒口残余等缺陷，表面粘砂应清除干净；（4）冲压件不得有毛刺、裂纹、氧化皮等缺陷；（5）各焊缝有效高度应符合《建筑施工承插型盘扣式钢管支架安全技术规程》JGJ 231—2010 中 3.3.1 条的规定，焊缝应饱满，焊药应清除干净，不得有未焊透、夹渣、咬肉、裂纹等缺陷；（6）可调底座和可调托座表面应浸漆或冷镀锌，涂层应均匀牢固；（7）架体杆件及其他构配件表面应热镀锌，表面应光滑，在连接处不得有毛刺；（8）主要构配件上的生产厂标识应清晰。

第4章　新技术、新工艺

为促进建筑产业升级，加快建筑业技术进步，住房和城乡建设部工程质量安全监管司组织国内建筑行业百余位专家，对《建筑业 10 项新技术（2010）》进行了全面修订，修订后的《建筑业 10 项新技术（2017）》突出了 10 项新技术工程应用的通用性与行业覆盖面，总体以建筑工程应用为主，适当考虑交通、市政等其他领域的需求。所推广新技术将全面反映现阶段我国建筑业技术发展的最新成就，同时强调了每项技术应具有先进性、适用性、成熟性与可推广性的特点。"建筑业 10 项新技术"内容包括：（1）地基基础和地下空间工程技术；（2）钢筋混凝土技术；（3）模板脚手架技术；（4）装配式混凝土技术；（5）钢结构技术；（6）机电安装工程技术；（7）绿色施工技术；（8）防水技术与围护结构节能；（9）抗震、加固与监测技术；（10）信息化技术。10 大方面的技术，共计 107 项。本章结合《建筑业 10 项新技术（2017）》对以下新技术、新工艺作重点介绍。

第1节　自密实混凝土技术

4.1.1　技术内容

自密实混凝土（Self-Compacting Concrete，简称 SCC）是具有高流动性、均匀性和稳定性，浇筑时无须或仅须轻微外力振捣，能够在自重作用下流动并能充满模板空间的混凝土，属于高性能混凝土的一种。自密实混凝土技术主要包括：（1）自密实混凝土的流动性、填充性、保塑性控制技术；（2）自密实混凝土配合比设计；（3）自密实混凝土早期收缩控制技术。

1. 自密实混凝土流动性、填充性、保塑性控制技术

自密实混凝土拌合物应具有良好的工作性，包括流动性、填充性和保水性等。通过骨料的级配控制、优选掺合料以及高效（高性能）减水剂来实现混凝土的高流动性、高填充性。其测试方法主要有坍落扩展度和扩展时间试验方法、J 环扩展度试验方法、离析率筛析试验方法、粗骨料振动离析率跳桌试验方法等。

2. 自密实混凝土配合比设计

自密实混凝土配合比设计与普通混凝土有所不同，有全计算法、固定砂石法等。配合比设计时，应注意以下几点要求。

（1）单方混凝土用水量宜为 160～180kg。

（2）水胶比根据粉体的种类和掺量有所不同，不宜大于 0.45。

（3）根据单位体积用水量和水胶比计算得到单位体积粉体量，单位体积粉体量宜为 0.16～0.23。

（4）自密实混凝土单位体积浆体量宜为 0.32～0.40。

3. 自密实混凝土自收缩

由于自密实混凝土水胶比较低、胶凝材料用量较高，导致混凝土自收缩较大，应采取优化配合比，加强养护等措施，预防或减少自收缩引起的裂缝。

4.1.2 技术指标

1. 原材料的技术要求

（1）胶凝材料。水泥选用较稳定的硅酸盐水泥或普通硅酸盐水泥；掺合料是自密实混凝土不可缺少的组分之一。一般常用的掺合料有粉煤灰、磨细矿渣、硅灰、粒化高炉矿渣粉、石灰石粉等，也可掺入复合掺合料，复合掺合料宜满足《混凝土用复合掺合料》JG/T 486 中易流型或普通型 I 级的要求。胶凝材料总量宜控制在 $400\sim550\text{kg}/\text{m}^3$。

（2）细骨料。细骨料质量控制应符合《普通混凝土用砂、石质量及检验方法标准》JGJ 52 以及《混凝土质量控制标准》GB 50164 的有关要求。

（3）粗骨料。粗骨料宜采用连续级配或 2 个及以上单粒级配搭配使用，粗骨料的最大粒径一般以小于 20mm 为宜，尽可能选用圆形且不含或少含针、片状颗粒的骨料；对于配筋密集的竖向构件、复杂形状的结构以及有特殊要求的工程，粗骨料的最大公称粒径不宜大于 16mm。

（4）外加剂。自密实混凝土具备的高流动性、抗离析性、间隙通过性和填充性这 4 个方面特点都需要以外加剂为主的手段来实现。减水剂宜优先采用高性能减水剂。对减水剂的主要要求为：与水泥的相容性好，减水率大，并具有缓凝、保塑的特性。

2. 自密实性能主要技术指标

对于泵送浇筑施工的工程，应根据构件形状与尺寸、构件的配筋等情况确定混凝土坍落扩展度。对于从顶部浇筑的无配筋或配筋较少的混凝土结构物（如平板）以及无须水平长距离流动的竖向结构物（如承台和一些深基础），混凝土坍落扩展度应满足 $550\sim655\text{mm}$；对于一般的普通钢筋混凝土结构，混凝土结构坍落扩展度应满足 $660\sim755\text{mm}$；对于结构截面较小的竖向构件、形状复杂的结构等，混凝土坍落扩展度应满足 $760\sim850\text{mm}$；对于配筋密集的结构或有较高混凝土外观性能要求的结构，扩展时间 T_{500}（s）应不大于 2s。其他技术指标应满足《自密实混凝土应用技术规程》JGJ/T 283 的相关要求。

4.1.3 施工要点

1. 混凝土制备与运输

（1）自密实混凝土原材料进场时，供方应按批次向需方提供质量证明文件。

（2）原材料进场后，应进行质量检验，并应符合下列规定：①胶凝材料、外加剂的检验项目与批次应符合现行国家标准《预拌混凝土》GB/T 14902 的有关规定；②粗、细骨料的检验项目与批次应符合现行行业标准《普通混凝土用砂、石质量及检验方法标准》JGJ 52 的有关规定，其中人工砂检验项目还应包括亚甲蓝（MB）值；③其他原材料的检验项目和批次应按国家现行有关标准执行。

（3）原材料贮存应符合下列规定：①水泥应按品种、强度等级及生产厂家分别贮存，并应防止受潮和污染；②掺合料应按品种、质量等级和产地分别贮存，并应防雨和防潮；③骨料宜采用仓储或带棚堆场贮存，不同品种、规格的骨料应分别贮存，堆料仓应设有分隔区域；④外加剂应按品种和生产厂家分别贮存，采取遮阳、防水等措施。粉状外加剂应防止受潮结块；液态外加剂应贮存在密闭容器内，并应防晒和防冻，使用前应搅拌均匀。

（4）自密实混凝土在搅拌机中的搅拌时间不应少于 60s，并应比非自密实混凝土适当延长。

（5）生产过程中，每台班应至少检测 1 次骨料含水率。当骨料含水率有显著变化时，应增加测定次数，并应依据检测结果及时调整材料用量。

（6）高温施工时，生产自密实混凝土原材料最高入机温度应符合规定，必要时应对原材料采取温度控制措施。

（7）冬期施工时，宜对拌合水、骨料进行加热，但拌合水温度不宜超过 60℃、骨料不宜超过 40℃；水泥、外加剂、掺合料不得直接加热。

（8）泵送自密实轻骨料混凝土所用的轻粗骨料在使用前，宜采用浸水、洒水或加压预湿等措施进行预湿处理。

（9）自密实混凝土运输应采用混凝土搅拌运输车，并宜采取防晒、防寒等措施。

（10）运输车在接料前应将车内残留的混凝土清洗干净，并应将车内积水排尽。自密实混凝土运输过程中，搅拌运输车的滚筒应保持匀速转动，速度应控制在 3～5r/min，并严禁向车内加水，运输车从开始接料至卸料的时间不宜大于 120min。卸料前，搅拌运输车罐体宜高速旋转 20s 以上，自密实混凝土的供应速度应保证施工的连续性。

2. 自密实混凝土施工

（1）自密实混凝土施工前应根据工程结构类型和特点、工程量、材料供应情况、施工条件和进度计划等确定施工方案，并对施工作业人员进行技术交底。自密实混凝土施工应进行过程监控，并应根据监控结果调整施工措施。自密实混凝土施工应符合现行国家标准《混凝土结构工程施工规范》GB 50666 的有关规定。

（2）模板及其支架设计、拆除应符合现行国家标准《混凝土结构工程施工规范》GB 50666 的相关规定。成型的模板应拼装紧密，不得漏浆，应保证构件尺寸、形状，并应符合下列规定：①斜坡面混凝土的外斜坡表面应支设模板；②混凝土上表面模板应有抗自密实混凝土浮力的措施；③浇筑形状复杂或封闭模板空间内混凝土时，应在模板上适当部位设置排气口和浇筑观察口。

（3）高温施工时，自密实混凝土入模温度不宜超过 35℃；冬期施工时，自密实混凝土入模温度不宜低于 5℃。在降雨、降雪期间，不宜在露天浇筑混凝土。

（4）大体积自密实混凝土入模温度宜控制在 30℃ 以下；混凝土在入模温度基础上的绝热温升值不宜大于 50℃，混凝土的降温速率不宜大于 2℃/d。

（5）浇筑自密实混凝土时，应根据浇筑部位的结构特点及混凝土自密实性能选择机具与浇筑方法，自密实混凝土泵送和浇筑过程应保持连续性。

（6）浇筑自密实混凝土时，现场应有专人进行监控，当混凝土自密实性能不能满足要求时，可加入适量的与原配合比相同成分的外加剂，外加剂掺入后搅拌运输车滚筒应快速旋转，外加剂掺量和旋转搅拌时间应通过试验验证。

（7）大体积自密实混凝土采用整体分层连续浇筑或推移式连续浇筑时，应缩短间歇时间，并应在前层混凝土初凝之前浇筑次层混凝土，同时应减少分层浇筑的次数。

（8）自密实混凝土浇筑最大水平流动距离应根据施工部位具体要求确定，且不宜超过 7m。布料点应根据混凝土自密实性能确定，并通过试验确定混凝土布料点的间距。

（9）柱、墙模板内的混凝土浇筑倾落高度不宜大于 5m，当不能满足规定时，应加设串筒、溜管、溜槽等装置。浇筑结构复杂、配筋密集的混凝土构件时，可在模板外侧进行辅助敲击。型钢混凝土结构应均匀对称浇筑。

（10）钢管自密实混凝土结构浇筑应符合下列规定：①应按设计要求在钢管适当位置设置排气孔，排气孔孔径宜为 20mm；②混凝土最大倾落高度不宜大于 9m，倾落高度大于 9m 时，应采用串筒、溜槽、溜管等辅助装置进行浇筑；③混凝土从管底顶升浇筑时应符合下列规定：A.应在钢管底部设置进料管，进料管应设止流阀门，止流阀门可在顶升浇筑的混凝土达到终凝后拆除；B.应合理选择顶升浇筑设备，控制混凝土顶升速度，钢管直径不宜小于泵管直径的 2 倍；C.浇筑完毕 30min 后，应观察管顶混凝土的回落下沉情况，出现下沉时，应人工补浇管顶混凝土。

（11）自密实混凝土宜避开高温时段浇筑。当水分蒸发速率过快时，应在施工作业面采取挡风、遮阳等措施。

（12）制定养护方案时，应综合考虑自密实混凝土性能、现场条件、环境温湿度、构件特点、技术要求、施工操作等因素。自密实混凝土浇筑完毕，应及时采用覆盖、蓄水、薄膜保湿、喷涂或涂刷养护剂等养护措施，养护时间不得少于 14d。

（13）大体积自密实混凝土养护措施应符合设计要求，当设计无具体要求时，应符合现行国家标准《大体积混凝土施工标准》GB 50496 的有关规定。对裂缝有严格要求的部位应适当延长养护时间。对于平面结构构件，混凝土初凝后，应及时采用塑料薄膜覆盖，并应保持塑料薄膜内有凝结水。混凝土强度达到 $1.2N/mm^2$ 后，应覆盖保湿养护，条件许可时宜蓄水养护。垂直结构构件拆模后，表面宜覆盖保湿养护，也可涂刷养护剂。

（14）冬期施工时，不得向裸露部位的自密实混凝土直接浇水养护，应用保温材料和塑料薄膜进行保温、保湿养护，保温材料的厚度应经热工计算确定。

（15）采用蒸汽养护的预制构件，养护制度应通过试验确定。

4.1.4　适用范围

自密实混凝土适用于：浇筑量大，浇筑深度和高度大的工程结构；配筋密集、结构复杂、薄壁、钢管混凝土等施工空间受限制的工程结构；工程进度紧、环境噪声受限或普通混凝土不能实现的工程结构。

4.1.5　工程案例

上海环球金融中心、北京恒基中心过街通道工程、江苏润扬长江大桥、广州珠江新城西塔、苏通大桥承台等。

第 2 节　钢结构智能测量技术

4.2.1　技术内容

钢结构智能测量技术是指在钢结构施工的不同阶段，采用基于全站仪、电子水准仪、GPS 全球定位系统、北斗卫星定位系统、三维激光扫描仪、数字摄影测量、物联网、无线数据传输、多源信息融合等多种智能测量技术，解决特大型、异形、大跨径和超高层等钢结构工程中传统测量方法难以解决的测量速度、精度、变形等技术难题，实现对钢结构安装精度、质量与安全、工程进度的有效控制。

1. 高精度三维测量控制网布设技术

采用 GPS 空间定位技术或北斗空间定位技术，同时利用智能型全站仪［具有双轴自动补偿、伺服马达、自动目标识别（ATR）功能和机载多测回测角程序］和高精度电子水准仪以及因瓦条码水准尺，按照现行《工程测量规范》GB 50026，建立多层级、高精度的三维测量控制网。

2. 钢结构地面拼装智能测量技术

使用智能型全站仪及配套测量设备，利用具有无线传输功能的自动测量系统，结合工业三坐标测量软件，实现空间复杂钢构件的实时、同步、快速地面拼装定位。

3. 钢结构精准空中智能化快速定位技术

采用带无线传输功能的自动测量机器人对空中钢结构安装进行实时跟踪定位，利用工业三坐标测量软件计算出相应控制点的空间坐标，并同对应的设计坐标相比较，及时纠偏、校正，实现钢结构快速精准安装。

4. 基于三维激光扫描的高精度钢结构质量检测及变形监测技术

采用三维激光扫描仪，获取安装后的钢结构空间点云，通过比较特征点、线、面的实测三维坐标与设计三维坐标的偏差值，从而实现钢结构安装质量的检测。该技术的优点是通过扫描数据点云可实现对构件的特征线、特征面进行分析比较，比传统检测技术更能全面反映构件的空间状态和拼装质量。

5. 基于数字近景摄影测量的高精度钢结构性能检测及变形监测技术

利用数字近景摄影测量技术对钢结构桥梁、大型钢结构进行精确测量，建立钢结构的真实三维模型，并同设计模型进行比较、验证，确保钢结构安装的空间位置准确。

6. 基于物联网和无线传输的变形监测技术

通过基于智能全站仪的自动化监测系统及无线传输技术，融合现场钢结构拼装施工过程中不同部位的温度、湿度、应力应变、GPS 数据等传感器信息，采用多源信息融合技术，及时汇总、分析、计算，全方位反映钢结构的施工状态和空间位置等信息，确保钢结构施工的精准性和安全性。

4.2.2 技术指标

1. 高精度三维控制网技术指标

相邻点平面相对点位中误差不超过 3mm，高程上相对高差中误差不超过 2mm；单点平面点位中误差不超过 5mm，高程中误差不超过 2mm。

2. 钢结构拼装空间定位技术指标

拼装完成的单体构件即吊装单元，主控轴线长度偏差不超过 3mm，各特征点监测值与设计值（X、Y、Z 坐标值）偏差不超过 10mm。具有球结点的钢构件，检测球心坐标值（X、Y、Z 坐标值）偏差不超过 3mm。构件就位后各端口坐标（X、Y、Z 坐标值）偏差均不超过 10mm，且接口（共面、共线）错台不超过 2mm。

3. 钢结构变形监测技术指标

所测量的三维坐标（X、Y、Z 坐标值）观测精度应达到允许变形值的 $1/20 \sim 1/10$。

4.2.3 适用范围

大型复杂或特殊复杂、超高层、大跨度等钢结构施工过程中的构件验收、施工测量及变形观测等。

4.2.4 工程案例

（1）大型体育建筑：国家体育场（"鸟巢"）、国家体育馆、水立方等。

（2）大型交通建筑：首都机场 T3 航站楼、天津西站、北京南站、港珠澳大桥等。

（3）大型文化建筑：国家大剧院、上海世博会世博轴、北京凤凰国际中心等。

第 3 节　装配式混凝土结构建筑信息模型应用技术

4.3.1　技术内容

利用建筑信息模型（BIM）技术，实现装配式混凝土结构的设计、生产、运输、装配、运维的信息交互和共享，实现装配式建筑全过程一体化协同工作。应用 BIM 技术，装配式建筑、结构、机电、装饰装修全专业协同设计，实现建筑、结构、机电、装修一体化；设计 BIM 模型直接对接生产、施工，实现设计、生产、施工一体化。

4.3.2　技术指标

建筑信息模型（BIM）技术指标主要有支撑全过程 BIM 平台技术，设计阶段模型精度、各类型部品部件参数化程度、构件标准化程度、设计直接对接工厂生产系统 CAM 技术，以及基于 BIM 与物联网技术的装配式施工现场信息管理平台技术。装配式混凝土结构设计应符合国家现行标准《装配式混凝土建筑技术标准》GB/T 51231、《装配式混凝土结构技术规程》JGJ 1 和《混凝土结构设计规范》GB 50010 等的有关要求，也可选用《预制混凝土剪力墙外墙板》15G 365—1、《预制钢筋混凝土阳台板、空调板及女儿墙》15G 368—1 等国家建筑标准设计图集。

除上述各项规定外，针对建筑信息模型技术的特点，在装配式建筑全过程 BIM 技术应用还应注意以下关键技术内容：

（1）搭建模型时，应采用统一标准格式的各类型构件文件，且各类型构件文件应按照固定、规范的插入方式，放置在模型的合理位置。

（2）预制构件出图排版阶段，应结合构件类型和尺寸，按照相关图集要求进行图纸排版，尺寸标注、辅助线段和文字说明，采用统一标准格式，并满足现行国家标准《建筑制图标准》GB/T 50104 和《建筑结构制图标准》GB/T 50105 的相关规定。

（3）预制构件生产，应接力设计 BIM 模型，采用"BIM＋MES＋CAM"技术，实现工厂自动化钢筋生产、构件加工；应用二维码技术、RFID 芯片等可靠识别与管理技术，使工厂生产管理系统结构化，实现可追溯的全过程质量管控。

（4）应用"BIM＋物联网＋GPS"技术，进行装配式预制构件运输过程追溯管理，施工现场可视化指导堆放、吊装等，搭建装配式建筑可视化施工现场信息管理平台。

4.3.3　适用范围

（1）装配式剪力墙结构：预制混凝土剪力墙外墙板，预制混凝土剪力墙叠合板，预制钢筋混凝土阳台板、空调板及女儿墙等构件的深化设计、生产、运输与吊装。

（2）装配式框架结构：预制框架柱、预制框架梁、预制叠合板、预制外挂板等构件的深化设计、生产、运输与吊装。

（3）异形构件的深化设计、生产、运输与吊装。异形构件分为结构形式异形构件和非结构形式异形构件，结构形式异形构件包括有坡屋面、阳台等；非结构形式异形构件有排水檐沟、建筑造型等。

4.3.4　工程案例

北京三星中心商业金融项目、五和万科长阳天地项目、合肥湖畔新城复建点项目、北京天竺万科中心、成都青白江大同集中安置房、清华苏世民书院、中建海峡（闽清）绿色建筑科技产业园综合楼、北京门头沟保障性自住商品房等。

第4节 防水卷材机械固定施工技术

4.4.1 聚氯乙烯（PVC）、热塑性聚烯烃（TPO）防水卷材机械固定施工技术

1. 技术内容

机械固定即采用专用固定件，如金属垫片、螺钉、金属压条等，将聚氯乙烯（PVC）或热塑性聚烯烃（TPO）防水卷材以及其他屋面层次的材料机械固定在屋面基层或结构层上。机械固定包括点式固定方式和线性固定方式。固定件的布置与承载能力应根据试验结果和相关规定严格设计。

聚氯乙烯（PVC）或热塑性聚烯烃（TPO）防水卷材的搭接是由热风焊接形成连续整体的防水层。焊接缝是因分子链互相渗透、缠绕形成新的内聚焊接链而产生的，强度高于卷材且与卷材同寿命。

点式固定即使用专用垫片或套筒对卷材进行固定，卷材搭接时覆盖住固定件。

线性固定即使用专用压条和螺钉对卷材进行固定，使用防水卷材覆盖条对压条进行覆盖。

2. 技术指标

（1）屋面为压型钢板的基板厚度不宜小于 0.75mm，且基板最小厚度不应小于 0.63mm，当基板厚度在 0.63～0.75mm 时，应通过固定钉拉拔试验；钢筋混凝土板的厚度不应小于 40mm，强度等级不应小于 C20，并应通过固定钉拉拔试验。

（2）聚氯乙烯（PVC）防水卷材的物理性能应满足《聚氯乙烯（PVC）防水卷材》GB 12952 的有关要求，热塑性聚烯烃（TPO）防水卷材物理性能指标应满足《热塑性聚烯烃（TPO）防水卷材》GB 27789 有关要求，主要性能指标见表 4-1、表 4-2。

聚氯乙烯（PVC）防水卷材主要性能　　　　　　表 4-1

试验项目		性能要求
最大拉力(N/cm)		≥250
最大拉力时延伸率(%)		≥15
热处理尺寸变化率(%)		≤0.5
低温弯折性		−25℃，无裂纹
不透水性(0.3MPa,2h)		不透水
接缝剥离强度(N/mm)		≥3
人工气候加速老化(2500h)	最大拉力保持率(%)	≥85
	伸长率保持率(%)	≥80
	低温弯折性(−20℃)	无裂纹

热塑性聚烯烃（TPO）防水卷材主要性能　　　　　　表 4-2

试验项目	性能要求
最大拉力(N/cm)	≥250
最大拉力时延伸率(%)	≥15
热处理尺寸变化率(%)	≤0.5

续表

试验项目		性能要求
低温弯折性		−40℃，无裂纹
不透水性(0.3MPa,2h)		不透水
接缝剥离强度(N/mm)		≥3
人工气候加速老化(2500h)	最大拉力保持率(%)	≥90
	伸长率保持率(%)	≥90
	低温弯折性(℃)	−40,无裂纹

3. 适用范围

适用于厂房、仓库和体育场馆等低坡大跨度或坡屋面的新屋面及翻新屋面的建筑防水工程。

4. 工程案例

五棵松体育馆、上汽依维柯红岩商用车项目新建厂房一期、新中国国际展览中心、广州丰田扩能项目厂房、大连英特尔芯片工厂、奇瑞路虎工厂、沈阳宝马新工厂、天津西青区体育馆等。

4.4.2 三元乙丙（EPDM）、热塑性聚烯烃（TPO）、聚氯乙烯（PVC）防水卷材无穿孔机械固定技术

1. 技术内容

无穿孔机械固定技术与常规机械固定技术相比，固定卷材的螺钉没有穿透卷材，因此被称为无穿孔机械固定。

三元乙丙（EPDM）防水卷材无穿孔机械固定技术是将增强型机械固定条带（RMA）用压条、垫片机械固定在轻钢结构屋面或混凝土结构屋面基面上，然后将宽幅三元乙丙橡胶防水卷材（EPDM）粘贴到增强型机械固定条带（RMA）上，相邻的卷材用自粘接缝搭接带粘结而形成连续的防水层。

热塑性聚烯烃（TPO）、聚氯乙烯（PVC）防水卷材无穿孔机械固定技术是将无穿孔垫片机械固定在轻钢结构屋面或混凝土结构屋面基面上，无穿孔垫片上附着于 TPO/PVC 焊接的特殊涂层，利用电感焊接技术将 TPO/PVC 焊接于无穿孔垫片上。防水卷材的搭接是由热风焊接形成连续整体的防水层来实现的。

2. 技术指标

根据风速、建筑物所在区域、建筑物规格、基层类型、屋面结构层次等因素，计算机械固定密度，并在屋面不同部位，分别设计边区、角区和中区，按不同密度进行固定。抗风荷载性能是机械固定技术非常关键的指标（表 4-3）。

增强型机械固定条带（RMA）和搭接带的技术要求及主要性能　　　　表 4-3

项目	增强型三元乙丙	搭接带(两边)
基本材料	三元乙丙橡胶	合成橡胶
厚度(mm)	1.52	0.63
宽度(mm)	245	76

项目	增强型三元乙丙	搭接带（两边）
持粘性（min）		≥20
耐热性（80℃，2h）		无流淌、无龟裂、无变形
低温柔性（℃）		−40℃，无裂纹
剪切状态下粘合性（卷材）（N/mm）		≥2.0
剥离强度（卷材）（N/mm）		≥0.5
热处理剥离强度保持率（卷材，80℃，168h）		≥80

三元乙丙（EPDM）、热塑性聚烯烃（TPO）、聚氯乙烯（PVC）防水卷材与无穿孔垫片焊接后的拉拔力均不小于 2500N（表 4-4）。

三元乙丙（EPDM）防水卷材主要性能 　　　　　　　　　　　　　　表 4-4

试验项目		性能要求	
		无增强	内增强
最大拉力（N/10mm）		—	≥200
拉伸强度（MPa）	23℃	≥7.5	—
	60℃	≥2.3	—
最大拉力时伸长率（%）		—	≥15
断裂伸长率（%）	23℃	≥450	—
	−20℃	≥200	—
钉杆撕裂强度（横向）（N）		≥200	≥500
撕裂强度（kN/m）		≥25	—
低温弯折性		−40℃，无裂纹	−40℃，无裂纹
臭氧老化（500pphm，40℃，50%，168h）		无裂纹（伸长率为 50% 时）	无裂纹（伸长率为 0 时）
热处理尺寸变化率（80℃，168h）（%）		≤1	≤1
接缝剥离强度（N/mm）		≥2 或卷材破坏	≥2 或卷材破坏
浸水后接缝剥离强度保持率（常温浸水　168h）		≥7 或卷材破坏	≥7 或卷材破坏
热空气老化（80℃，168h）	拉力（强度）保持率（%）	≥80	≥80
	延伸率保持率（%）	≥70	≥70
	低温弯折性（℃）	−35	−35
耐碱性［饱和 Ca(OH)₂］	拉力（强度）保持率（%）	≥80	≥80
	延伸率保持率（%）	≥80	≥80
人工气候加速老化（2500h）	拉力（强度）保持率（%）	≥80	≥80
	延伸率保持率（%）	≥70	≥70
	低温弯折性（℃）	−35	−35

3. 适用范围

轻钢屋面、混凝土屋面工程防水。

4. 工程案例

北京卡夫饼干厂、苏州齐梦达芯片厂、天津空客 A320 总装厂、沈阳宝马厂房、石家庄格力电器厂房、安徽巢湖储备粮库、北京奔驰涂装车间等。

第 5 节　工具式定型化临时设施技术

4.5.1　技术内容

工具式定型化临时设施包括标准化箱式房，定型化临边洞口防护、加工棚，构件化 PVC 绿色围墙、预制装配式马道、装配式临时道路等。

1. 标准化箱式房

标准化箱式施工现场用房包括办公室、会议室、接待室、资料室、活动室、阅读室、卫生间。标准化箱式附属用房包括食堂、门卫房、设备房、试验用房。其按照标准尺寸和符合要求的材质制作和使用（表 4-5）。

标准化箱式房几何尺寸（建议尺寸）　　　　表 4-5

项目		几何尺寸(mm)	
		形式一	形式二
箱体	外	$L6055 \times W2435 \times H2896$	$L6055 \times W2990 \times H2896$
	内	$L5840 \times W2225 \times H2540$	$L5840 \times W2780 \times H2540$
窗		$H \geqslant 1100$ $W650 \times H1100/W1500 \times H1100$	
门		$H \geqslant 2000$ $W \geqslant 850$	
框架梁高	顶	$H \geqslant 180$（钢板厚度$\geqslant 4$）	
	底	$H \geqslant 140$（钢板厚度$\geqslant 4$）	

2. 定型化临边洞口防护、加工棚

定型化、可周转的基坑，楼层临边防护，水平洞口防护，可选用网片式、格栅式或组装式。

当水平洞口短边尺寸大于 1500mm 时，洞口四周应搭设不低于 1200mm 的防护，下口设置踢脚线并张挂水平安全网，防护方式可选用网片式、格栅式或组装式，防护距离洞口边不小于 200mm。

楼梯扶手栏杆采用工具式短钢管接头，立杆采用膨胀螺栓与结构固定，内插钢管栏杆，使用结束后可拆卸周转重复使用。

可周转定型化加工棚基础尺寸采用 C30 混凝土浇筑，预埋 400mm×400mm×12mm 钢板，钢板下部焊接直径 20mm 钢筋，并塞焊 8 个 M18 螺栓固定立柱。立柱采用 200mm ×200mm 型钢，立杆上部焊接 500mm×200mm×10mm 的钢板，以 M12 的螺栓连接桁架主梁，下部焊接 400mm×400mm×10mm 钢板。斜撑为 100mm×50mm 方钢，斜撑的两端焊接 150mm×200mm×10mm 的钢板，以 M12 的螺栓连接桁架主梁和立柱。

3. 构件化 PVC 绿色围墙

构件化 PVC 绿色围墙基础采用现浇混凝土，支架采用轻型薄壁钢型材，墙体采用工厂化生产的 PVC 扣板，现场采用装配式施工方法。

4. 预制装配式马道

预制装配式马道立杆采用 $\phi159\text{mm} \times 5.0\text{mm}$ 钢管，立杆连接采用法兰连接，立杆预埋件采用同型号带法兰钢管，锚固入筏板混凝土深度 500mm，外露长度 500mm。立杆除埋入筏板的埋件部分，上层区域杆件在马道整体拆除时均可回收。马道楼梯梯段侧向主龙骨采用 16a 号热轧槽钢，梯段长度根据地下室楼层高度确定，每主体结构层高度内设两跑楼梯，并保证楼板所在平面的休息平台高于楼板 200mm。踏步、休息平台、安全通道顶棚覆盖采用 3mm 花纹钢板，踏步宽 250mm。高 200mm，楼梯扶手立杆采用 $30\text{mm} \times 30\text{mm} \times 3\text{mm}$ 方钢管（与梯段主龙骨螺栓连接），扶手采用 $50\text{mm} \times 50\text{mm} \times 3\text{mm}$ 方钢管，扶手高度 1200mm，梯段与休息平台固定采用螺栓连接，梯段与休息平台随主体结构完成逐步拆除。

5. 装配式临时道路

装配式临时道路可采用预制混凝土道路板、装配式钢板、新型材料等，具有施工操作简单，占用场地少，便于拆装、移位，可重复利用，能降低施工成本，减少能源消耗和废弃物排放等优点。同时，装配式临时道路应根据临时道路的承载力和使用面积等因素确定尺寸。

4.5.2　技术指标

工具式定型化临时设施应工具化、定型化、标准化，具有装拆方便。可重复利用和安全可靠的性能；防护栏杆体系、防护棚应经检测防护有效，符合设计安全要求。预制混凝土道路板适用于建设工程临时道路地基弹性模量≥40MPa。承受载重≤40t 施工运输车辆或单个轮压≤7t 的施工运输车辆路基上铺设使用；其他材质的装配式临时道路的承载力应符合设计要求。

4.5.3　适用范围

工业与民用建筑、市政工程等。

4.5.4　工程案例

北京新机场停车楼及综合服务楼、丽泽 SOHO、同仁医院（亦庄）、沈阳裕景二期、大连瑞恒二期、大连中和才华、沈阳盛京银行二标段、北京市昌平区神华技术创新基地、北京亚信联创全球总部研发中心。

第6节　受周边施工影响的建（构）筑物检测、监测技术

4.6.1　技术内容

周边施工指在既有建（构）筑物下部或临近区域进行深基坑开挖降水、地铁穿越、地下顶管、综合管廊等的施工，这些施工易引发周边建（构）筑物的不均匀沉降、变形及开裂等，致使结构或既有线路出现开裂、不均匀沉降、倾斜甚至坍塌等事故，因此有必要对受施工影响的周边建（构）筑物进行检测与风险评估，并对其进行施工期间的监测，严格控制其沉降、位移、应力、变形、开裂等各项指标。

各类穿越既有线路或穿越既有建（构）筑物的工程，施工前应按施工工艺及步骤进行数值模拟，分析地表及上部结构变形与内力，并结合计算结果调整和设定施工监控指标。

4.6.2　技术指标

检测主要是对既有结构的现状、结构性态进行检测与调查，记录结构外观缺陷与损

伤、裂缝、差异沉降、倾斜等作为施工前结构初始值，并对结构进行承载力评定及预变形分析。结构承载力评定应包含较大差异沉降、倾斜或缺陷的作用；监测及预警主要为受影响的建（构）筑物结构内部变形及应力、倾斜与不均匀沉降、典型裂缝的宽度与开展、其他典型缺陷等。

4.6.3　适用范围

周边施工包含深基坑施工、地铁穿越施工、地下顶管施工、综合管廊施工等。

4.6.4　工程案例

天津老城厢深基坑开挖对周边居民楼影响监测，天津地下管廊顶管施工对周边居民楼影响监测，北京地铁 10 号线穿越施工过程检测监测，合肥地铁 3 号线穿越施工对上部建筑影响检测监测与评估等。

第 7 节　装配式预制构件工厂化生产加工技术

4.7.1　技术内容

预制构件工厂化生产加工技术，指采用自动化流水线、机组流水线、长线台座生产线生产标准定型预制构件并兼顾异型预制构件，采用固定台模线生产房屋建筑预制构件，满足预制构件的批量生产加工和集中供应要求的技术。

工厂化生产加工技术包括预制构件工厂规划设计、各类预制构件生产工艺设计、预制构件模具方案设计及其加工技术、钢筋制品机械化加工和成型技术、预制构件机械化成型技术、预制构件节能养护技术以及预制构件生产质量控制技术。

非预应力混凝土预制构件生产技术涵盖混凝土技术、钢筋技术、模具技术、预留预埋技术、浇筑成型技术、构件养护技术，以及吊运、存储和运输技术等，代表构件有桁架钢筋预制板、梁柱构件、剪力墙板构件等。预应力混凝土预制构件生产技术还涵盖先张法和后张有粘结预制构件的生产技术，除了建筑工程中使用的预应力圆孔板、双 T 板、屋面梁、屋架、屋面板等，还包括市政和公路领域的预制桥梁构件等，重点研究预应力生产工艺和质量控制技术。

4.7.2　技术指标

工厂化科学管理、自动化智能生产使得质量品质得到保证和提高；构件外观尺寸加工精度可达 $\pm 2mm$，混凝土强度标准差不大于 $4.0MPa$，预留预埋尺寸精度可达 $\pm 1mm$，保护层厚度控制偏差为 $\pm 3mm$，通过预应力和伸长值偏差控制保证预应力构件起拱满足设计要求并处于同一水平，构件承载力满足设计和规范要求。

预制构件的几何加工精度控制、混凝土强度控制、预埋件的精度、构件承载力性能、保护层厚度控制、预应力构件的预应力要求等应符合设计（包括标准图集）及有关标准的规定。

预制构件生产的效率指标、成本指标、能耗指标、环境指标和安全指标，应满足有关要求。

4.7.3　施工技术要点

1.基本规定

（1）装配式混凝土建筑应采用系统集成的方法统筹设计、生产运输、施工安装，实现全过程的协同。

（2）装配式混凝土预制构件设计应按照通用化、模数化、标准化的要求，以少规格、多组合的原则，实现建筑及部品部件的系列化和多样化。

（3）部品部件的工厂化生产应建立完善的生产质量管理体系，设置产品标识，提高生产精度，保障产品质量。

（4）装配式混凝土建筑应综合协调建筑、结构、设备和内装等专业，制定相互协同的施工组织方案，并应采用装配式施工，保证工程质量，提高劳动效率。

（5）装配式混凝土建筑宜采用建筑信息模型（BIM）技术，实现全专业、全过程的信息化管理。

（6）装配式混凝土建筑宜采用智能化技术，提升建筑使用的安全、便利、舒适和环保等性能。

2. 预制构件生产运输

（1）一般规定

① 生产单位应具备保证产品质量要求的生产工艺设施、试验检测条件，建立完善的质量管理体系和制度，并宜建立质量可追溯的信息化管理系统。

② 预制构件生产前，应由建设单位组织设计、生产、施工单位进行设计文件交底和会审。必要时，应根据批准的设计文件，拟定的生产工艺、运输方案、吊装方案等编制加工详图。预制构件生产前应编制生产方案，生产方案宜包括生产计划及生产工艺，模具方案及计划，技术质量控制措施，成品存放、运输和保护方案等。

③ 生产单位的检测、试验、张拉、计量等设备及仪器仪表均应检定合格，并应在有效期内使用。不具备试验能力的检验项目，应委托第三方检测机构进行试验。预制构件生产宜建立首件验收制度。

④ 预制构件的原材料质量、钢筋加工和连接的力学性能、混凝土强度、构件结构性能、装饰材料、保温材料及拉结件的质量等均应根据国家现行有关标准进行检查和检验，并应具有生产操作规程和质量检验记录。

⑤ 预制构件生产的质量检验应按模具、钢筋、混凝土、预应力、预制构件等检验进行。预制构件的质量评定应根据钢筋、混凝土、预应力、预制构件的试验、检验资料等项目进行。当上述各检验项目的质量均合格时，方可评定为合格产品。

⑥ 预制构件和部品生产中采用新技术、新工艺、新材料、新设备时，生产单位应制定专门的生产方案；必要时进行样品试制，经检验合格后方可实施。

⑦ 预制构件和部品经检查合格后，宜设置表面标识。预制构件和部品出厂时，应出具质量证明文件。

（2）原材料及配件

① 原材料及配件应按照国家现行有关标准、设计文件及合同约定进行进厂检验。**检验批划分应符合下列规定：** A. 预制构件生产单位将采购的同一厂家同批次材料、配件及半成品用于生产不同工程的预制构件时，可统一划分检验批；B. 获得认证的或来源稳定且连续 3 批均 1 次检验合格的原材料及配件，进场检验时检验批的容量可按本标准的有关规定扩大一倍，且检验批容量仅可扩大一倍。扩大检验批后的检验中，出现不合格情况时，应按扩大前的检验批容量重新验收，且该种原材料或配件不得再次扩大检验批容量。

② 钢筋进厂时，应全数检查外观质量，并应按国家现行有关标准的规定抽取试件作屈服强度、抗拉强度、伸长率、弯曲性能和重量偏差检验，检验结果应符合相关标准的规定，检查数量应按进厂批次和产品的抽样检验方案确定。

③ 成型钢筋进厂检验应符合下列规定：A. 同一厂家、同一类型且同一钢筋来源的成型钢筋，不超过 30t 为一批，每批中每种钢筋牌号、规格均应至少抽取 1 个钢筋试件，总数不应少于 3 个，进行屈服强度、抗拉强度、伸长率、外观质量、尺寸偏差和重量偏差检验，检验结果应符合国家现行有关标准的规定；B. 对由热轧钢筋组成的成型钢筋，当有企业或监理单位的代表驻厂监督加工过程并能提供原材料力学性能检验报告时，可仅进行重量偏差检验；C. 成型钢筋尺寸允许偏差应符合规定。

④ 预应力筋进厂时，应全数检查外观质量，并应按国家现行相关标准的规定抽取试件作抗拉强度、伸长率检验，其检验结果应符合相关标准的规定，检查数量应按进厂的批次和产品的抽样检验方案确定。

⑤ 预应力筋锚具、夹具和连接器进厂检验应符合下列规定：A. 同一厂家、同一型号、同一规格且同一批号的锚具不超过 2000 套为一批，夹具和连接器不超过 500 套为一批；B. 每批随机抽取 2% 的锚具（夹具或连接器）且不少于 10 套进行外观质量和尺寸偏差检验，每批随机抽取 3% 的锚具（夹具或连接器）且不少于 5 套对有硬度要求的零件进行硬度检验，经上述两项检验合格后，应从同批锚具中随机抽取 6 套锚具（夹具或连接器）组成 3 个预应力锚具组装件，进行静载锚固性能试验；C. 对于锚具用量较少的一般工程，如锚具供应商提供了有效的锚具静载锚固性能试验合格的证明文件，可仅进行外观检查和硬度检验。

⑥ 水泥进厂检验应符合下列规定：A. 同一厂家、同一品种、同一代号、同一强度等级且连续进厂的硅酸盐水泥，袋装水泥不超过 200t 为一批，散装水泥不超过 500t 为一批；按批抽取试样进行水泥强度、安定性和凝结时间检验；B. 同一厂家、同一强度等级、同白度且连续进厂的白色硅酸盐水泥，不超过 50t 为一批；按批抽取试样进行水泥强度、安定性和凝结时间检验。

⑦ 矿物掺合料进厂检验应符合下列规定：A. 同一厂家、同一品种、同一技术指标的矿物掺合料，粉煤灰和粒化高炉矿渣粉不超过 200t 为一批，硅灰不超过 30t 为一批；B. 按批抽取试样进行细度（比表面积）、需水量比（流动度比）和烧失量（活性指数）试验；设计有其他要求时，还应对相应的性能进行试验。

⑧ 减水剂进厂检验应符合下列规定：A. 同一厂家、同一品种的减水剂，掺量大于 1%（含 1%）的产品不超过 100t 为一批，掺量小于 1% 的产品不超过 50t 为一批；B. 按批抽取试样进行减水率、1d 抗压强度比、固体含量、含水率、pH 值和密度试验。

⑨ 骨料进厂检验应符合下列规定：A. 同一厂家（产地）且同一规格的骨料，不超过 400m³ 或 600t 为一批；B. 天然细骨料按批抽取试样进行颗粒级配、细度模数含泥量和泥块含量试验；机制砂和混合砂应进行石粉含量（含亚甲蓝）试验；再生细骨料还应进行微粉含量、再生胶砂需水量比和表观密度试验；C. 天然粗骨料按批抽取试样进行颗粒级配、含泥量、泥块含量和针片状颗粒含量试验，压碎指标可根据工程需要进行检验；再生粗骨料应增加微粉含量、吸水率、压碎指标和表观密度试验。

⑩ 混凝土拌制及养护用水应符合现行行业标准《混凝土用水标准》JGJ 63 的有关规

定，并应符合下列规定：A. 采用饮用水时，可不检验；B. 采用中水、搅拌站清洗水或回收水时，应对其成分进行检验，同一水源每年至少检验一次。

⑪ 脱模剂应符合下列规定：A. 脱模剂应无毒、无刺激性气味，不应影响混凝土性能和预制构件表面装饰效果；B. 脱模剂应按照使用品种，选用前及正常使用后每年进行一次匀质性和施工性能试验。

⑫ 预埋吊件进厂检验应符合下列规定：A. 同一厂家、同一类别、同一规格预埋吊件，不超过 10000 件为一批；B. 按批抽取试样进行外观尺寸、材料性能、抗拉拔性能等试验；C. 检验结果应符合设计要求。

⑬ 内外叶墙体拉结件进厂检验应符合下列规定：A. 同一厂家、同一类别、同一规格产品，不超过 10000 件为一批；B. 按批抽取试样进行外观尺寸、材料性能、力学性能检验，检验结果应符合设计要求。

⑭ 灌浆套筒和灌浆料进厂检验应符合现行行业标准《钢筋套筒灌浆连接应用技术规程》JGJ 355 的有关规定。

⑮ 钢筋浆锚连接用镀锌金属波纹管进厂检验应符合下列规定：A. 应全数检查外观质量，其外观应清洁，内外表面应无锈蚀、油污、附着物、孔洞，不应有不规则褶皱，咬口应无开裂、脱扣；B. 应进行径向刚度和抗渗漏性能检验，检查数量应按进场的批次和产品的抽样检验方案确定。

（3）模具

① 预制构件生产应根据生产工艺、产品类型等制定模具方案，应建立健全模具验收、使用制度。

② 模具应具有足够的强度、刚度和整体稳固性，并应符合下列规定：A. 模具应装拆方便，并应满足预制构件质量、生产工艺和周转次数等要求；结构造型复杂、外型有特殊要求的模具应制作样板，经检验合格后方可批量制作；B. 模具各部件之间应连接牢固，接缝应紧密，附带的埋件或工装应定位准确，安装牢固；用作底模的台座、胎模、地坪及铺设的底板等应平整光洁，不得有下沉、裂缝、起砂和起鼓；C. 模具应保持清洁，涂刷脱模剂、表面缓凝剂时应均匀、无漏刷、无堆积，且不得沾污钢筋，不得影响预制构件外观效果；应定期检查侧模、预埋件和预留孔洞定位措施的有效性；应采取防止模具变形和锈蚀的措施；重新启用的模具应检验合格后方可使用；模具与平模台间的螺栓、定位销、磁盒等固定方式应可靠，防止混凝土振捣成型时造成模具偏移和漏浆。

③ 除设计有特殊要求外，预制构件模具尺寸偏差和检验方法应符合规定；构件上的预埋件和预留孔洞宜通过模具进行定位，并安装牢固，其安装偏差应符合规定；预制构件中预埋门窗框时，应在模具上设置限位装置进行固定，并应逐件检验。门窗框安装偏差和检验方法应符合规定。

（4）钢筋及预埋件

① 钢筋宜采用自动化机械设备加工，钢筋连接应符合下列规定：A. 钢筋接头的方式、位置、同一截面受力钢筋的接头百分率、钢筋的搭接长度及锚固长度等应符合设计要求或国家现行有关标准的规定；B. 钢筋焊接接头、机械连接接头和套筒灌浆连接接头均应进行工艺检验，试验结果合格后方可进行预制构件生产；C. 螺纹接头和半灌浆套筒连接接头应使用专用扭力扳手拧紧至规定扭力值；钢筋焊接接头和机械连接接头应全数检查外观

质量。

② 钢筋半成品、钢筋网片、钢筋骨架和钢筋桁架应检查合格后方可进行安装，并应符合下列规定：A. 钢筋表面不得有油污，不应严重锈蚀；B. 钢筋网片和钢筋骨架宜采用专用吊架进行吊运；C. 混凝土保护层厚度应满足设计要求。保护层垫块宜与钢筋骨架或网片绑扎牢固，按梅花状布置，间距满足钢筋限位及控制变形要求，钢筋绑扎丝甩扣应弯向构件内侧；D. 钢筋成品的尺寸偏差应符合规定，钢筋桁架的尺寸偏差应符合规定。预埋件用钢材及焊条的性能应符合设计要求，预埋件加工偏差应符合规定。

（5）成型、养护及脱模

① 浇筑混凝土前应进行钢筋、预应力的隐蔽工程检查。隐蔽工程检查项目应包括：A. 钢筋的牌号、规格、数量、位置和间距；B. 纵向受力钢筋的连接方式、接头位置、接头质量、接头面积百分率、搭接长度、锚固方式及锚固长度；C. 箍筋弯钩的弯折角度及平直段长度；D. 钢筋的混凝土保护层厚度；E. 预埋件、吊环、插筋、灌浆套筒、预留孔洞、金属波纹管的规格、数量、位置及固定措施；F. 预埋线盒和管线的规格、数量、位置及固定措施；G. 夹心外墙板的保温层位置和厚度，拉结件的规格、数量和位置；H. 预应力筋及其锚具、连接器和锚垫板的品种、规格、数量、位置；I. 预留孔道的规格、数量、位置，灌浆孔、排气孔、锚固区局部加强构造。

② 混凝土应采用有自动计量装置的强制式搅拌机搅拌，并应具有生产数据逐盘记录和实时查询功能。混凝土应按照混凝土配合比通知单进行生产，原材料每盘称量的允许偏差应符合规定。

③ 混凝土应进行抗压强度检验，并应符合下列规定：A. 混凝土检验试件应在浇筑地点取样制作；B. 每拌制 100 盘且不超过 100m³ 的同一配合比混凝土，每工作班拌制的同一配合比的混凝土不足 100 盘为一批；C. 每批制作强度检验试块不少于 3 组，随机抽取 1 组进行同条件转标准养护后进行强度检验，其余可作为同条件试件在预制构件脱模和出厂时控制其混凝土强度；还可根据预制构件吊装、张拉和放张等要求，留置足够数量的同条件混凝土试块进行强度检验；D. 蒸汽养护的预制构件，其强度评定混凝土试块应随同构件蒸养后，再转入标准条件养护。构件脱模起吊、预应力张拉或放张的混凝土同条件试块，其养护条件应与构件生产中采用的养护条件相同；E. 除设计有要求外，预制构件出厂时的混凝土强度不宜低于设计混凝土强度等级值的 75%。

④ 带面砖或石材饰面的预制构件宜采用反打一次成型工艺制作，并应符合下列规定：A. 应根据设计要求选择面砖的大小、图案、颜色，背面应设置燕尾槽或确保连接性能可靠的构造；B. 面砖入模铺设前，宜根据设计排板图将单块面砖制成面砖套件，套件的长度不宜大于 600mm，宽度不宜大于 300mm；C. 石材入模铺设前，宜根据设计排板图的要求进行配板和加工，并应提前在石材背面安装不锈钢锚固拉钩和涂刷防泛碱处理剂；D. 应使用柔韧性好、收缩小、具有抗裂性能且不污染饰面的材料嵌填面砖或石材间的接缝，并应采取防止面砖或石材在安装钢筋及浇筑混凝土等工序中出现位移的措施。

⑤ 带保温材料的预制构件宜采用水平浇筑方式成型。夹心保温墙板成型尚应符合下列规定：A. 拉结件的数量和位置应满足设计要求；B. 应采取可靠措施保证拉结件位置、保护层厚度，保证拉结件在混凝土中可靠锚固；C. 应保证保温材料间拼缝严密或使用粘结材料密封处理；D. 在上层混凝土浇筑完成之前，下层混凝土不得初凝。

⑥ 混凝土浇筑应符合下列规定：A. 混凝土浇筑前，预埋件及预留钢筋的外露部分宜采取防止污染的措施；B. 混凝土倾落高度不宜大于 600mm，并应均匀摊铺；C. 混凝土浇筑应连续进行；混凝土从出机到浇筑完毕的延续时间，气温高于 25℃时不宜超过 60min，气温不高于 25℃时不宜超过 90min。

⑦ 混凝土振捣应符合下列规定：A. 混凝土宜采用机械振捣方式成型。振捣设备应根据混凝土的品种、工作性、预制构件的规格和形状等因素确定，应制定振捣成型操作规程；B. 当采用振捣棒时，混凝土振捣过程中不应碰触钢筋骨架、面砖和预埋件；C. 混凝土振捣过程中应随时检查模具有无漏浆、变形或预埋件有无移位等现象。

⑧ 预制构件粗糙面成型应符合下列规定：A. 可采用模板面预涂缓凝剂工艺，脱模后采用高压水冲洗露出骨料；B. 叠合面粗糙面可在混凝土初凝前进行拉毛处理。

⑨ 预制构件养护应符合下列规定：A. 应根据预制构件特点和生产任务量选择自然养护、自然养护加养护剂或加热养护方式；B. 混凝土浇筑完毕或压面工序完成后应及时覆盖保湿，脱模前不得揭开；C. 涂刷养护剂应在混凝土终凝后进行；D. 加热养护可选择蒸汽加热、电加热或模具加热等方式；E. 加热养护制度应通过试验确定，宜采用加热养护温度自动控制装置。宜在常温下预养护 2～6h，升、降温速度不宜超过 20℃/h，最高养护温度不宜超过 70℃。预制构件脱模时的表面温度与环境温度的差值不宜超过 25℃；F. 夹心保温外墙板最高养护温度不宜大于 60℃；G. 预制构件脱模起吊时的混凝土强度应计算确定，且不宜小于 15MPa。

（6）存放、吊运及防护

① 预制构件吊运应符合下列规定：A. 应根据预制构件的形状、尺寸、重量和作业半径等要求选择吊具和起重设备，所采用的吊具和起重设备及其操作，应符合国家现行有关标准及产品应用技术手册的规定；B. 吊点数量、位置应经计算确定，应保证吊具连接可靠，应采取保证起重设备的主钩位置、吊具及构件重心在竖直方向上重合的措施；C. 吊索水平夹角不宜小于 60°，不应小于 45°；应采用慢起、稳升、缓放的操作方式，吊运过程应保持稳定，不得偏斜、摇摆和扭转，严禁吊装构件长时间悬停在空中；D. 吊装大型构件、薄壁构件或形状复杂的构件时，应使用分配梁或分配桁架类吊具，并应采取避免构件变形和损伤的临时加固措施。

② 预制构件存放应符合下列规定：A. 存放场地应平整、坚实，并应有排水措施；B. 存放库区宜实行分区管理和信息化台账管理；C. 应按照产品品种、规格型号、检验状态分类存放，产品标识应明确、耐久，预埋吊件应朝上，标识应向外；D. 应合理设置垫块支点位置，确保预制构件存放稳定，支点宜与起吊点位置一致；E. 与清水混凝土面接触的垫块应采取防污染措施；F. 预制构件多层叠放时，每层构件间的垫块应上下对齐；预制楼板、叠合板、阳台板和空调板等构件宜平放，叠放层数不宜超过 6 层；长期存放时，应采取措施控制预应力构件起拱值和叠合板翘曲变形；G. 预制柱、梁等细长构件宜平放且用两条垫木支撑；预制内外墙板、挂板宜采用专用支架直立存放，支架应有足够的强度和刚度，薄弱构件、构件薄弱部位和门窗洞口应采取防止变形开裂的临时加固措施。

③ 预制构件成品保护应符合下列规定：A. 预制构件成品外露保温板应采取防止开裂措施，外露钢筋应采取防弯折措施，外露预埋件和连结件等外露金属件应按不同环境类别进行防护或防腐、防锈；B. 宜采取保证吊装前预埋螺栓孔清洁的措施；C. 钢筋连接套筒、

预埋孔洞应采取防止堵塞的临时封堵措施；D. 露骨料粗糙面冲洗完成后应对灌浆套筒的灌浆孔和出浆孔进行透光检查，并清理灌浆套筒内的杂物；E. 冬期生产和存放的预制构件的非贯穿孔洞应采取措施防止雨、雪水进入发生冻胀损坏。

④ 预制构件在运输过程中应做好安全和成品防护，并应符合下列规定：A. 应根据预制构件种类采取可靠的固定措施；对于超高、超宽、形状特殊的大型预制构件的运输和存放应制定专门的质量安全保证措施；B. 运输时宜采取如下防护措施：设置柔性垫片避免预制构件边角部位或链索接触处的混凝土损伤，用塑料薄膜包裹垫块避免预制构件外观污染，墙板门窗框、装饰表面和棱角采用塑料贴膜或其他措施防护，竖向薄壁构件设置临时防护支架，装箱运输时箱内四周采用木材或柔性垫片填实、支撑牢固；C. 应根据构件特点采用不同的运输方式，托架、靠放架、插放架应进行专门设计，进行强度、稳定性和刚度验算，外墙板宜采用立式运输，外饰面层应朝外，梁、板、楼梯、阳台宜采用水平运输；D. 采用靠放架立式运输时，构件与地面倾斜角度宜大于 80°，构件应对称靠放，每侧不大于 2 层，构件层间上部采用木垫块隔离；E. 采用插放架直立运输时，应采取防止构件倾倒措施，构件之间应设置隔离垫块；F. 水平运输时，预制梁、柱构件叠放不宜超过 3 层，板类构件叠放不宜超过 6 层。

3. 施工安装

（1）一般规定

① 装配式混凝土建筑应结合设计、生产、装配一体化的原则整体策划，协同建筑、结构、机电、装饰装修等专业要求，制定施工组织设计。

② 施工单位应根据装配式混凝土建筑工程特点配置组织的机构和人员。施工作业人员应具备岗位需要的基础知识和技能，施工单位应对管理人员、施工作业人员进行质量安全技术交底。

③ 装配式混凝土建筑施工宜采用工具化、标准化的工装系统，装配式混凝土建筑施工宜采用建筑信息模型技术对施工全过程及关键工艺进行信息化模拟。

④ 装配式混凝土建筑施工前，宜选择有代表性的单元进行预制构件试安装，并应根据试安装结果及时调整施工工艺、完善施工方案。

⑤ 装配式混凝土建筑施工中采用的新技术、新工艺、新材料、新设备，应按有关规定进行评审、备案。施工前，应对新的或首次采用的施工工艺进行评价，并应制定专门的施工方案。施工方案经监理单位审核批准后实施。

⑥ 装配式混凝土建筑施工过程中应采取安全措施，并应符合国家现行有关标准的规定。

（2）施工准备

① 装配式混凝土结构施工应制定专项方案。专项施工方案宜包括工程概况、编制依据、进度计划、施工场地布置、预制构件运输与存放、安装与连接施工、绿色施工、安全管理、质量管理、信息化管理、应急预案等内容。

② 施工现场应根据施工平面规划设置运输通道和存放场地，并应符合下列规定：A. 现场运输道路和存放场地应坚实平整，并应有排水措施；B. 施工现场内道路应按照构件运输车辆的要求合理设置转弯半径及道路坡度；C. 预制构件运送到施工现场后，应按规格、品种、使用部位、吊装顺序分别设置存放场地。存放场地应设置在吊装设备的有效起重范

围内，且应在堆垛之间设置通道；D. 构件的存放架应具有足够的抗倾覆性能；构件运输和存放对已完成结构、基坑有影响时，应经计算复核。

③ 安装施工前，应核对已施工完成结构、基础的外观质量和尺寸偏差，确认混凝土强度和预留预埋符合设计要求，并应核对预制构件的混凝土强度及预制构件和配件的型号、规格、数量等符合设计要求。

④ 安装施工前，应复核吊装设备的吊装能力，检查复核吊装设备及确认吊具处于安全操作状态，并核实现场环境、天气、道路状况等是否满足吊装施工要求。防护系统应按照施工方案进行搭设、验收，并应符合下列规定：A. 工具式外防护架应试组装并全面检查，附着在构件上的防护系统应复核其与吊装系统的协调；B. 防护架应经计算确定；C. 高处作业人员应正确使用安全防护用品，宜采用工具式操作架进行安装作业。

（3）预制构件安装

① 预制构件吊装应符合下列规定：A. 应根据当天的作业内容进行班前技术安全交底；B. 预制构件应按照吊装顺序预先编号，吊装时严格按编号顺序起吊；C. 预制构件在吊装过程中，宜设置缆风绳控制构件转动。

② 预制构件吊装就位后，应及时校准并采取临时固定措施。预制构件就位校核与调整应符合下列规定：A. 预制墙板、预制柱等竖向构件安装后，应对安装位置、安装标高、垂直度进行校核与调整；B. 叠合构件、预制梁等水平构件安装后应对安装位置、安装标高进行校核与调整；C. 水平构件安装后，应对相邻预制构件平整度、高低差、拼缝尺寸进行校核与调整；D. 装饰类构件应对装饰面的完整性进行校核与调整；E. 临时固定措施、临时支撑系统应具有足够的强度、刚度和整体稳固性。

③ 预制构件与吊具的分离应在校准定位及临时支撑安装完成后进行。竖向预制构件安装采用临时支撑时，应符合下列规定：A. 预制构件的临时支撑不宜少于2道；B. 对预制柱、墙板构件的上部斜支撑，其支撑点距离板底的距离不宜小于构件高度的2/3，且不应小于构件高度的1/2；C. 斜支撑应与构件可靠连接；构件安装就位后，可通过临时支撑对构件的位置和垂直度进行微调。

④ 水平预制构件安装采用临时支撑时，应符合下列规定：A. 首层支撑架体的地基应平整坚实，宜采取硬化措施；B. 临时支撑的间距及其与墙、柱、梁边的净距应经设计计算确定，竖向连续支撑层数不宜少于2层且上下层支撑宜对准；C. 叠合板预制底板下部支架宜选用定型独立钢支柱，竖向支撑间距应经计算确定。

⑤ 预制柱安装应符合下列规定：A. 宜按照角柱、边柱、中柱顺序进行安装，与现浇部分连接的柱宜先行吊装；B. 预制柱的就位以轴线和外轮廓线为控制线，对于边柱和角柱，应以外轮廓线控制为准；C. 就位前应设置柱底调平装置，控制柱安装标高；D. 预制柱安装就位后应在2个方向设置可调节临时固定措施，并应进行垂直度、扭转调整；E. 采用灌浆套筒连接的预制柱调整就位后，柱脚连接部位宜采用模板封堵。

⑥ 预制剪力墙板安装应符合下列规定：A. 与现浇部分连接的墙板宜先行吊装，其他宜按照外墙先行吊装的原则进行吊装；B. 就位前，应在墙板底部设置调平装置；C. 采用灌浆套筒连接、浆锚搭接连接的夹心保温外墙板应在保温材料部位采用弹性密封材料进行封堵；D. 采用灌浆套筒连接、浆锚搭接连接的墙板需要分仓灌浆时，应采用坐浆料进行分仓；E. 多层剪力墙采用坐浆时应均匀铺设坐浆料；F. 坐浆料强度应满足设计要求；G. 墙

板以轴线和轮廓线为控制线，外墙应以轴线和外轮廓线双控制；H. 安装就位后应设置可调斜撑临时固定，测量预制墙板的水平位置、垂直度、高度等，通过墙底垫片、临时斜支撑进行调整；I. 预制墙板调整就位后，墙底部连接部位宜采用模板封堵；J. 叠合墙板安装就位后进行叠合墙板拼缝处附加钢筋安装，附加钢筋应与现浇段钢筋网交叉点全部绑扎牢固。

⑦ 预制梁或叠合梁安装应符合下列规定：A. 安装顺序宜遵循先主梁后次梁、先低后高的原则；B. 安装前，应测量并修正临时支撑标高，确保与梁底标高一致，并在柱上弹出梁边控制线；C. 安装后根据控制线进行精密调整；安装前，应复核柱钢筋与梁钢筋位置、尺寸，对梁钢筋与柱钢筋位置有冲突的，应按经设计单位确认的技术方案调整；安装时梁伸入支座的长度与搁置长度应符合设计要求；D. 安装就位后应对水平度、安装位置、标高进行检查；E. 叠合梁的临时支撑，应在后浇混凝土强度达到设计要求后方可拆除。

⑧ 叠合板预制底板安装应符合下列规定：A. 预制底板吊装完后应对板底接缝高差进行校核；B. 当叠合板板底接缝高差不满足设计要求时，应将构件重新起吊，通过可调托座进行调节；C. 预制底板的接缝宽度应满足设计要求；D. 临时支撑应在后浇混凝土强度达到设计要求后方可拆除。

⑨ 预制楼梯安装应符合下列规定：A. 安装前，应检查楼梯构件平面定位及标高，并宜设置调平装置；B. 就位后，应及时调整并固定。

⑩ 预制阳台板、空调板安装应符合下列规定：A. 安装前，应检查支座顶面标高及支撑面的平整度；B. 临时支撑应在后浇混凝土强度达到设计要求后方可拆除。

（4）预制构件连接

① 采用钢筋套筒灌浆连接、钢筋浆锚搭接连接的预制构件施工，应符合下列规定：A. 现浇混凝土中伸出的钢筋应采用专用模具进行定位，并应采用可靠的固定措施控制连接钢筋的中心位置及外露长度满足设计要求；B. 构件安装前应检查预制构件上套筒、预留孔的规格、位置、数量和深度；当套筒、预留孔内有杂物时，应清理干净；C. 应检查被连接钢筋的规格、数量、位置和长度。当连接钢筋倾斜时，应进行校直；连接钢筋偏离套筒或孔洞中心线不宜超过 3mm。连接钢筋中心位置存在严重偏差影响预制构件安装时，应会同设计单位制定专项处理方案，严禁随意切割、强行调整定位钢筋。

② 钢筋套筒灌浆连接接头应按检验批划分要求及时灌浆，灌浆作业应符合现行行业标准《钢筋套筒灌浆连接应用技术规程》JGJ 355 的有关规定。

③ 钢筋机械连接的施工应符合现行行业标准《钢筋机械连接技术规程》JGJ 107 的有关规定。

④ 采用焊接连接时，应采取避免损伤已施工完成的结构、预制构件及配件的措施。

⑤ 装配式混凝土结构后浇混凝土部分的模板与支架应符合下列规定：A. 装配式混凝土结构宜采用工具式支架和定型模板；B. 模板应保证后浇混凝土部分形状、尺寸和位置准确；C. 模板与预制构件接缝处应采取防止漏浆的措施，可粘贴密封条。

⑥ 后浇混凝土的施工应符合下列规定：A. 预制构件结合面疏松部分的混凝土应剔除并清理干净；B. 混凝土分层浇筑高度应符合国家现行有关标准的规定，应在底层混凝土初凝前将上一层混凝土浇筑完毕；C. 浇筑时应采取保证混凝土或砂浆浇筑密实的措施；D. 预制梁、柱混凝土强度等级不同时，预制梁柱节点区混凝土强度等级应符合设计要求；E.

混凝土浇筑应布料均衡，浇筑和振捣时，应对模板及支架进行观察和维护，发生异常情况应及时处理；F.构件接缝混凝土浇筑和振捣应采取措施防止模板、相连接构件、钢筋、预埋件及其定位件移位。

⑦ 构件连接部位后浇混凝土及灌浆料的强度达到设计要求后，方可拆除临时支撑系统。拆模时的混凝土强度应符合有关规定和设计要求。

⑧ 外墙板接缝防水施工应符合下列规定：A.防水施工前，应将板缝空腔清理干净；B.应按设计要求填塞背衬材料；C.密封材料嵌填应饱满、密实、均匀、顺直、表面平滑，其厚度应满足设计要求。

（5）设备与管线安装

① 设备与管线需要与结构构件连接时宜采用预留埋件的连接方式。当采用其他连接方法时，不得影响混凝土构件的完整性与结构的安全性。

② 设备与管线施工前应按设计文件核对设备及管线参数，并应对结构构件预埋套管及预留孔洞的尺寸、位置进行复核，合格后方可施工。

③ 室内架空地板内排水管道支（托）架及管座（墩）的安装应按排水坡度排列整齐，支（托）架与管道接触紧密，非金属排水管道采用金属支架时，应在与管外径接触处设置橡胶垫片。

④ 隐蔽在装饰墙体内的管道，其安装应牢固可靠。管道安装部位的装饰结构应采取方便更换、维修的措施。

⑤ 当管线须埋置在桁架钢筋混凝土叠合板后浇混凝土中时，应设置在桁架上弦钢筋下方，管线之间不宜交叉。

⑥ 防雷引下线、防侧击雷、等电位连接施工应与预制构件安装配合。利用预制柱、预制梁、预制墙板内钢筋作为防雷引下线、接地线时，应按设计要求进行预埋和跨接，并进行引下线导通性试验，保证连接的可靠性。

（6）成品保护

① 交叉作业时，应做好工序交接，不得对已完成工序的成品、半成品造成破坏。

② 在装配式混凝土建筑施工全过程中，应采取防止预制构件、部品及预制构件上的建筑附件、预埋件、预埋吊件等损伤或污染的保护措施。

③ 预制构件饰面砖、石材、涂刷、门窗等处宜采用贴膜保护或其他专业材料保护。安装完成后，门窗框应采用槽型木框保护。

④ 连接止水条、高低口、墙体转角等薄弱部位，应采用定型保护垫块或专用式套件作加强保护。

⑤ 预制楼梯饰面应采用铺设木板或其他覆盖形式的成品保护措施。楼梯安装后，踏步口宜铺设木条或其他覆盖形式保护。

⑥ 遇有大风、大雨、大雪等恶劣天气时，应采取有效措施对存放预制构件成品进行保护。

⑦装配式混凝土建筑的预制构件和部品在安装施工过程、施工完成后，不应受到施工机具碰撞。

⑧ 施工梯架、工程用的物料等不得支撑、顶压或斜靠在部品上。

⑨ 当进行混凝土地面等施工时，应防止物料污染、损坏预制构件和部品表面。

（7）施工安全与环境保护

① 装配式混凝土建筑施工应执行国家、地方、行业和企业的安全生产法规和规章制度，落实各级各类人员的安全生产责任制。

② 施工单位应根据工程施工特点对重大危险源进行分析并予以公示，并制定相对应的安全生产应急预案。

③ 施工单位应对从事预制构件吊装作业的相关人员进行安全培训与交底，识别预制构件进场、卸车、存放、吊装、就位各环节的作业风险，并制定防控措施。

④ 安装作业开始前，应对安装作业区进行围护并做出明显的标识，拉警戒线，根据危险源级别安排旁站，严禁与安装作业无关的人员进入。

⑤ 施工作业使用的专用吊具、吊索，定型工具式支撑、支架等，应进行安全验算，使用中进行定期、不定期检查，确保其安全状态。

⑥ 吊装作业安全应符合下列规定：A. 预制构件起吊后，应先将预制构件提升 300mm 左右后，停稳构件，检查钢丝绳、吊具和预制构件状态，确认吊具安全且构件平稳后，方可缓慢提升构件；B. 吊机吊装区域内，非作业人员严禁进入；C. 吊运预制构件时，构件下方严禁站人，应待预制构件降落至距地面 1m 以内方准作业人员靠近；D. 就位固定后方可脱钩；E. 高空应通过缆风绳改变预制构件方向，严禁高空直接用手扶预制构件；F. 遇到雨、雪、雾天气或者风力大于 5 级时，不得进行吊装作业。

⑦ 夹芯保温外墙板后浇混凝土连接节点区域的钢筋连接施工时，不得采用焊接连接。

⑧ 施工现场应加强对废水、污水的管理，现场应设置污水池和排水沟。废水、废弃涂料、胶料应统一处理，严禁未经处理直接排入下水管道。

⑨ 预制构件运输过程中，应保持车辆整洁，防止对场内道路的污染，并减少扬尘。

4.7.4 适用范围

适用于建筑工程中各类钢筋混凝土和预应力混凝土预制构件。

4.7.5 工程案例

北京万科金域缇香预制墙板和叠合板，（北京）中粮万科长阳半岛预制墙板、楼梯、叠合板和阳台板，沈阳惠生保障房预制墙板、叠合板和楼梯，国家体育场（鸟巢）看台板，国家网球中心预制挂板，深圳大运会体育中心体育场看台板，杭州奥体中心体育游泳馆预制外挂墙板和铺地板，济南万科金域国际预制外挂墙板和叠合楼板，（长春）一汽技术中心停车楼预制墙板和双 T 板，武汉琴台文化艺术中心预制清水混凝土外挂墙板，河北怀来迦南葡萄酒厂预制彩色混凝土外挂墙板，某供电局生产基地厂房预制柱、屋面板和吊车梁，市政公路用预制 T 梁和厢梁、预制管片、预制管廊等。

第 8 节 灌注桩后注浆技术和混凝土桩复合地基技术

4.8.1 灌注桩后注浆技术

1. 技术内容

灌注桩后注浆是指在灌注桩成桩后一定时间，通过预设在桩身内的注浆导管及与之相连的桩端、桩侧处的注浆阀以压力注入水泥浆的一种施工工艺。注浆目的一是通过桩底和桩侧后注浆加固桩底沉渣（虚土）和桩身泥皮，二是对桩底及桩侧一定范围的土体通过渗入（粗颗粒土）、劈裂（细粒土）和压密（非饱和松散土）注浆起到加固作用，从而增大桩侧阻力和桩端阻力，提高单桩承载力，减少桩基沉降。

在优化注浆工艺参数的前提下，可使单桩竖向承载力提高40％以上，通常情况下粗粒土增幅高于细粒土，桩侧桩底复式注浆高于桩底注浆；桩基沉降减小30％左右；预埋于桩身的后注浆钢导管可以与桩身完整性超声检测管合二为一。

2. 技术指标

根据地层性状、桩长、承载力增幅和桩的使用功能（抗压、抗拔）等因素，灌注桩后注浆可采用桩底注浆、桩侧注浆、桩侧桩底复式注浆等形式。主要技术指标如下：

（1）浆液水灰比：0.45～0.9。

（2）注浆压力：0.5～16MPa。

实际工程中，以上参数应根据土的类别、饱和度及桩的尺寸、承载力增幅等因素适当调整，并通过现场试注浆和试桩试验最终确定。设计和施工可依据《建筑桩基技术规范》JGJ 94 的有关规定进行。

3. 施工要点

（1）灌注桩后注浆大范围施工前应进行试注浆。试注浆作业时勘察单位、设计单位、监理（建设）单位、施工单位的代表应到场优化注浆设计参数，并进行记录。

（2）注浆作业施工区应设立警示牌，以防高压浆液造成人员伤害。施工人员作业时应采取相应的防护措施并保持安全距离。

（3）注浆钢导管应竖直固定在钢筋笼上，与钢筋笼的加劲筋点焊并绑扎紧密牢固，且与钢筋笼一起下孔；每下一节钢筋笼时，应在注浆管内灌水井检查接头密封性；钢筋笼应沉放到底，不得悬吊，下笼受阻时不得撞笼、墩笼、扭笼；注浆管应通向自然地坪且临时封闭，桩身空孔部分的注浆管不宜设置接头。注浆钢导管可用螺牙丝扣连接或外加短套管电焊，连接应紧密且不应焊穿钢管或漏焊。注浆头的制作方法主要有打孔包扎法、单向阀法、U 形管法等。

（4）注浆前应对注浆阀进行压水试验，压水试验宜按2～3级压力顺次逐级进行，并有一定的压水时间与压水量。压水量宜为 $0.6m^3$，开塞压力宜小于 1Pa。压水试验后应立即初注。初注时压力宜较小，浆液宜由稀到稠，并注意注浆节奏。

（5）灌注桩后注浆顺序应针对上部结构的整体性、地质条件、设计要求及施工工艺综合确定，并应符合下列要求：①宜将全部注浆桩根据集中程度及桩基施工顺序划分为若干区块，各区块内桩距相对集中，区块之间距离宜大于区块内最小桩距 2 倍；②区块内的灌注桩后注浆，宜采用先周边后中间的顺序；③对周边桩应以对称、有间隔的原则依次注浆，直到中心桩；④当采用桩端桩侧复式注浆时，饱和土中的复式注浆顺序宜先桩侧后桩端，非饱和土宜先桩端后桩侧；⑤多断面桩侧注浆时，应先上后下。

（6）当采用循环注浆时，应符合下列规定：①注浆分 3 次循环，每一循环的注浆管采用均匀间隔注浆，注浆量分配按第一循环50％，第二循环30％，第三循环20％，发生管路堵塞时，应按每一循环的相应比例重新分配注浆量；②注浆时间及压力控制。第一循环，每根注浆管压完后，用清水冲洗管路，间隔时间不少于 2.5h，不超过 3h 或水泥浆初凝时间，进行第二循环；第二循环，每根注浆管压完后，用清水冲洗管路，间隔时间不少于 3.5h，不超过 6h 进行第三循环；③第一循环和第二循环主要考虑注浆量，第三循环以压力控制为主，终止注浆条件按本规程规定。

（7）后注浆作业还应符合以下规定：①开塞龄期及注浆龄期宜为成桩 2d 后进行；②注浆作业与成孔作业点的距离不宜小于 8～10m；③桩侧桩端注浆间隔时间不宜少于 2h；④桩端注浆应对同一根桩的各注浆导管依次实施等量注浆。

（8）后注浆施工过程中，应对后注浆的各项工艺参数进行检查，发现异常应采取相应处理措施。当注浆量等主要参数达不到设计值时，可根据工程具体情况采取如下措施：①当灌注桩中某根注浆管的注浆量达不到设计要求而注浆压力值很高无法继续注浆时，其未注入的水泥量应由该桩基其余注浆管均匀分配压入；②当注浆压力长时间低于正常值、地面冒浆或周围桩孔串浆时，应改为间歇注浆或调低浆液水胶比，间歇时间不宜过长，宜为 30～60min，间歇时间过长会导致管内水泥凝结而堵管。当间歇时间很长时，可向管内压入清水冲洗注浆管和注浆阀；③当注浆管堵塞无法进行注浆时，可采用在离桩侧壁 200～300mm 位置打 $\phi150mm$ 小孔作引孔，重新埋置注浆管。采用可钻通声测管作为注浆管，进行补注浆，直至注浆量满足设计要求，此时补注后的注浆量应大于设计注浆量。

4. 适用范围

灌注桩后注浆技术适用于除沉管灌注桩外的各类泥浆护壁和干作业的钻、挖、冲孔灌注桩。当桩端及桩侧有较厚的粗粒土时，后注浆提高单桩承载力的效果更为明显。

5. 工程案例

目前该技术应用于北京、上海、天津、福州、汕头、武汉、宜春、杭州、济南、廊坊、龙海、西宁、西安、德州等地数百项高层、超高层建筑桩基工程中，经济效益显著。典型工程如北京首都国际机场 T3 航站楼、上海中心大厦等。

4.8.2 混凝土桩复合地基技术

1. 技术内容

混凝土桩复合地基是以水泥粉煤灰碎石桩复合地基为代表的高粘结强度桩复合地基，近年来混凝土灌注桩、预制桩作为复合地基增强体的工程越来越多，其工作性状与水泥粉煤灰碎石桩复合地基接近，可统称为混凝土桩复合地基。

混凝土桩复合地基通过在基底和桩顶之间设置一定厚度的褥垫层，以保证桩、土共同承担荷载，使桩、桩间土和褥垫层一起构成复合地基。桩端持力层应选择承载力相对较高的土层。混凝土桩复合地基具有承载力提高幅度大、地基变形小、适用范围广等特点。

2. 技术指标

根据工程实际情况，混凝土桩可选用水泥粉煤灰碎石桩，常用的施工工艺包括长螺旋钻孔、管内泵压混合料成桩，振动沉管灌注成桩及钻孔灌注成桩 3 种施工工艺。主要技术指标如下：

（1）桩径宜取 350～600mm。

（2）桩端持力层应选择承载力相对较高的地层。

（3）桩间距宜取 3～5 倍桩径。

（4）桩身混凝土强度满足设计要求，一般情况下要求混凝土强度大于等于 C15。

（5）褥垫层宜用中砂、粗砂、碎石或级配砂石等，不宜选用卵石，最大粒径不宜大于 30mm，厚度 150～300mm，夯填度≤0.9。

实际工程中，以上参数宜根据场地岩土工程条件、基础类型、结构类型、地基承载力和变形要求等条件或现场试验确定。

对于市政、公路、高速公路、铁路等地基处理工程，当基础刚度较弱时，宜在桩顶增加桩帽或在桩顶采用碎石＋土工格栅、碎石＋钢板网等方式调整桩土荷载分担比例，以提高桩的承载能力。

设计和施工可依据《建筑地基处理技术规范》JGJ 79 的有关规定进行。

3. 施工要点

（1）振冲碎石桩和沉管砂石桩复合地基

① 振冲碎石桩、沉管砂石桩复合地基处理应符合下列规定：A. 适用于挤密处理松散砂土、粉土、粉质黏土、素填土、杂填土等地基，以及用于处理可液化地基。饱和黏土地基，如对变形控制不严格，可采用砂石桩置换处理；对大型的、重要的或场地地层复杂的工程，以及对于处理不排水抗剪强度不小于 20kPa 的饱和黏性土和饱和黄土地基，应在施工前通过现场试验确定其适用性；B. 不加填料振冲挤密法适用于处理黏粒含量不大于 10％的中砂、粗砂地基，在初步设计阶段宜进行现场工艺试验，确定不加填料振密的可行性，确定孔距、振密电流值、振冲水压力、振后砂层的物理力学指标等施工参数；30kW 振冲器振密深度不宜超过 7m，75kW 振冲器振密深度不宜超过 15m。

② 振冲碎石桩施工应符合下列规定：A. 振冲施工可根据设计荷载的大小、原土强度的高低、设计桩长等条件选用不同功率的振冲器，施工前应在现场进行试验，以确定水压、振密电流和留振时间等各种施工参数；B. 升降振冲器的机械可用起重机、自行井架式施工平车或其他合适的设备。施工设备应配有电流、电压和留振时间自动信号仪表。

振冲施工可按下列步骤进行：A. 清理平整施工场地，布置桩位；B. 施工机具就位，使振冲器对准桩位；C. 启动供水泵和振冲器，水压宜为 200～600kPa，水量宜为 200～400L/min，将振冲器徐徐沉入土中，造孔速度宜为 0.5～2.0m/min，直至达到设计深度；记录振冲器经各深度的水压、电流和留振时间；D. 造孔后边提升振冲器，边冲水直至孔口，再放至孔底，重复 2～3 次扩大孔径并使孔内泥浆变稀，开始填料制桩；E. 大功率振冲器投料可不提出孔口，小功率振冲器下料困难时，可将振冲器提出孔口填料，每次填料厚度不宜大于 500mm；将振冲器沉入填料中进行振密制桩，当电流达到规定的密实电流值和规定的留振时间后，将振冲器提升 300～500mm；F. 重复以上步骤，自下而上逐段制作桩体直至孔口，记录各段深度的填料量、最终电流值和留振时间；G. 关闭振冲器和水泵。施工现场应事先开设泥水排放系统，或组织好运浆车辆将泥浆运至预先安排的存放地点，应设置沉淀池，重复使用上部清水。桩体施工完毕后，应将顶部预留的松散桩体挖除，铺设垫层并压实。不加填料振冲加密宜采用大功率振冲器，造孔速度宜为 8～10m/min，到达设计深度后，宜将射水量减至最小，留振至密实电流达到规定时，上提 0.5m，逐段振密直至孔口，每米振密时间约 1min。在粗砂中施工，如遇下沉困难，可在振冲器两侧增焊辅助水管，加大造孔水量，降低造孔水压。振密孔施工顺序，宜沿直线逐点逐行进行。

③ 沉管砂石桩施工应符合下列规定：A. 砂石桩施工可采用振动沉管、锤击沉管或冲击成孔等成桩法。当用于消除粉细砂及粉土液化时，宜用振动沉管成桩法；B. 施工前应进行成桩工艺和成桩挤密试验。当成桩质量不能满足设计要求时，应调整施工参数后，重新进行试验或设计；C. 振动沉管成桩法施工，应根据沉管和挤密情况，控制填砂石量、提升

高度和速度、挤压次数和时间、电机的工作电流等；D. 施工中应选用能顺利出料和有效挤压桩孔内砂石料的桩尖结构。当采用活瓣桩靴时，对砂土和粉土地基宜选用尖锥形；一次性桩尖可采用混凝土锥形桩尖；E. 锤击沉管成桩法施工可采用单管法或双管法。锤击法挤密应根据锤击能量，控制分段的填砂石量和成桩的长度；F. 砂石桩桩孔内材料填料量，应通过现场试验确定，估算时，可按设计桩孔体积乘以充盈系数确定，充盈系数可取 1.2～1.4；G. 砂石桩的施工顺序；对砂土地基宜从外围或两侧向中间进行。施工时桩位偏差不应大于套管外径的 30%，套管垂直度允许偏差应为 ±1%。砂石桩施工后，应将表层的松散层挖除或夯压密实，随后铺设并压实砂石垫层。

④ 振冲碎石桩、沉管砂石桩复合地基的质量检验应符合下列规定：A. 检查各项施工记录，如有遗漏或不符合要求的桩，应补桩或采取其他有效的补救措施；B. 施工后，应间隔一定时间方可进行质量检验。对粉质黏土地基不宜少于 21d，对粉土地基不宜少于 14d，对砂土和杂填土地基不宜少于 7d；C. 施工质量的检验，对桩体可采用重型动力触探试验；对桩间土可采用标准贯入、静力触探、动力触探或其他原位测试等方法；对消除液化的地基检验应采用标准贯入试验。桩间土质量的检测位置应在等边三角形或正方形的中心。检验深度不应小于处理地基深度，检测数量不应少于桩孔总数的 2%。

⑤ 竣工验收时，地基承载力检验应采用复合地基静载荷试验，试验数量不应少于总桩数的 1%，且每个单体建筑不应少于 3 点。

（2）水泥土搅拌桩复合地基

① 水泥土搅拌桩复合地基处理应符合下列规定：A. 适用于处理正常固结的淤泥、淤泥质土、素填土、黏性土（软塑、可塑）、粉土（稍密、中密）、粉细砂（松散、中密）、中粗砂（松散、稍密）、饱和黄土等土层。不适用于含大孤石或障碍物较多且不易清除的杂填土、欠固结的淤泥和淤泥质土、硬塑及坚硬的黏性土、密实的砂类土，以及地下水渗流影响成桩质量的土层。当地基土的天然含水量小于 30%（黄土含水量小于 25%）时不宜采用粉体搅拌法。冬期施工时，应考虑负温对处理地基效果的影响；B. 水泥土搅拌桩的施工工艺分为浆液搅拌法（以下简称湿法）和粉体搅拌法（以下简称干法）。可采用单轴、双轴、多轴搅拌或连续成槽搅拌形成柱状、壁状、格栅状或块状水泥土加固体；C. 对采用水泥土搅拌桩处理地基，应查明拟处理地基土层的 pH 值、塑性指数、有机质含量、地下障碍物及软土分布情况、地下水位及其运动规律等；D. 增强体的水泥掺量不应小于 12%，块状加固时水泥掺量不应小于加固天然土质量的 7%；湿法的水泥浆水灰比可取 0.5～0.6；E. 水泥土搅拌桩复合地基宜在基础和桩之间设置褥垫层，厚度可取 200～300mm。褥垫层材料可选用中砂、粗砂、级配砂石等，最大粒径不宜大于 20mm。褥垫层的夯填度不应大于 0.9。

② 水泥土搅拌桩用于处理泥炭土、有机质土、pH 值小于 4 的酸性土、塑性指数大于 25 的黏土，在腐蚀性环境中以及无工程经验的地区使用时，必须通过现场和室内试验确定其适用性。

③ 用于建筑物地基处理的水泥土搅拌桩施工设备，其湿法施工配备注浆泵的额定压力不宜小于 5.0MPa；干法施工的最大送粉压力不应小于 0.5MPa。

④ 水泥土搅拌桩施工应符合下列规定：A. 水泥土搅拌桩施工现场施工前应予以平整，清除地上和地下的障碍物；B. 水泥土搅拌桩施工前，应根据设计进行工艺性试桩，数量不

得少于 3 根，多轴搅拌施工不得少于 3 组；C. 应对工艺试桩的质量进行检验，确定施工参数；D. 搅拌头翼片的枚数、宽度、与搅拌轴的垂直夹角、搅拌头的回转数、提升速度应相互匹配，干法搅拌时钻头每转一圈的提升（或下沉）量宜为 10～15mm，确保加固深度范围内土体的任何一点均能经过 20 次以上的搅拌；E. 搅拌桩施工时，停浆（灰）面应高于桩顶设计标高 500mm；F. 在开挖基坑时，应将桩顶以上土层及桩顶施工质量较差的桩段，采用人工挖除；G. 施工中，应保持搅拌桩机底盘的水平和导向架的竖直，搅拌桩的垂直度允许偏差和桩位偏差应满足规范规定；成桩直径和桩长不得小于设计值。

⑤ 水泥土搅拌桩施工应包括下列主要步骤：A. 搅拌机械就位、调平；B. 预搅下沉至设计加固深度；C. 边喷浆（或粉），边搅拌提升直至预定的停浆（或灰）面；D. 重复搅拌下沉至设计加固深度；E. 根据设计要求，喷浆（或粉）或仅搅拌提升直至预定的停浆（或灰）面；F. 关闭搅拌机械。在预（复）搅下沉时，也可采用喷浆（粉）的施工工艺，确保全桩长上下至少再重复搅拌一次。对地基土进行干法咬合加固时，如复搅困难，可采用慢速搅拌，保证搅拌的均匀性。

⑥ 水泥土搅拌湿法施工应符合下列规定：A. 施工前，应确定灰浆泵输浆量、灰浆经输浆管到达搅拌机喷浆口的时间和起吊设备提升速度等施工参数，并应根据设计要求，通过工艺性成桩试验确定施工工艺；B. 施工中所使用的水泥应过筛，制备好的浆液不得离析，泵送浆应连续进行；C. 拌制水泥浆液的罐数、水泥和外掺剂用量以及泵送浆液的时间应记录；D. 喷浆量及搅拌深度应采用经国家计量部门认证的监测仪器进行自动记录；搅拌机喷浆提升的速度和次数应符合施工工艺要求，并设专人进行记录；E. 当水泥浆液到达出浆口后，应喷浆搅拌 30s，在水泥浆与桩端土充分搅拌后，再开始提升搅拌头；F. 搅拌机预搅下沉时，不宜冲水，当遇到硬土层下沉太慢时，可适量冲水；G. 施工过程中，如因故停浆，应将搅拌头下沉至停浆点以下 0.5m 处，待恢复供浆时，再喷浆搅拌提升；若停机超过 3h，宜先拆卸输浆管路，并妥加清洗；H. 壁桩加固时，相邻桩的施工时间间隔不宜超过 12h。

⑦ 水泥土搅拌干法施工应符合下列规定：A. 喷粉施工前，应检查搅拌机械、供粉泵、送气（粉）管路、接头和阀门的密封性、可靠性，送气（粉）管路的长度不宜大于 60m；B. 搅拌头每旋转一周，提升高度不得超过 15mm；C. 搅拌头的直径应定期复核检查，其磨耗量不得大于 10mm；D. 当搅拌头到达设计桩底以上 1.5m 时，应开启喷粉机提前进行喷粉作业；E. 当搅拌头提升至地面下 500mm 时，喷粉机应停止喷粉；F. 成桩过程中，因故停止喷粉，应将搅拌头下沉至停灰面以下 1m 处，待恢复喷粉时，再喷粉搅拌提升。

⑧ 泥土搅拌桩干法施工机械必须配置经国家计量部门确认的具有能瞬时检测并记录出粉体计量装置及搅拌深度的自动记录仪。

⑨ 水泥土搅拌桩复合地基质量检验应符合下列规定：施工过程中应随时检查施工记录和计量记录。水泥土搅拌桩的施工质量检验可采用下列方法：A. 成桩 3d 内，采用轻型动力触探（N10）检查上部桩身的均匀性，检验数量为施工总桩数的 1%，且不少于 3 根；B. 成桩 7d 后，采用浅部开挖桩头进行检查，开挖深度宜超过停浆（灰）面下 0.5m，检查搅拌的均匀性，量测成桩直径，检查数量不少于总桩数的 5%。静载荷试验宜在成桩 28d 后进行。水泥土搅拌桩复合地基承载力检验应采用复合地基静载荷试验和单桩静载荷试验，验收检验数量不少于总桩数的 1%，复合地基静载荷试验数量不少于 3 台（多轴搅拌

为 3 组）。对变形有严格要求的工程，应在成桩 28d 后，采用双管单动取样器钻取芯样作水泥土抗压强度检验，检验数量为施工总桩数的 0.5%，且不少于 6 点。

⑩ 基槽开挖后，应检验桩位、桩数与桩顶桩身质量，如不符合设计要求，应采取有效补强措施。

（3）灰土挤密桩和土挤密桩复合地基

① 灰土挤密桩、土挤密桩复合地基处理应符合下列规定：A. 适用于处理地下水位以上的粉土、黏性土、素填土、杂填土和湿陷性黄土等地基，可处理地基的厚度宜为 3～15m；B. 当以消除地基土的湿陷性为主要目的时，可选用土挤密桩；当以提高地基土的承载力或增强其水稳性为主要目的时，宜选用灰土挤密桩；C. 当地基土的含水量大于 24%、饱和度大于 65% 时，应通过试验确定其适用性；D. 对重要工程或在缺乏经验的地区，施工前应按设计要求，在有代表性的地段进行现场试验。

② 灰土挤密桩、土挤密桩施工应符合下列规定：A. 成孔应按设计要求、成孔设备、现场土质和周围环境等情况，选用振动沉管、锤击沉管、冲击或钻孔等方法；B. 桩顶设计标高以上的预留覆盖土层厚度，沉管成孔不宜小于 0.5m，冲击成孔或钻孔夯扩法成孔不宜小于 1.2m；C. 成孔时，地基土宜接近最优（或塑限）含水量，当土的含水量低于 12% 时，宜对拟处理范围内的土层进行增湿，应在地基处理前（4～6d），将须增湿的水通过一定数量和一定深度的渗水孔，均匀地浸入拟处理范围内的土层中；D. 土料有机质含量不应大于 5%，且不得含有冻土和膨胀土，使用时应过 10～20mm 的筛，混合料含水量应满足最优含水量要求，允许偏差应为 ±2%，土料和水泥应拌合均匀；E. 成孔和孔内回填夯实的施工顺序，当整片处理地基时，宜从里（或中间）向外间隔（1～2）孔依次进行，对大型工程，可采取分段施工；当局部处理地基时，宜从外向里间隔（1～2）孔依次进行；向孔内填料前，孔底应夯实，并应检查桩孔的直径、深度和垂直度；桩孔的垂直度允许偏差应为 ±1%；孔中心距允许偏差应为桩距的 ±5%；F. 经检验合格后，应按设计要求，向孔内分层填入筛好的素土、灰土或其他填料，并应分层夯实至设计标高。铺设灰土垫层前，应按设计要求将桩顶标高以上的预留松动土层挖除或夯（压）密实；施工过程中，应有专人监督成孔及回填夯实的质量，并应做好施工记录；如发现地基土质与勘察资料不符，应立即停止施工，待查明情况或采取有效措施处理后，方可继续施工；雨期或冬期施工，应采取防雨或防冻措施，防止填料受雨水淋湿或冻结。

③ 竣工验收时，灰土挤密桩、土挤密桩复合地基的承载力检验应采用复合地基静载荷试验。

（4）夯实水泥土桩复合地基

① 夯实水泥土桩复合地基处理应符合下列规定：A. 适用于处理地下水位以上的粉土、黏性土、素填土和杂填土等地基，处理地基的深度不宜大于 15m；B. 岩土工程勘察应查明土层厚度、含水量、有机质含量等；C. 对重要工程或在缺乏经验的地区，施工前应按设计要求，选择地质条件有代表性的地段进行试验性施工。

② 夯实水泥土桩施工应符合下列规定：A. 成孔应根据设计要求、成孔设备、现场土质和周围环境等，选用钻孔、洛阳铲成孔等方法。当采用人工洛阳铲成孔工艺时，处理深度不宜大于 6.0m；B. 桩顶设计标高以上的预留覆盖土层厚度不宜小于 0.3m；C. 成孔和孔内回填夯实应符合下列规定：a. 宜选用机械成孔和夯实；b. 向孔内填料前，孔底应夯

实；分层夯填时，夯锤落距和填料厚度应满足夯填密实度的要求；c. 土料有机质含量不应大于 5%，且不得含有冻土和膨胀土，混合料含水量应满足最优含水量要求，允许偏差应为 ±2%，土料和水泥应拌合均匀；d. 成孔经检验合格后，按设计要求，向孔内分层填入拌合好的水泥土，并应分层夯实至设计标高；D. 铺设垫层前，应按设计要求将桩顶标高以上的预留土层挖除。垫层施工应避免扰动基底土层；E. 施工过程中，应有专人监理成孔及回填夯实的质量，并应做好施工记录。如发现地基土质与勘察资料不符，应立即停止施工，待查明情况或采取有效措施处理后，方可继续施工；F. 雨期或冬期施工，应采取防雨或防冻措施，防止填料受雨水淋湿或冻结。

③ 竣工验收时，夯实水泥土桩复合地基承载力检验应采用单桩复合地基静载荷试验和单桩静载荷试验；对重要或大型工程，应进行多桩复合地基静载荷试验。

（5）水泥粉煤灰碎石桩复合地基

① 水泥粉煤灰碎石桩复合地基适用于处理黏性土、粉土、砂土和自重固结已完成的素填土地基。对淤泥质土应按地区经验或通过现场试验确定其适用性。

② 水泥粉煤灰碎石桩施工应符合下列规定：

A. 可选用下列施工工艺：a. 长螺旋钻孔灌注成桩：适用于地下水位以上的黏性土、粉土、素填土、中等密实以上的砂土地基；b. 长螺旋钻中心压灌成桩：适用于黏性土、粉土、砂土和素填土地基，对噪声或泥浆污染要求严格的场地可优先选用。穿越卵石夹层时应通过试验确定适用性；c. 振动沉管灌注成桩：适用于粉土、黏性土及素填土地基；挤土造成地面隆起量大时，应采用较大桩距施工；d. 泥浆护壁成孔灌注成桩：适用于地下水位以下的黏性土、粉土、砂土、填土、碎石土及风化岩层等地基；桩长范围和桩端有承压水的土层应通过试验确定其适应性。

B. 长螺旋钻中心压灌成桩施工和振动沉管灌注成桩施工应符合下列规定：a. 施工前，应按设计要求在试验室进行配合比试验；b. 施工时，按配合比配制混合料；c. 长螺旋钻中心压灌成桩施工的坍落度宜为 160～200mm，振动沉管灌注成桩施工的坍落度宜为 30～50mm；d. 振动沉管灌注成桩后桩顶浮浆厚度不宜超过 200mm；e. 长螺旋钻中心压灌成桩施工钻至设计深度后，应控制提拔钻杆时间，混合料泵送量应与拔管速度相配合，不得在饱和砂土或饱和粉土层内停泵待料；f. 沉管灌注成桩施工拔管速度宜为 1.2～1.5m/min，如遇淤泥质土，拔管速度应适当减慢；g. 当遇有松散饱和粉土、粉细砂或淤泥质土，当桩距较小时，宜采取隔桩跳打措施。施工桩顶标高宜高出设计桩顶标高不少于 0.5m；当施工作业面高出桩顶设计标高较大时，宜增加混凝土灌注量；h. 成桩过程中，应抽样做混合料试块，每台机械每台班不应少于 1 组。

C. 冬期施工时，混合料入孔温度不得低于 5℃，对桩头和桩间土应采取保温措施。

D. 清土和截桩时，应采用小型机械或人工剔除等措施，不得造成桩顶标高以下桩身断裂或桩间土扰动。

E. 褥垫层铺设宜采用静力压实法，当基础底面下桩间土的含水量较低时，也可采用动力夯实法，夯填度不应大于 0.9。

（6）柱锤冲扩桩复合地基

① 柱锤冲扩桩复合地基适用于处理地下水位以上的杂填土、粉土、黏性土、素填土和黄土等地基；对地下水位以下饱和土层处理，应通过现场试验确定其适用性。柱锤冲扩

桩处理地基的深度不宜超过 10m。对大型的、重要的或场地复杂的工程，在正式施工前，应在有代表性的场地进行试验。

② 柱锤冲扩桩施工应符合下列规定：

A. 宜采用直径 300～500mm、长度 2～6m、质量 2～10t 的柱状锤进行施工。

B. 起重机具可用起重机、多功能冲扩桩机或其他专用机具设备。

C. 柱锤冲扩桩复合地基施工可按下列步骤进行：

a. 清理平整施工场地，布置桩位。

b. 施工机具就位，使柱锤对准桩位。

c. 柱锤冲孔。根据土质及地下水情况可分别采用下列 3 种成孔方式。冲击成孔：将柱锤提升一定高度，自由下落冲击土层，如此反复冲击，接近设计成孔深度时，可在孔内填少量粗骨料继续冲击，直到孔底被夯密实；填料冲击成孔：成孔时出现缩颈或塌孔时，可分次填入碎砖和生石灰块，边冲击边将填料挤入孔壁及孔底，当孔底接近设计成孔深度时，夯入部分碎砖挤密桩端土；复打成孔：当塌孔严重难以成孔时，可提锤反复冲击至设计孔深，然后分次填入碎砖和生石灰块，待孔内生石灰吸水膨胀、桩间土性质有所改善后，再进行二次冲击复打成孔。当采用上述方法仍难以成孔时，也可以采用套管成孔，即用柱锤边冲孔边将套管压入土中，直至桩底设计标高。

d. 成桩。用料斗或运料车将拌合好的填料分层填入桩孔夯实。当采用套管成孔时，边分层填料夯实，边将套管拔出。锤的质量、锤长、落距、分层填料量、分层夯填度、夯击次数和总填料量等，应根据试验或按当地经验确定。每个桩孔应夯填至桩顶设计标高以上至少 0.5m，其上部桩孔宜用原地基土夯封。

e. 施工机具移位，重复上述步骤进行下一根桩施工。

D. 成孔和填料夯实的施工顺序，宜间隔跳打。

③ 基槽开挖后，应晾槽拍底或振动压路机碾压后，再铺设垫层并压实。

4. 适用范围

适用于处理黏性土、粉土、砂土和已自重固结的素填土等地基。对淤泥质土应按当地经验或通过现场试验确定其适用性。就基础形式而言，既可用于条形基础、独立基础，又可用于箱形基础、筏形基础。采取适当技术措施后亦可应用于刚度较弱的基础以及柔性基础。

5. 工程案例

在北京、天津、河北、山西、陕西、内蒙古、新疆以及山东、河南、安徽、广西等地区的多层、高层建筑，工业厂房，铁路地基处理工程中广泛应用，经济效益显著，具有良好的应用前景。在铁路工程中已用于哈大铁路客运专线工程、京沪高铁工程等。

第 9 节　垃圾管道垂直运输技术

4.9.1　技术内容

垃圾管道垂直运输技术是指在建筑物内部或外墙外部设置封闭的大直径管道，使楼层内的建筑垃圾沿着管道靠重力自由下落，通过减速门对垃圾进行减速，最后落入专用垃圾箱内进行处理。

垃圾运输管道主要由楼层垃圾入口、主管道、减速门、垃圾出口、专用垃圾箱、管道与结构连接件等主要构件组成，可以将该管道直接固定到施工建筑的梁、柱、墙体等主要构件上，安装灵活，可多次周转使用。

主管道采用圆筒式标准管道层，管道直径控制在 $500\sim1000mm$ 范围内，每个标准管道层分上下两层，每层 $1.8m$，管道高度可在 $1.8\sim3.6m$ 之间进行调节，标准层上下两层之间用螺栓进行连接；楼层入口可根据管道距离楼层的距离设置转动的挡板；管道入口内设置一个可以自由转动的挡板，防止粉尘在各层入口处飞出。

管道与墙体连接件设置半圆轨道，能在 $180°$ 平面内自由调节，使管道上升后，连接件仍能与梁柱等构件相连；减速门采用弹簧板，上覆橡胶垫，根据自锁原理设置弹簧板的初始角度为 $45°$，每隔 3 层设置一处，来降低垃圾下落速度；管道出口处设置一个带弹簧的挡板；垃圾管道出口处设置专用集装箱式垃圾箱进行垃圾回收，并设置防尘隔离棚。垃圾运输管道楼层垃圾入口、垃圾出口及专用垃圾箱设置自动喷洒降尘系统。

建筑碎料（凿除、抹灰等产生的旧混凝土、砂浆等矿物材料及施工垃圾）单件粒径尺寸不宜超过 $100mm$，重量不宜超过 $2kg$；木材、纸质、金属和其他塑料包装废料严禁通过垃圾垂直运输通道运输。

扬尘控制：在管道入口内设置一个可以自由转动的挡板；在垃圾运输管道楼层垃圾入口、垃圾出口及专用垃圾箱设置自动喷洒降尘系统。

4.9.2　技术指标

垃圾管道垂直运输技术应符合《建筑工程绿色施工规范》GB/T 50905、《建筑工程绿色施工评价标准》GB/T 50640 和《建设工程施工现场环境与卫生标准》JGJ 146 的有关要求。

4.9.3　适用范围

适用于多层、高层、超高层民用建筑的建筑垃圾竖向运输，高层、超高层使用时每隔 $50\sim60m$ 设置一套独立的垃圾运输管道，设置专用垃圾箱。

4.9.4　工程案例

成都银泰广场、天津恒隆广场、天津鲁能绿荫里项目、通州中医院等。

第 10 节　预备注浆系统施工技术和丙烯酸盐灌浆液防渗施工技术

4.10.1　预备注浆系统施工技术

1.技术内容

预备注浆系统是地下建筑工程混凝土结构接缝防水施工技术。注浆管可采用硬质塑料或硬质橡胶骨架注浆管、不锈钢弹簧骨架注浆管。混凝土结构施工时，将具有单透性、不易变形的注浆管预埋在接缝中，当接缝渗漏时，向注浆管系统设定在构筑物外表面的导浆管端口中注入灌浆液，即可密封接缝区域的任何缝隙和孔洞，并终止渗漏。当采用普通水泥、超细水泥或者丙烯酸盐化学浆液时，系统可用于多次重复注浆。利用这种先进的预备注浆系统可以达到"零渗漏"效果。

预备注浆系统由注浆管系统、灌浆液和注浆泵组成。注浆管系统由注浆管、连接管及导浆管、固定夹、塞子、接线盒等组成。注浆管分为一次性注浆管和可重复注浆管两种。

2.技术指标

（1）硬质塑料、橡胶管或螺纹管骨架注浆管的主要物理力学性能应符合表 4-6 的要求。

硬质塑料或硬质橡胶骨架注浆管的物理性能　　表 4-6

序号	项目	指标
1	注浆管外径偏差(mm)	±1.0
2	注浆管内径偏差(mm)	±1.0
3	出浆孔间距(mm)	≤20
4	出浆孔直径(mm)	3～5
5	抗压变形量(mm)	≤2
6	覆盖材料扯断永久变形(%)	≤10
7	骨架低温弯曲性能	−10℃,无脆裂

（2）不锈钢弹簧骨架注浆管的主要物理性能应符合表 4-7 的要求。

不锈钢弹簧骨架注浆管的物理性能　　表 4-7

序号	项目	指标
1	注浆管外径偏差(mm)	±1.0
2	注浆管内径偏差(mm)	±1.0
3	不锈钢弹簧钢丝直径(mm)	≥1.0
4	滤布等效孔径 O_{95}(mm)	<0.074
5	滤布渗透系数 K_{20}(mm/s)	≥0.05
6	抗压强度(N/mm)	≥70
7	不锈钢弹簧钢丝间距,圈(10cm)	≥12

3. 适用范围

预备注浆系统施工技术应用范围广泛，可以在施工缝、后浇带、新旧混凝土接触部位使用，主要应用于地铁、隧道、市政工程、水利水电工程、建（构）筑物。

4. 工程案例

北京地铁、上海地铁、深圳地铁、杭州地铁、成都地铁、厦门翔安海底隧道、国家大剧院、杭州大剧院等。

4.10.2　丙烯酸盐灌浆液防渗施工技术

1. 技术内容

丙烯酸盐化学灌浆液是一种新型防渗堵漏材料，它可以灌入混凝土的细微孔隙中，生成不透水的凝胶，充填混凝土的细微孔隙，达到防渗堵漏的目的。丙烯酸盐浆液通过改变外加剂及其加量可以准确地调节其凝胶时间，从而可以控制扩散半径。

2. 技术指标

丙烯酸盐灌浆液及其凝胶主要技术指标应满足表 4-8 和表 4-9 的要求。

丙烯酸盐灌浆液物理性能　　表 4-8

序号	项目	技术要求	备注
1	外观	不含颗粒的均质液体	—
2	密度(g/cm³)	生产厂控制值≤±0.05	—

序号	项目	技术要求	备注
3	黏度（MPa·s）	≤10	—
4	pH 值	6～9	—
5	胶凝时间	可调	—
6	毒性	实际无毒	按我国食品安全性毒理学评价程序和方法为无毒

丙烯酸盐灌浆液凝胶后的性能 　　　　　表 4-9

序号	项目名称	技术要求	
		Ⅰ型	Ⅱ型
1	渗透系数（cm/s）	$<1\times10^{-6}$	$<1\times10^{-7}$
2	固砂体抗压强度（kPa）	≥200	≥400
3	抗挤出破坏比降	≥300	≥600
4	遇水膨胀率（%）	≥30	

3. 施工技术要点

（1）丙烯酸盐灌浆液用于混凝土裂缝、施工缝防渗堵漏的施工技术

① 工艺流程：布置灌浆孔→检查嵌缝、埋嘴效果→选择浆液浓度和凝胶时间→确定灌浆压力→灌浆。

② 灌浆孔的布置：当裂缝深度小于 1m 时，只需骑缝埋设灌浆嘴和嵌缝止漏就可以灌浆了。灌浆嘴的间距宜为 0.3～0.5m，在上述范围内选择裂缝宽度大的地方埋设灌浆嘴；当裂缝深度大于 1m 时，除骑缝埋设灌浆嘴外和嵌缝止漏外，还须在缝的两侧布置穿过缝的斜孔。穿缝深度视缝的宽度和灌浆压力而定，缝宽或灌浆压力大，穿缝深度可以大些，反之应小些。孔与缝的外露处的距离以及孔与孔的间距宜为 1～1.5m。

③ 垂直裂缝的灌浆次序，应是自下而上，先深后浅；水平裂缝的灌浆次序，应是自一端到另一端。如果压水资料表明，某些孔、嘴进水量较大，串通范围较广，应优先灌浆。

④ 灌浆时，除已灌和正在灌浆的孔、嘴外，其他孔、嘴均应敞开，以利排水排气。当未灌孔、嘴出浓浆时，可以将其封堵，继续在原孔灌浆，直至原孔在设计压力下不再吸浆或吸浆量小于 0.1L/min 后，再换灌临近未出浓浆和未出浆的孔、嘴。一条缝最后一个孔、嘴的灌浆，应持续到孔、嘴内浆液凝胶为止。

（2）丙烯酸盐灌浆液用于不密实混凝土防渗堵漏的施工技术

① 工艺流程：布置灌浆孔→检查嵌缝、埋嘴效果→选择浆液浓度和凝胶时间→确定灌浆压力→灌浆。

② 灌浆孔的布置：采取分序施工，逐步加密，最终孔距在 0.5m 左右。孔深应达到混凝土厚度的 3/4～4/5。

③ 灌浆工艺：尽可能采用双液灌浆。因为这类灌浆，外漏渗径短，浆液的凝胶时间短，采用单液灌浆容易堵泵、堵管，不仅浆液浪费大，且难以达到防渗堵漏的效果。每一孔段灌浆前都要做好充分准备，确保一旦灌浆开始，就能顺利进行到底，灌至孔内浆液凝

胶结束。

（3）丙烯酸盐灌浆液用于坝基防渗帷幕的施工技术

① 应用方式：丙烯酸盐灌浆用于坝基防渗帷幕可以有 3 种方式：纯丙烯酸盐灌浆帷幕、水泥—丙烯酸盐灌浆复合（混合）帷幕、补强帷幕。A. 当经过水泥灌浆试验证明，水泥对该部位不具有可灌性，而该部位的透水性又超过坝基防渗要求时，应设计纯丙烯酸盐灌浆帷幕；B. 当经过水泥灌浆试验证明，水泥对该部位具有一定的可灌性，但该部位细微裂隙发育，水泥灌浆时压水透水率 Q 值大，水泥灌浆单耗小的坝段，水泥灌浆后，应设计一排丙烯酸盐灌浆帷幕，形成水泥—丙烯酸盐灌浆复合（混合）帷幕；C. 当水泥灌浆后，通过灌浆资料分析和效果检查，发现局部部位水泥灌浆时吸水不吸浆，或达不到防渗标准，针对局部设计丙烯酸盐灌浆补强帷幕。

② 丙烯酸盐灌浆帷幕的设计。对于纯丙烯酸盐灌浆帷幕、水泥—丙烯酸盐灌浆复合（混合）帷幕，应和水泥灌浆一样，采用分序施工，逐步加密。补强帷幕则只须在需要补强的部位和深度布置灌浆孔。

③ 工艺流程：布置钻孔→分段阻塞（或用孔口封闭器）→选择浆液浓度和凝胶时间→确定灌浆压力→灌浆→封孔→效果检查。

A. 单液灌浆：第一批混合的浆量以满足管路和孔段占浆量再加开始 10min 的吸浆量为限，以后每批混合浆量以满足 10min 的吸浆量为限。

B. 双液灌浆：凝胶时间短于 30min 的一定要采用双液灌浆；凝胶时间长于 30min 的尽量采用双液灌浆，可以提高浆液的利用率，减少弃浆，还可以提高灌浆质量，降低劳动强度。

④ 施工灌浆：A. 盛浆容器应采用塑料或不锈钢制品；B. 用反循环法，回浆管进风，进浆管敞开，用风将孔内的积水吹出来；采用双液灌浆时，将泵的输入管分别与 a、b 液连接；采用单液灌浆时，在 A 液中再加入等体积的 B 液搅拌均匀，将泵的输入管与混合液连接，从进浆管进浆，回浆管出浓浆时，关闭回浆管，记录孔容占浆，尽快升到设计压力；C. 每 5min 记录一次进浆量，直至灌浆结束；D. 灌浆应连续进行，只有在邻孔串漏的情况下才可以采用间歇灌浆；E. 在设计灌浆压力下，应灌至连续 3 个读数小于 0.02L/min 时即可结束。对于有涌水的孔段或地下水流速较大的部位，应灌至孔内浆液凝胶。待最后一批混合的浆液胶凝 1h 后，才可松开阻塞器、拔管、扫孔和进行下一工序；F. 封孔：全孔丙烯酸盐灌浆结束后，应通过扫孔的办法将孔内的凝胶清除并冲洗干净，然后用水泥进行压力灌浆封孔；G. 效果检查：丙烯酸盐灌浆结束 3d 后即可进行效果检查。

4. 适用范围

矿井、巷道、隧洞、涵管止水；混凝土渗水裂隙的防渗堵漏；混凝土结构缝止水系统损坏后的维修；坝基岩石裂隙防渗帷幕灌浆；坝基砂砾石孔隙防渗帷幕灌浆；土壤加固；喷射混凝土施工。

5. 工程案例

北京地铁机场线、北京地铁 10 号线、上海长江隧道、向家坝水电站、丹江口水电站、大岗山水电站、湖南省筱溪水电站等。

第 11 节　大型复杂结构施工安全性监测技术

4.11.1　技术内容

大型复杂结构是指大跨度钢结构、大跨度混凝土结构、索膜结构、超限复杂结构、施工质量控制要求高且有重要影响的结构、桥梁结构等，以及采用滑移、转体、顶升、提升等特殊施工过程的结构。

大型复杂结构施工安全性监测以控制结构在施工期间的安全为主要目的，重点技术是通过检测结构安全控制参数在一定期间内的量值及变化，并根据监测数据评估或预判结构安全状态，必要时采取相应控制措施以保证结构安全。监测参数一般包括变形、应力应变、荷载、温度和结构动态参数等。

监测系统包括传感器、数据采集传输系统、数据库、状态分析评估与显示软件等。

4.11.2　技术指标

监测技术指标主要包括传感器及数据采集传输系统测试稳定性和精度，其稳定性指标一般为监测期间内最大漂移小于工程允许的范围，测试精度一般满足结构状态值的 5% 以内。监测点布置与数量应满足工程监测的需要，并满足《建筑与桥梁结构监测技术规范》GB 50982 等国家现行监测、测量等规范标准的要求。

4.11.3　适用范围

大跨度钢结构、大跨度混凝土结构、索膜结构、超限复杂结构、施工质量控制要求高且有重要影响的建筑结构和桥梁结构等，包含有滑移、转体、顶升、提升等特殊施工过程的结构。

4.11.4　工程案例

武汉绿地中心、上海中心、深圳平安金融中心、天津津塔、上海东方明珠塔、广州电视塔等超高层与高耸结构，国家体育场钢结构、五棵松体育馆钢结构、国家大剧院钢结构、深圳会展中心钢结构、昆明新机场、上海大剧院、2010 年上海世博会世博轴钢结构与索膜结构、中国航海博物馆结构，大同大剧院钢筋混凝土薄壳结构等大跨空间结构、CCTV 新台址异形结构，大同美术馆三角锥钢结构顶推滑移工程、贵州盘县大桥顶推工程、中航技研发中心顶升工程等。

第 12 节　钢结构防腐防火技术和钢与混凝土组合结构应用技术

4.12.1　钢结构防腐防火技术

1. 技术内容

（1）防腐涂料涂装。在涂装前，必须对钢构件表面进行除锈。除锈方法应符合设计要求或根据所用涂层类型的需要确定，并达到设计规定的除锈等级。常用的除锈方法有喷射除锈、抛射除锈、手工和动力工具除锈等。涂料的配置应按涂料使用说明书的规定执行，当天使用的涂料应当天配置，不得随意添加稀释剂。涂装施工可采用刷涂、滚涂、空气喷涂和高压无气喷涂等方法。宜在温度、湿度合适的封闭环境下，根据被涂物体的大小、涂料品种及设计要求，选择合适的涂装方法。构件在工厂加工涂装完毕、在现场安装时，针对节点区域及损伤区域须进行二次涂装。

近年来，水性无机富锌漆凭借优良的防腐性能，外加耐光耐热好、使用寿命长等特点，常用于对环境和条件要求苛刻的钢结构领域。

（2）防火涂料涂装。防火涂料分为薄涂型和厚涂型两种，薄涂型防火涂料通过遇火灾后涂料受热材料膨胀延缓钢材升温，厚涂型防火涂料通过防火材料吸热延缓钢材升温，可根据工程情况选取使用。

薄涂型防火涂料的底涂层（或主涂层）宜采用重力式喷枪喷涂，其压力约为 0.4MPa。局部修补和小面积施工，可用手工涂抹。面涂层装饰涂料可刷涂、喷涂或滚涂。双组分装薄涂型涂料，现场应按说明书规定调配；单组分薄涂型涂料应充分搅拌。喷涂后，不应发生流淌和下坠。

厚涂型防火涂料宜采用压送式喷涂机喷涂，空气压力为 0.4~0.6MPa，喷枪口直径宜为 6~10mm。配料时应严格按配合比加料和稀释剂，并使稠度适宜，当班使用的涂料应当班配制。厚涂型防火涂料施工时应分遍喷涂，每遍喷涂厚度宜为 5~10mm，必须在前一遍基本干燥或固化后，再喷涂下一遍，涂层保护方式、喷涂遍数与涂层厚度应根据施工方案确定。操作者应用测厚仪随时检测涂层厚度，80% 及以上面积的涂层总厚度应符合有关耐火极限的设计要求，且最薄处厚度不应低于设计要求的 85%。

钢结构防火涂层不应有误涂、漏涂，涂层应闭合，无脱层、空鼓、明显凹陷、粉化松散和浮浆等外观缺陷，乳突应已剔出；保护裸露钢结构及露天钢结构的防火涂层的外观应平整，颜色装饰应符合设计要求。

2. 技术指标

（1）防腐涂料涂装技术指标。防腐涂料中环境污染物的含量应符合《民用建筑工程室内环境污染控制规范》GB 50325 的有关规定和要求。涂装之前钢材表面除锈等级应符合设计要求，设计无要求时应符合《涂覆涂料前钢材表面处理　表面清洁度的目视评定　第1 部分：未涂覆过的钢材表面和全面清除原有涂层后的钢材表面的锈蚀等级和处理等级》GB/T 8923.1 的有关规定评定等级。涂装施工环境的温度、湿度，基材温度要求，应根据产品使用说明确定，无明确要求的，宜按照环境温度 5~38℃，空气湿度小于 85%，基材表面温度高于露点 3℃ 以上的要求控制，雨、雪、雾、大风等恶劣天气严禁户外涂装。涂装遍数、涂层厚度应符合设计要求，当设计对涂层厚度无要求时，涂层干漆膜总厚度：室外应为 150μm，室内应为 125μm，允许偏差为 −25μm。每遍涂层干膜厚度的允许偏差为 −5μm。

当钢结构处在有腐蚀介质或露天环境且设计有要求时，应进行涂层附着力测试，可按照现行国家标准《漆膜附着力测定法》GB 1720 或《色漆和清漆　漆膜的划格试验》GB/T 9286 执行。在检测范围内，涂层完整程度达到 70% 以上即为合格。

（2）防火涂料涂装技术指标。钢结构防火材料的性能、涂层厚度及质量要求应符合《钢结构防火涂料》GB 14907 和《钢结构防火涂料应用技术规程》CECS 24 的有关规定和设计要求，防火材料中环境污染物的含量应符合《民用建筑工程室内环境污染控制规范》GB 50325 的有关规定和要求。

钢结构防火涂料生产厂家必须有防火监督部门核发的生产许可证。防火涂料应通过国家检测机构检测合格。产品必须具有国家检测机构的耐火极限检测报告和理化性能检测报告，并应附有涂料品种、名称、技术性能、制造批量、贮存期限和使用说明书。在施工前应复验防火涂料的粘结强度和抗压强度。防火涂料施工过程中和涂层干燥固化前，环境温度宜保持在 5～38℃，相对湿度不宜大于 90％，空气应流通。当风速大于 5m/s，或雨天和构件表面有结露时，不宜作业。

3. 施工要点

（1）防腐涂料施工要点

① 建筑钢结构防腐蚀工程应编制施工方案。钢结构防腐蚀工程施工使用的设备、仪器应具备出厂质量合格证或质量检验报告。设备、仪器应经计量检定合格且在时效期内方可使用。钢结构防腐蚀材料的品种、规格、性能等应符合国家现行有关产品标准和设计的规定。

② 表面处理。表面处理方法应根据钢结构防腐蚀设计要求的除锈等级、粗糙度和涂层材料、结构特点及基体表面的原始状况等因素确定。钢结构在除锈处理前应进行表面净化处理。当采用溶剂做清洗剂时，应采取通风、防火、呼吸保护和防止皮肤直接接触溶剂等防护措施。

③ 喷射清理后的钢结构除锈等级应符合规定。工作环境应满足空气相对湿度低于 85％，施工时钢结构表面温度应高于露点 3℃ 以上。喷射清理所用的压缩空气应经过冷却装置和油水分离器处理。油水分离器应定期清理。喷射式喷砂机的工作压力宜为 0.5～0.7MPa；喷砂机喷口处的压力宜为 0.35～0.5MPa。喷嘴与被喷射钢结构表面的距离宜为 100～300mm；喷射方向与被喷射钢结构表面法线之间的夹角宜为 15°～30°。当喷嘴孔口磨损直径增大 25％ 时，宜更换喷嘴。

④ 喷射清理所用的磨料应清洁、干燥。磨料的种类和粒度应根据钢结构表面的原始锈蚀程度、设计或涂装规格书所要求的喷射工艺、清洁度和表面粗糙度进行选择。壁厚大于或等于 4mm 的钢构件可选用粒度为 0.5～1.5mm 的磨料，壁厚小于 4mm 的钢构件应选用粒度小于 0.5mm 的磨料。

⑤ 涂层缺陷的局部修补和无法进行喷射清理时可采用手动和动力工具除锈。

⑥ 表面清理后，应采用吸尘器或干燥、洁净的压缩空气清除浮尘和碎屑，清理后的表面不得用手触摸。

⑦ 清理后的钢结构表面应及时涂刷底漆，表面处理与涂装之间的间隔时间不宜超过 4h，车间作业或相对湿度较低的晴天不应超过 12h；否则，应对经预处理的有效表面用干净牛皮纸、塑料膜等进行保护。涂装前如发现表面被污染或返锈，应重新清理至原要求的表面清洁度等级。

⑧ 喷砂工人在进行喷砂作业时应穿戴防护用具，在工作间内进行喷砂作业时呼吸用空气应进行净化处理。喷砂完工后，应采用真空吸尘器、无水的压缩空气除去喷砂残渣和表面灰尘。

⑨ 钢结构涂层施工环境应符合下列规定：A. 施工环境温度宜为 5～38℃，相对湿度不宜大于 85％；B. 钢材表面温度应高于露点 3℃ 以上；C. 在大风、雨、雾、雪天、有较大灰尘及强烈阳光照射下，不宜进行室外施工；D. 当施工环境通风较差时，应采取强制通风。

⑩ 涂装前应对钢结构表面进行外观检查，表面除锈等级和表面粗糙度应满足设计要求。

⑪ 涂装方法和涂刷工艺应根据所选用涂料的物理性能、施工条件和被涂钢结构的形

状进行确定，并应符合涂料规格书或产品说明书的规定。

⑫ 防腐蚀涂料和稀释剂在运输、储存、施工及养护过程中，不得与酸、碱等化学介质接触。严禁明火，并应采取防尘、防暴晒措施。

⑬ 需要在工地拼装焊接的钢结构，其焊缝两侧应先涂刷不影响焊接性能的车间底漆，焊接完毕后应对焊缝热影响区进行二次表面清理，并应按设计要求进行重新涂装。

⑭ 每次涂装应在前一层涂膜实干后进行。

⑮ 涂料储存环境温度应在 25℃ 以下。常见涂料施工的间隔时间和储存期应符合产品说明书的相关规定。

⑯ 钢结构防腐蚀涂料涂装结束，涂层应经自然养护后方可使用。其中化学反应类涂料形成的涂层，养护时间不应少于 7d。

⑰ 涂装作业场所空气中有害物质不得超过最高允许浓度。施工现场应远离火源，不得堆放易燃、易爆和有毒物品。涂料仓库及施工现场应有消防水源、灭火器和消防器具，并应定期检查。消防道路应畅通。

⑱ 密闭空间涂装作业应使用防爆灯具，安装防爆报警装置；作业完成后油漆在空气中的挥发物消散前，严禁电焊修补作业。

⑲ 施工人员应正确穿戴工作服、口罩、防护镜等劳动保护用品。

⑳ 所有电气设备应绝缘良好，临时电线应选用胶皮线，工作结束后应切断电源。

㉑ 工作平台的搭建应符合有关安全规定。高空作业人员应具备高空作业资格。

（2）防火涂料施工要点

① 涂装施工。钢结构防火涂料施工前应充分搅拌均匀后方可施工使用，施工第一遍后，表干后 18～24h 进行第二遍施工，以后各遍施工，涂层厚度应根据需求控制，直至达到规定厚度。每次施工时间间隔为 18～24h 以上，施工环境温度为 0～40℃。基材温度为 5～45℃。空气相对湿度不大于 90%，施工现场空气流通，风速不大于 5m/s，室外作业或施工构件表面结露时不宜施工。

② 防火涂料喷涂。喷涂底层料时，为提高涂料与钢梁基层的粘结强度，应在底层的浆料中添加少量的水性胶粘剂。涂层表面有明显的乳突、凹坑，应用抹刀修平。喷涂前应进行试喷并制作样板。通过试喷确定喷涂气压、喷距、喷枪移动速度等工艺的最优参数，并经监理用标准样板比对确认后，方可进行大面积喷涂。喷涂时，喷枪要垂直于被喷钢构件表面，喷距 6～10mm，保持在 0.4～0.6MPa，喷枪运行速度要保持稳定，不能在同一位置久留，避免造成涂料堆积和流淌。喷涂过程中，配料及往喷涂机内加料均要连续进行，不得停留。底层涂料表面干燥后（底层涂料施工 24h 后），方可进行面层涂料的喷涂，对于明显凹凸不平处，应用抹刀进行抹平处理，以确保涂层表面均匀光洁。

③ 施工中注意事项。防火涂料在运输存放过程中要防雨防潮；防火涂料出现固化、结块等现象时不得使用；刚施工完的涂层应防止雨水冲淋。若涂料在使用中变稠（不属时间过长硬化），可再加入少量水搅匀后再用；涂料喷涂后，宜用塑料布或其他物品遮挡，以免强风直吹和暴晒，造成涂层开裂。不需喷涂抹涂的部位，要在喷涂前盖住，一旦造成污染，应马上清洗干净；喷涂工具停止使用后，应马上清洗干净，以备再用；施工期间，以及施工后 24h 之内，施工周围环境及钢构件温度均应保持在 5℃ 以上为宜，若不能满足此温度条件，应另采取其他特殊措施，防止涂层受冻。当风速大于 5m/s，或雨天和构件

表面有结露时，不宜作业；防火涂料初期强度较低，容易碰坏。因此，喷涂应在相关钢结构施工完后再进行，防止强烈振动和碰撞；施工时若有上、下立体交叉作业，应注意安全。特别是在脚手架上的操作人员要加倍小心，操作人员必须戴好防护用具，系好安全带后方可操作。

4. 适用范围

钢结构防腐涂装技术适用于各类建筑钢结构。

薄涂型防火涂料涂装技术适用于工业、民用建筑楼盖与屋盖钢结构；厚涂型防火涂料涂装技术适用于有装饰面层的民用建筑钢结构柱、梁。

5. 工程案例

广州东塔、无锡国金、武汉中心、武汉机场 T3 航站楼、深圳平安金融中心、武汉国际博览中心等。

4.12.2　钢与混凝土组合结构应用技术

1. 技术内容

钢与混凝土组合结构主要包括钢管混凝土柱，十字形、H 形、箱形、组合型钢混凝土柱，钢管混凝土叠合柱，小管径薄壁（<16mm）钢管混凝土柱，组合钢板剪力墙，型钢混凝土剪力墙，箱形、H 形钢骨梁，型钢组合梁等。钢管混凝土柱可显著减小柱的截面尺寸，提高承载力；型钢混凝土柱承载能力高，刚度大且抗震性能好；钢管混凝土叠合柱承载力高、抗震性能好，同时也有较好的耐火性能和防腐蚀性能；小管径薄壁（<16mm）钢管混凝土柱具有钢管混凝土柱的特点，同时还具有断面尺寸小、重量轻等特点；型钢组合梁具有承载能力高且高跨比小的特点。

钢管混凝土柱组合结构施工简便，梁柱节点采用内环板或外环板式，施工与普通钢结构一致，钢管内的混凝土可采用高抛免振捣混凝土，或顶升法施工钢管混凝土。关键技术是设计合理的梁柱节点与确保钢管内浇捣混凝土的密实性。

型钢混凝土柱组合结构除了钢结构优点外还具备混凝土结构的优点，同时结构具有良好的防火性能。关键技术是如何合理解决梁柱节点区钢筋的穿筋问题，以确保节点良好的受力性能与加快施工速度。

钢管混凝土叠合柱是钢管混凝土和型钢混凝土的组合形式，具备了钢管混凝土结构的优点，又具备了型钢混凝土结构的优点。关键技术是如何合理选择叠合柱与钢筋混凝土梁连接节点，保证传力简单、施工方便。

小管径薄壁（<16mm）钢管混凝土柱具有钢管混凝土柱的优点，又具有断面小、自重轻等特点，适用于钢结构住宅。关键技术是在处理梁柱节点时采用横隔板贯通构造，保证传力同时又方便施工。

组合钢板剪力墙、型钢混凝土剪力墙具有更好的抗震承载力和抗剪能力，提高了剪力墙的抗拉能力，可以较好地解决剪力墙墙肢在风与地震的作用下出现受拉的问题。

钢混组合梁是在钢梁上部浇筑混凝土，形成混凝土受压、钢结构受拉的截面合理受力形式，充分发挥了钢与混凝土各自的受力性能。组合梁施工时，钢梁可作为模板的支撑。组合梁设计时要确保钢梁与混凝土结合面的抗剪性能，又要充分考虑钢梁各工况下从施工到正常使用各阶段的受力性能。

2. 技术指标

钢管混凝土构件的径厚比 D/t 宜为 $20\sim135$、套箍系数 θ 宜为 $0.5\sim2$、长径比不宜大于 20；矩形钢管混凝土受压构件的混凝土工作承担系数 ac 应控制在 $0.1\sim0.7$；型钢混凝土框架柱的受力型钢的含钢率宜为 $4\%\sim10\%$。

组合结构执行《组合结构设计规范》JGJ 138、《钢管混凝土结构技术规范》GB 50936、《钢-混凝土组合结构施工规范》GB 50901、《钢管混凝土工程施工质量验收规范》GB 50628。

3. 适用范围

钢管混凝土特别适用于高层、超高层建筑的柱及其他有重载承载力设计要求的柱；型钢混凝土适合于高层建筑外框柱及公共建筑的大柱网框架与大跨度梁设计；钢混组合梁适用于结构跨度较大而高跨比又有较高要求的楼盖结构；钢管混凝土叠合柱主要适用于高层、超高层建筑的柱及其他有承载力要求较高的柱；小管径薄壁钢管混凝土柱适用于多高层住宅。

4. 工程案例

北京中国尊大厦、天津高银 117 大厦、深圳平安金融中心、福建省厦门国际中心、重庆嘉陵帆影、郑州绿地中央广场、福州市东部新城商务办公中心区、杭州钱江世纪城人才专项用房等。

第 13 节　施工扬尘控制技术和施工噪声控制技术

4.13.1　施工扬尘控制技术

1. 技术内容

施工扬尘控制技术包括施工现场道路、塔吊、脚手架等部位自动喷淋降尘和雾炮降尘技术、施工现场车辆自动冲洗技术。

（1）自动喷淋降尘系统由蓄水系统、自动控制系统、语音报警系统、变频水泵、主管、三通阀、支管、微雾喷头连接而成，主要安装在临时施工道路、脚手架上。

塔吊自动喷淋降尘系统是指在塔吊安装完成后通过塔吊旋转臂安装的喷水设施，用于塔臂覆盖范围内的降尘、混凝土养护等。喷淋系统由加压泵、塔吊、喷淋主管、万向旋转接头、喷淋头、卡扣、扬尘监测设备、视频监控设备等组成。

（2）雾炮降尘系统主要有电机、高压风机、水平旋转装置、仰角控制装置、导流筒、雾化喷嘴、高压泵、储水箱等装置，其特点为风力强劲、射程高（远）、穿透性好，可以实现精量喷雾，雾粒细小，能快速抑制尘埃降沉，工作效率高、速度快、覆盖面积大。

（3）施工现场车辆自动冲洗系统由供水系统、循环用水处理系统、冲洗系统、承重系统、自动控制系统组成，采用红外、位置传感器启动自动清洗及运行指示的智能化控制技术。水池采用四级沉淀、分离来处理水质，确保水循环使用；清洗系统由冲洗槽、两侧挡板、高压喷嘴装置、控制装置和沉淀循环水池组成；喷嘴沿多个方向布置，无死角。

2. 技术指标

扬尘控制指标应符合《建筑工程绿色施工规范》GB/T 50905 中的相关要求。

地基与基础工程施工阶段施工现场 PM10/h 平均浓度不宜大于 $150\mu g/m^3$ 或工程所在

区域 PM10/h 平均浓度的 120％；结构工程及装饰装修与机电安装工程施工阶段施工现场 PM10/h 平均浓度不宜大于 $60\mu g/m^3$ 或工程所在区域 PM10/h 平均浓度的 120％。

3. 适用范围

适用于所有工业与民用建筑的施工工地。

4. 工程案例

深圳海上世界双玺花园、北京金域国际、郑州东润泰、重庆环球金融中心、成都 IFS 国金中心等。

4.13.2　施工噪声控制技术

1. 技术内容

施工噪声控制技术是通过选用低噪声设备、先进施工工艺或采用隔声屏、隔声罩等措施有效降低施工现场及施工过程噪声的控制技术。

（1）隔声屏是通过遮挡和吸收来减少噪声的排放。隔声屏主要由基础、立柱和隔声屏板几部分组成。基础可以单独设计也可在道路设计时一并设计在道路附属设施上；立柱可以通过预埋螺栓、植筋与焊接等方法，将立柱上的底法兰与基础连接牢靠，声屏障立板可以通过专用高强度弹簧与螺栓及角钢等方法将其固定于立柱槽口内，形成声屏障。隔声屏可模块化生产，装配式施工，选择多种色彩和造型进行组合、搭配，从而与周围环境协调。

（2）隔声罩的原理是把噪声较大的机械设备（搅拌机、混凝土输送泵、电锯等）封闭起来，有效地阻隔噪声的外传。隔声罩外壳由一层不透气的具有一定重量和刚性的金属材料制成，一般用 $2\sim3mm$ 厚的钢板，铺上一层阻尼层，阻尼层常用沥青阻尼胶浸透的纤维织物或纤维材料制作，外壳也可以用木板或塑料板制作，轻型隔声结构可用铝板制作。要求高的隔声罩可做成双层壳，内层较外层薄一些；两层的间距一般是 $6\sim10mm$，填以多孔吸声材料。罩的内侧附加吸声材料，以吸收声音并减弱空腔内的噪声。要减少罩内混响声和防止固体声的传递；尽可能减少在罩壁上开孔，对于必需的开孔，开口面积应尽量小；在罩壁的构件相接处的缝隙，要采取密封措施，以减少漏声；由于罩内声源机器设备的散热，可能导致罩内温度升高，对此应采取适当的通风散热措施。要考虑声源机器设备操作、维修方便的要求。

（3）应设置封闭的木工用房，以有效降低电锯加工时噪声对施工现场的影响。

（4）施工现场应优先选用低噪声机械设备，优先选用能够减少或避免噪声的先进施工工艺。

2. 技术指标

施工现场噪声应符合《建筑施工场界环境噪声排放标准》GB 12523 的有关规定，昼间≤70dB（A），夜间≤55dB（A）。

3. 适用范围

适用于工业与民用建筑工程施工。

4. 工程案例

上海市轨道交通 9 号线二期港汇广场站、人民路越江隧道工程、闸北区 312 街坊 33 丘地块商办项目、泛海国际工程、北京地铁 14 号线 08 标段等。

第 14 节　装配式建筑密封防水应用技术

4.14.1　技术内容

密封防水是装配式建筑应用的关键技术环节，直接影响装配式建筑的使用功能及耐久性、安全性。装配式建筑的密封防水主要指外墙、内墙防水，主要密封防水方式有材料防水、构造防水两种。

材料防水主要指各种密封胶及辅助材料的应用。装配式建筑密封胶主要用于混凝土外墙板之间板缝的密封，也用于混凝土外墙板与混凝土结构、钢结构的缝隙，混凝土内墙板间缝隙，主要为混凝土与混凝土、混凝土与钢之间的粘结。装配式建筑密封胶的主要技术性能如下：

（1）力学性能。由于外墙板接缝会因温湿度变化、混凝土板收缩、建筑物的轻微震荡等产生伸缩变形和位移移动，所以装配式建筑密封胶必须具备一定的弹性且能随着接缝的变形而自由伸缩以保持密封，经反复循环变形后还能保持并恢复原有性能和形状，其主要的力学性能包括位移能力、弹性恢复率及拉伸模量。

（2）耐久耐候性。我国建筑物的结构设计使用年限为 50 年，而装配式建筑密封胶用于装配式建筑外墙板，长期暴露于室外，因此对其耐久耐候性能就得格外关注，相关技术指标主要包括定伸粘结性、浸水后定伸粘结性和冷拉热压后定伸粘结性。

（3）耐污性。传统硅酮胶中的硅油会渗透到墙体表面，在外界的水和表面张力的作用下，使得硅油在墙体载体上扩散，空气中的污染物质由于静电作用而吸附在硅油上，就会产生接缝周围的污染。对有美观要求的建筑外立面，密封胶的耐污性应满足目标要求。

（4）相容性等其他要求。预制外墙板是混凝土材质，在其外表面还可能铺设保温材料、涂刷涂料及粘贴面砖等，装配式建筑密封胶与这几种材料的相容性是必须提前考虑的。

除材料防水外，构造防水常作为装配式建筑外墙的第二道防线，在设计应用时主要做法是在接缝的背水面，根据外墙板构造功能的不同，采用密封条形成二次密封，两道密封之间形成空腔。垂直缝部位每隔 2~3 层设计排水口。所谓两道密封，即在外墙的室内侧与室外侧均设计涂覆密封胶做防水。外侧防水主要用于防止紫外线、雨雪等气候的影响，对耐候性能要求高。而内侧二道防水主要是隔断突破外侧防水的外界水汽与内侧发生交换，同时也能阻止室内水流入接缝，造成漏水。预制构件端部的企口构造也是构造防水的一部分，可以与两道材料防水、空腔排水口组成的防水系统配合使用。

外墙产生漏水需要三个要素：水、空隙与压差，破坏任何一个要素，就可以阻止水的渗入。空腔与排水管使室内外的压力平衡，即使外侧防水遭到破坏，水也可以排走而不进入室内。内外温差形成的冷凝水也可以通过空腔从排水口排出。漏水被限制在两个排水口之间，易于排查与修理。排水可以由密封材料直接形成开口，也可以在开口处插入排水管。

4.14.2　技术指标

（1）密封胶力学性能指标中位移能力、弹性恢复率及拉伸模量应满足指标要求，试验方法应符合国家现行标准《混凝土接缝用建筑密封胶》JC/T 881、《硅酮和改性硅酮建筑密封胶》GB/T 14683 中的有关要求。

（2）密封胶耐久耐候性中的定伸粘结性、浸水后定伸粘结性和冷拉热压后定伸粘结性应满足指标要求，试验方法应符合国家现行标准《混凝土接缝用建筑密封胶》JC/T 881及《硅酮和改性硅酮建筑密封胶》GB/T 14683的有关要求。

（3）密封胶耐污性应满足指标要求，试验方法可参考《石材用建筑密封胶》GB/T 23261中的方法。

（4）密封防水的其他材料应符合有关标准的规定。

4.14.3 施工要点

预制外墙板接缝的防水处理技术工艺比较复杂，施工难度大，实际施工时应根据不同的外墙板接缝设计要求制定有针对性的施工方案和措施。施工时应注重以下几个施工要点：

1. 墙板施工前做好产品的质量检查

预制墙板的加工精度和混凝土养护质量直接影响墙板的安装精度和防水情况，墙板安装前必须认真复核墙板的几何尺寸和平整度情况，检查墙板表面以及预埋窗框周围的混凝土是否密实，是否存在贯通裂缝，混凝土质量不合格的墙板严禁使用。同时还须认真检查墙板周边的预埋橡胶条的安装质量，检查橡胶条是否预嵌牢固，转角部位是否有破损的情况，是否有混凝土浆液漏进橡胶条内部造成橡胶条变硬失去弹性，橡胶条必须严格检查确保无瑕疵，有质量问题必须更换后方可进行吊装。

2. 墙板施工时严控安装精度，做好测量放线工作

不仅要放基准线，还要把墙板的位置线都放出来以便于吊装时墙板定位。墙板精度调整一般分为粗调和精调两步，粗调是按控制线为标准使墙板就位脱钩，精调要求将墙板轴线位置和垂直度偏差调整到规范允许偏差范围内，实际施工时一般要求不超过5mm。

3. 严格按工艺流程操作，做好工序质量检查

墙板接缝外侧打胶要严格按照设计流程来进行，基底层和预留空腔内必须使用高压空气清理干净。打胶前背衬深度要认真检查，打胶厚度必须符合设计要求，打胶部位的墙板要用底涂处理增强胶与混凝土墙板之间的粘结力，打胶中断时要留好施工缝，施工缝内高外低，互相搭接不能少于5cm。墙板内侧的连接铁件和十字接缝部位使用打聚氨酯密封处理，由于铁件部位没有橡胶止水条，施工聚氨酯前要认真做好铁件的除锈和防锈工作，聚氨酯要施打严密不留任何缝隙，施工完毕后要进行泼水试验确保无渗漏后才能密封盖板。

4. 施工后进行防水效果试验，及时处理渗漏问题

墙板防水施工完毕后应及时进行淋水试验以检验防水的有效性，淋水的重点是墙板十字接缝处、预制墙板与现浇结构连接处以及窗框部位，淋水时宜使用消防水龙带对试验部位进行喷淋，外部检查打胶部位是否有脱胶现象，排水管是否排水顺畅，内侧仔细观察是否有水印、水迹。发现有局部渗漏部位必须认真做好记录，查找原因并及时处理，必要时可在墙板内侧加设一道聚氨酯防水提高防渗漏安全系数。

4.14.4 适用范围

适用于装配式建筑（混凝土结构、钢结构）中混凝土与混凝土、混凝土与钢的外墙板、内墙板的缝隙等部位。

4.14.5 工程案例

国家体育场（鸟巢）、武汉琴台大剧院、北京奥运射击馆、中粮万科长阳半岛、五和万科长阳天地、天竺万科中心、清华苏世民书院、上海华润华发静安府、上海招商地产宝山大场、合肥中建海龙办公综合楼、上海青浦区 03-04 地块项目、上海地杰国际城、上海松江区国际生态商务区 14 号地块、上海中房滨江项目、青岛韩洼社区经济适用房等。

第 15 节　液压爬升模板技术和集成附着式升降脚手架技术

4.15.1　液压爬升模板技术

爬模装置通过承载体附着或支承在混凝土结构上，当新浇筑的混凝土脱模后，以液压油缸为动力，以导轨为爬升轨道，将爬模装置向上爬升一层，反复循环作业的施工工艺，简称爬模。目前我国的爬模技术在工程质量、安全生产、施工进度、降低成本、提高工效和经济效益等方面均有良好的效果。

1. 技术内容

（1）爬模设计

① 采用液压爬升模板施工的工程，必须编制爬模安全专项施工方案，进行爬模装置设计与工作荷载计算。

② 爬模装置由模板系统、架体与操作平台系统、液压爬升系统、智能控制系统四部分组成（图 4-1、图 4-2）。

图 4-1　液压爬升模板外立面　　　　图 4-2　爬模模板及架体

③ 根据工程具体情况，爬模技术可以实现墙体外爬、外爬内吊、内爬外吊、内爬内吊、外爬内支等爬升施工。

④ 模板可采用组拼式全钢大模板及成套模板配件，也可根据工程具体情况，采用铝合金模板、组合式带肋塑料模板、重型铝框塑料板模板、木工字梁胶合板模板等；模板的高度为标准层层高。

⑤ 模板采用水平油缸合模、脱模，也可采用吊杆滑轮合模、脱模，操作方便安全；钢模板上还可带有脱模器，确保模板顺利脱模。

⑥ 爬模装置全部金属化，确保防火安全。

⑦ 爬模机位同步控制、操作平台荷载控制、风荷载控制等均采用智能控制，做到超过升差、超载、失载进行声光报警。

（2）爬模施工

① 爬模组装一般须从已施工 2 层以上的结构开始，楼板需要滞后 4～5 层施工。

② 液压系统安装完成后应进行系统调试和加压试验，确保施工过程中所有接头和密封处无渗漏。

③ 混凝土浇筑宜采用布料机均匀布料，分层浇筑、分层振捣；在混凝土养护期间绑扎上层钢筋；当混凝土脱模后，将爬模装置向上爬升一层。

④ 一项工程完成后，模板、爬模装置及液压设备可继续在其他工程通用，周转使用次数多。

⑤ 爬模可节省模板堆放场地，对于在城市中心施工场地狭窄的项目有明显的优越性。爬模技术在工程质量、安全生产、施工进度和经济效益等方面均有良好的保证。

2. 技术指标

（1）液压油缸额定荷载为 50kN、100kN、150kN，工作行程为 150～600mm。

（2）油缸机位间距不宜超过 5m，当机位间距内采用梁模板时，间距不宜超过 6m。

（3）油缸布置数量须根据爬模装置自重及施工荷载计算确定，根据《液压爬升模板工程技术规程》JGJ 195 规定，油缸的工作荷载应不大于额定荷载的 1/2。

（4）爬模装置爬升时，承载体受力处的混凝土强度必须大于 10MPa，并应满足爬模设计要求。

3. 施工要点

（1）爬模装置部件成批下料前应首先制作样件，经检查确认其达到规定要求后方可进行批量下料、组对；对架体、桁架、弧形模板等应放大样，在组对、施焊过程中应定期对胎具、模具、组合件进行检测，确保半成品和成品质量符合要求。

（2）爬模装置的零部件，应严格按照设计和工艺要求进行制作和全数检查验收。除钢模板正面外，其余钢构件表面必须喷涂防锈漆；模板正面宜喷涂耐磨防腐涂料或长效脱模剂。

（3）爬模安装前应完成下列准备工作：①对锥形承载接头、承载螺栓中心标高和模板底标高应进行抄平，当模板在楼板或基础底板上安装时，对高低不平的部位应作找平处理；②放墙轴线、墙边线、门窗洞口线、模板边线、架体中心线及架体外边线；③对爬模安装标高的下层结构外形尺寸、预留承载螺栓孔、锥形承载接头进行检查，对超出允许偏差的结构进行剔凿修正；④绑扎完成模板高度范围内钢筋；⑤安装门窗洞模板、预留洞模板、预埋件、预埋管线；⑥模板板面须刷脱模剂，旋转部件须加润滑油；⑦在有楼板的部位安装模板时，应提前在下 2 层的楼板上预留洞口，为下架体安装留出位置；⑧在有门洞的位置安装架体时，应提前做好导轨上升时的门洞支承架；⑨根据设计高度，调整临时脚手架至适当高度且不低于 1.5m。

（4）爬模装置应按下列程序安装：①爬模安装前准备；②架体预拼装；③安装锥形承载接头（承载螺栓）和挂钩连接座；④安装下架体、吊架和导轨；⑤安装纵向连系梁和平台铺板；⑥安装防护栏杆及护栏网；⑦安装上架体、模板和支架；⑧安装液压系统并进行调试；⑨安装测量观测装置、智能控制系统。

（5）架体宜先在地面预拼装，后用起重机械吊入预定位置。架体平面必须垂直于结构平面，架体安装应牢固；弧形墙体应符合规定。

（6）安装锥形承载接头前应在模板相应位置上钻孔，用配套的承载螺栓连接；固定在墙体预留孔内的承载螺栓套管，安装时也应在模板相应孔位用与承载螺栓同直径的对拉螺栓紧固，其定位中心允许偏差应为±5mm，螺栓孔和套管孔位应有可靠堵浆措施。

（7）挂钩连接座安装固定必须采用专用承载螺栓，挂钩连接座应与构筑物表面有效接触，其承载螺栓紧固要求应符合规定，挂钩连接座安装中心允许偏差应为±5mm。

（8）阴角模宜后插入安装，阴角模的两肢应同相邻平模板搭接紧密。模板之间的拼缝应平整严密，板面应清理干净，脱模剂涂刷均匀。模板安装后应逐间测量检查对角线并进行校正，确保角度准确。

（9）上架体行走滑轮、活动支腿丝杠、纠偏滑轮等部位安装后应转动灵活。液压油管宜整齐排列固定。液压系统安装完成后应进行系统调试和加压试验，保压 5min，所有接头和密封处应无渗漏。

（10）爬模装置拆除前，必须编制拆除技术方案，明确拆除先后顺序，制定拆除安全措施，进行安全技术交底。拆除方案中应包括：①拆除基本原则；②拆除前的准备工作；③平面和竖向分段；④拆除部件起重量计算；⑤拆除程序；⑥承载体的拆除方法；⑦劳动组织和管理措施；⑧安全措施；⑨拆除后续工作；⑩应急预案等。

（11）爬模装置拆除应明确平面和竖向拆除顺序，其基本原则应符合下列规定：①在起重机械起重力矩允许范围内，平面应按大模板分段，如果分段的大模板重量超过起重机械最大起重量，可将其再分段；②爬模装置，竖直方向分模板、上架体、下架体与导轨四部分拆除；③最后一段爬模装置拆除时，要留有操作人员撤退的通道或脚手架。

（12）爬模装置拆除前，必须清除影响拆除的障碍物，清除平台上所有的剩余材料和零散物件，切断电源后，拆除电线、油管；不得在高空拆除跳板、栏杆和安全网，防止高空坠落和落物伤人。

（13）爬模应按下列程序施工：①浇筑混凝土；②混凝土养护；③绑扎上层钢筋；④安装门窗洞口模板；⑤预埋承载螺栓套管或锥形承载接头；⑥检查验收；⑦脱模、模板清理、刷脱模剂、埋件固定在模板上；⑧安装挂钩连接座；⑨导轨爬升、架体爬升；⑩合模、紧固对拉螺栓；⑪竖向结构继续循环施工。

（14）当采用竖向结构先行、水平结构滞后施工方法时，水平结构滞后层数必须得到设计单位确认。

（15）爬升施工必须建立专门的指挥管理组织，制定管理制度，液压控制台操作人员应进行专业培训，合格后方可上岗操作，严禁其他人员操作。

（16）非标准层层高大于标准层层高时，爬升模板可多爬升一次或在模板上口支模接高；非标准层层高小于标准层层高时，混凝土按实际高度要求浇筑。非标准层必须同标准层一样在模板上口以下规定位置预埋锥形承载接头或承载螺栓套管。

（17）爬升施工应在合模完成和混凝土浇筑后 2 次进行垂直偏差测量，并按《液压爬升模板工程技术标准》JGJ/T 195 附录 C 记录。如有偏差，应在上层模板紧固前进行校正。

（18）导轨爬升应符合下列要求：①导轨爬升前，其爬升接触面应清除粘结物和涂刷润滑剂，检查防坠爬升器棘爪是否处于提升导轨状态，确认架体固定在承载体和结构上，确认导轨锁定销键和底端支撑已松开；②导轨爬升由油缸和上、下防坠爬升器自动完成，爬升过程中，应设专人看护，确保导轨准确插入上层挂钩连接座；③导轨进入挂钩连接座后，挂钩连接座上的翻转挡板必须及时挂住导轨上端挡块，同时调定导轨底部支撑，然后转换防坠爬升器棘爪爬升功能，使架体支承在导轨梯挡上。

（19）架体爬升应符合下列要求：①架体爬升前，必须拆除模板上的全部对拉螺栓及妨碍爬升的障碍物；清除架体上剩余材料，翻起所有安全盖板，解除相邻分段架体之间、架体与构筑物之间的连接，确认防坠爬升器处于爬升工作状态；确认下层挂钩连接座、锥体螺母或承载螺栓已拆除；检查液压设备均处于正常工作状态，承载体受力处的混凝土强度满足架体爬升要求，确认架体防倾调节支腿已退出，挂钩锁定销已拔出；架体爬升前要组织安全检查，并按《液压爬升模板工程技术标准》JGJ/T 195 附录 D 记录，检查合格后方可爬升；②架体可分段和整体同步爬升，同步爬升控制参数的设定：每段相邻机位间的升差值宜在 1/200 以内，整体升差值宜在 50mm 以内；③整体同步爬升应由总指挥统一指挥，各分段机位应配备足够的监控人员；④架体爬升过程中，应设专人检查防坠爬升器，确保棘爪处于正常工作状态。当架体爬升进入最后 2～3 个爬升行程时，应转入独立分段爬升状态；⑤架体爬升到达挂钩连接座时，应及时插入承力销，并旋出架体防倾调节支腿，顶撑在混凝土结构上，使架体从爬升状态转入施工固定状态。

（20）变截面处爬模装置的爬升可按下列程序进行：变截面层浇筑完混凝土→模板后退→挂钩连接座处按变截面措施加钢垫片等→提升导轨→调节附墙支撑→整体倾斜→导轨提升到位→提升架体→架体调整水平→合模浇筑混凝土。

（21）安装模板前宜在下层结构表面弹出对拉螺栓、预埋承载螺栓套管或锥形承载接头位置线，避免竖向钢筋同对拉螺栓、预埋承载螺栓套管或锥形承载接头位置相碰；竖向钢筋密集的工程，上述位置与钢筋相碰时，应对钢筋位置进行调整。

（22）每一层混凝土浇筑完成后，在混凝土施工缝以上应有 2～4 道绑扎好的水平钢筋。上层钢筋绑扎完成后，其上端应有临时固定措施。墙内的承载螺栓套管或锥形承载接头、预埋铁件、预埋管线等应同钢筋绑扎同步完成。

（23）混凝土浇筑宜采用布料机均匀布料，分层浇筑，分层振捣；并应变换浇筑方向，顺时针逆时针交错进行。混凝土振捣时严禁振捣棒碰撞承载螺栓套管或锥形承载接头等。混凝土浇筑位置的操作平台应采取铺铁皮、设置铁簸箕等措施，防止下层混凝土表面受污染。

（24）爬模装置爬升时，架体下端应设有滑轮，防止架体硬物划伤混凝土。混凝土施工应有喷淋养护或浇水养护措施。混凝土浇筑完毕后，应及时清理爬模装置、模板正反面和操作平台上粘接的混凝土，清理楼层上的建筑垃圾，保持施工现场干净整洁。

（25）爬模工程安全专项施工方案，必须经专家论证。

（26）爬模施工应与整个工程综合设置防火、安全、逃生通道。应有爬模装置与塔式起重机、施工升降机、布料机交叉运行的安全措施和相关设计。爬模装置的安装、操作、拆除应在专业厂家指导下进行，专业操作人员应进行爬模施工安全、技术培训，合格后方可上岗操作。爬模工程应设专职安全员，负责爬模施工的安全检查，填写安全检查表，设置和管理电子监控设备。

（27）操作平台上应在显著位置标明允许荷载值，设备、材料及人员等荷载应均匀分布，人员、物料不得超过允许荷载；爬模装置爬升时不得堆放钢筋等施工材料，非操作人员应撤离操作平台。

（28）爬模施工临时用电线路架设及架体接地、避雷措施等应符合现行行业标准《施工现场临时用电安全技术规范（附条文说明）》JGJ 46 的有关规定。

（29）操作平台上应按消防要求设置灭火器，施工消防供水系统应随爬模施工同步设置。在操作平台上进行电、气焊作业时应有防火措施和专人看护。所有操作平台宜采用金属跳板，操作平台上的上人孔采用金属翻板、金属栏杆和爬梯，上架体、下架体外侧全高范围均应安装防护栏及金属防护网；内侧临边平台应安装防护栏杆；下操作平台及下架体下端平台与结构表面之间应设置贴墙金属翻板。电梯井、小房间中的上下架体与纵向连系梁应连成封闭式的整体操作平台。

（30）对后退进行清理的外墙模板应及时恢复停放在原合模位置，并应临时拉结固定。

（31）在混凝土外墙上安装挂钩连接座时，应采取系紧安全带、挂设轻型挂篮、吊挂式平台等安全措施。在模板上安装锥体螺母可采取模板开洞从背面安装等安全技术措施。

（32）遇有 6 级以上强风、浓雾、雷电等恶劣天气，停止爬模施工作业，并应采取可靠的加固措施。

（33）操作平台与地面之间应有可靠的通信联络。爬升和拆除过程中应分工明确、各负其责，应实行统一指挥、规范指令。爬升和拆除指令只能由爬模总指挥一人下达，操作人员发现有不安全问题，应及时处理、排除并立即向总指挥反馈信息。爬升前爬模总指挥应告知平台上所有操作人员，清除影响爬升的障碍物。爬模操作平台上应有专人指挥起重机械和布料机，防止吊运的料斗、钢筋等碰撞爬模装置或操作人员。

（34）当爬模装置采用智能控制系统对爬模爬升，操作平台超载、失载进行监控和声光报警时，应在出厂前进行试验和检测，在确保控制功能可靠后方可投入使用。

（35）爬模装置拆除时，参加拆除的人员必须系好安全带并扣好保险钩；每起吊一段模板或架体前，操作人员必须离开。爬模施工现场必须有明显的安全标志，爬模安装、拆除时地面应设围栏和警戒标志，并派专人看守，严禁非操作人员入内。严禁夜间进行安装、拆除作业，爬升作业不宜在夜间进行。

4. 适用范围

适用于高层、超高层建筑剪力墙结构，框架结构核心筒、桥墩、桥塔、高耸构筑物等现浇钢筋混凝土结构工程的液压爬升模板施工。

5. 工程案例

广州 S8 地块项目工程（32 层）、广州珠江城（71 层）、北京 LG 大厦（31 层）、北京财富中心二期（55 层）、苏通大桥（300m 高桥塔）、上海环球中心（97 层）、外滩中信城（47 层）等。

4.15.2 集成附着式升降脚手架技术

集成附着式升降脚手架是指搭设一定高度并附着于工程结构上，依靠自身的升降设备和装置，可随工程结构逐层爬升或下降，具有防倾覆、防坠落装置的外脚手架；附着式升降脚手架主要由集成化的附着式升降脚手架架体结构、附着支座、防倾装置、防坠落装置、升降机构及控制装置等构成。

1. 技术内容

（1）集成附着式升降脚手架设计

① 集成附着式升降脚手架主要由架体系统、附墙系统、爬升系统三部分组成（图 4-3）。

图 4-3　全钢集成附着式升降脚手架

② 架体系统由竖向主框架、水平承力桁架、架体构架、护栏网等组成。

③ 附墙系统由预埋螺栓、连墙装置、导向装置等组成。

④ 爬升系统由控制系统、爬升动力设备、附墙承力装置、架体承力装置等组成。控制系统采用三种控制方式：计算机控制、手动控制和遥控器控制，并可以通过计算机作为人机交互界面，全中文菜单，简单直观，控制状态一目了然，更适合建筑工地的操作环境。控制系统具有超载、失载自动报警与停机功能。

⑤ 爬升动力设备可以采用电动葫芦或液压千斤顶。

⑥ 集成附着式升降脚手架有可靠的防坠落装置，能够在提升动力失效时迅速将架体系统锁定在导轨或其他附墙点上。

⑦ 集成附着式升降脚手架有可靠的防倾导向装置。

⑧ 集成附着式升降脚手架有可靠的荷载控制系统或同步控制系统，并采用无线控制技术。

（2）集成附着式升降脚手架施工

① 应根据工程结构设计图、塔吊附壁位置、施工流水段等确定附着升降脚手架的平面布置，编制施工组织设计及施工图。

② 根据提升点处的具体结构形式确定附墙方式。

③ 制定确保质量和安全施工等的有关措施。

④ 制定集成附着式升降脚手架施工工艺流程和工艺要点。

⑤ 根据专项施工方案计算所需材料。

2. 技术指标

（1）架体高度不应大于 5 倍楼层高，架体宽度不应大于 1.2m。

（2）两提升点直线跨度不应大于 7m，曲线或折线不应大于 5.4m。

（3）架体全高与支承跨度的乘积不应大于 $110m^2$。

（4）架体悬臂高度不应大于 6m 和 2/5 架体高度。

（5）每点的额定提升荷载为 100kN。

3. 施工要点

（1）附着式升降脚手架施工前应编制专项安全施工方案。方案应当由专业施工单位组织编制，由专业施工单位技术负责人审批签字。实行施工总承包的，专项方案应当由总承包单位技术负责人及专业承包单位技术负责人审批签字，报项目总监理工程师审核后实施。

（2）提升高度 150m 及以上附着式整体和分片提升脚手架工程的专项方案应当由施工单位组织召开专家论证会。实行施工总承包的，由施工总承包单位组织召开专家论证会。

（3）附着式升降脚手架使用应符合下列条件：①进入施工现场的附着式升降脚手架产品应具有国务院建设行政主管部门组织鉴定或验收的合格证书；②附着式升降脚手架的附着支承结构、防倾防坠落装置等关键部件构配件应有可追溯性标识，出厂时应提供原生产厂家出厂合格证；③从事附着式升降脚手架工程的专业施工单位应具有相应资质证书，安装拆卸人员应具有特种作业操作证。

（4）附着式升降脚手架结构构造的尺寸应符合以下规定：①架体结构高度不应大于 5 倍楼层高；②架体宽度不应大于 1.2m；③直线布置的架体支承跨度不应大于 7m，折线或曲线布置的架体，相邻两主框架支承点处架体外侧距离不应大于 5.4m；④整体附着式升降脚手架架体的水平悬挑长度不得大于 2m 和 1/2 水平支承跨度；单片附着式升降脚手架架体的水平悬挑长度不得大于 1/4 水平支承跨度；⑤架体全高与支承跨度的乘积不应大于 110m^2。

（5）附着升降脚手架的架体结构应符合以下规定：①应在附着支承结构部位设置与架体高度相等的与墙面垂直的定型竖向主框架，竖向主框架应是桁架或刚架结构；②竖向主框架的底部应设置水平支承桁架，其宽度应与主框架相同，平行于墙面，其高度不宜小于 1.8m；水平支承桁架最底层应设置脚手板，并应铺满铺牢，与建筑物墙面之间也应设置脚手板全封闭，宜设置翻转的密封翻板；③架体悬臂高度不得大于架体高度的 2/5，且不得大于 6m。

（6）附着式升降脚手架附着支承结构应采用原厂制造的产品。当现场条件不能满足安装要求时，应进行专项设计并经批准后方可安装使用。

（7）附着式升降脚手架附着支承结构应包括附墙支座、悬臂梁及斜拉杆，其构造应符合下列规定：①竖向主框架覆盖的每一楼层处应设置一道附墙支座；附着支承结构应按设计图纸设置；②在使用工况时，应将竖向主框架固定于附墙支座上；③在升降工况时，附墙支座上应设有防倾、导向的结构装置；④附着支承结构应采用锚固螺栓与建筑物连接，受拉螺栓的螺母不得少于 2 个或应采用弹簧垫片加单螺母，螺杆露出螺母端部的长度不应少于 3 扣，且不得小于 10mm，垫板尺寸应由设计确定，且不得小于 100mm×100mm×10mm；⑤对附着支承结构与工程结构连接处混凝土的强度应按设计要求确定，不得小于 C15。

（8）附着式升降脚手架应在每个竖向主框架处设置升降设备，升降设备应采用电动葫芦或电动液压设备。物料平台不得与附着式升降脚手架各部位和各结构构件相连，其荷载应直接传递给建筑工程结构。

（9）附着式升降脚手架必须具有防倾覆、防坠落和同步升降控制的安全装置。防倾装置必须与竖向主框架、附着支承结构或工程结构可靠连接。防坠落装置应设置在竖向主框架处并附着在建筑结构上，每一升降点不得少于 1 个防坠落装置。防倾装置、防坠装置、同步控制装置应符合《建筑施工工具式脚手架安全技术规范》JGJ 202—2010 的相关规定。

（10）附着式升降脚手架安装应符合下列要求：①在首层安装前应设置安装平台，安装平台应有保障施工人员安全的防护设施，安装平台的水平精度和承载能力应满足架体安装的要求；②相邻竖向主框架的高差应不大于 20mm；竖向主框架和防倾导向装置的垂直偏差应不大于 5‰，且不得大于 60mm；预留穿墙螺栓孔和预埋件应垂直于建筑结构外表面，其中心误差应小于 15mm；连接处所需要的建筑结构混凝土强度应由计算确定，且不得小于 C15；升降机构连接应正确且牢固可靠；安全控制系统的设置和试运行效果符合设计要求；升降动力设备工作正常；③附着支承结构的安装应符合设计要求，不得少装和使用不合格螺栓及连接件；④安全保险装置应全部合格，安全防护设施应齐备，且应符合设计要求，并应设置必要的消防设施；⑤升降设备、同步控制系统及防坠落装置等专项设备，均应采用同一厂家产品；⑥升降设备、控制系统、防坠落装置等应采取防雨、防砸、防尘等措施。

（11）附着式升降脚手架的升降操作应符合下列规定：①附着式升降脚手架每次升降前，应按规范要求进行检查，经总包单位、分包单位、租赁单位、安装拆卸单位共同检查合格后，方可进行升降作业；②升降操作应按升降作业程序和操作规程进行作业；操作人员不得停留在架体上；升降过程中不得有施工荷载；所有妨碍升降的障碍物应拆除；所有影响升降作业的约束应解除；③各相邻提升点间的高差不得大于 30mm，整体架最大升降差不得大于 80mm；④升降过程中应实行统一指挥、规范指令。升、降指令只能由总指挥一人下达；当有异常情况出现时，任何人均可立即发出停止指令；⑤当采用环链葫芦作升降动力时，应严密监视其运行情况，及时排除翻链、铰链和其他影响正常运行的故障；⑥当采用液压升降设备作升降动力时，应排除液压系统的泄漏、失压、颤动、油缸爬行和不同步等问题和故障，确保正常工作；⑦架体升降到位后，应及时按使用状况要求进行附着固定，在没有完成架体固定工作前，施工人员不得擅自离岗或下班；⑧附着式升降脚手架架体升降到位固定后，应按规范要求进行检查验收，合格后方可使用；遇 5 级及以上大风和大雨、大雪、浓雾和雷雨等恶劣天气时，不得进行升降作业。

（12）附着式升降脚手架使用应符合下列规定：①应按照设计性能指标进行使用，不得随意扩大使用范围；架体上的施工荷载必须符合设计规定，不得超载，不得放置影响局部杆件安全的集中荷载；②架体内的建筑垃圾和杂物应及时清理干净；③附着式升降脚手架在使用过程中不得进行下列作业：A. 利用架体吊运物料；B. 在架体上拉结吊装缆绳（或缆索）；C. 在架体上推车；D. 任意拆除结构件或松动连结件；E. 拆除或移动架体上的安全防护设施；F. 利用架体支撑模板或卸料平台；G. 其他影响架体安全的作业。

（13）附着式升降脚手架的检查处理与保养应符合下列规定：①当附着式升降脚手架停用超过 3 个月时，应提前采取加固措施；②当附着式升降脚手架停用超过 1 个月或遇 6 级及以上大风后复工时，应进行检查，确认合格后方可使用；③螺栓连接件、升降设备、防倾装置、防坠落装置、电控设备同步控制装置等应每月进行维护保养。

（14）附着式升降脚手架拆除应符合下列规定：①附着式升降脚手架的拆除工作应按专项施工方案及安全操作规程的有关要求进行；②拆除前必须对拆除作业人员进行安全技术交底；③拆除时应有可靠的防止人员与物料坠落的措施，拆除的材料及设备不得抛扔；④拆除作业应在白天进行，遇 5 级及以上大风和大雨、大雪、浓雾和雷雨等恶劣天气时，不得进行拆卸作业。

4. 适用范围

集成附着式升降脚手架适用于高层或超高层建筑的结构施工和装修作业；对于 16 层以上，结构平面外檐变化较小的高层或超高层建筑施工，推广应用附着式升降脚手架；附着式升降脚手架也适用于桥梁高墩、特种结构高耸构筑物施工的外脚手架。

5. 工程案例

中山国际灯饰商城、华南港航服务中心、莆田万科城、马来西亚住宅、中山小榄海港城等。

第 16 节　装配式混凝土结构技术

4.16.1　装配式混凝土剪力墙结构技术

1. 技术内容

装配式混凝土剪力墙结构是指全部或部分采用预制墙板构件，通过可靠的连接方式后浇混凝土、水泥基灌浆料形成整体的混凝土剪力墙结构。这是近年来在我国应用最多、发展最快的装配式混凝土结构技术。

国内的装配式剪力墙结构体系主要包括以下两种：

（1）高层装配整体式剪力墙结构。该体系中，部分或全部剪力墙采用预制构件，预制剪力墙之间的竖向接缝一般位于结构边缘构件部位，该部位采用现浇方式与预制墙板形成整体，预制墙板的水平钢筋在后浇部位实现可靠连接或锚固；预制剪力墙水平接缝位于楼面标高处，水平接缝处钢筋可采用套筒灌浆连接、浆锚搭接连接或在底部预留后浇区内搭接连接的形式。在每层楼面处设置水平后浇带并配置连续纵向钢筋，在屋面处应设置封闭后浇圈梁。采用叠合楼板及预制楼梯，预制或叠合阳台板。该结构体系主要用于高层住宅，整体受力性能与现浇剪力墙结构相当，按"等同现浇"设计原则进行设计。

（2）多层装配式剪力墙结构。与高层装配整体式剪力墙结构相比，其结构计算可采用弹性方法进行结构分析，并可按照结构实际情况建立分析模型，以建立适用于装配特点的计算与分析方法。在构造连接措施方面，边缘构件设置及水平接缝的连接均有所简化，并降低了剪力墙及边缘构件配筋率、配箍率要求，允许采用预制楼盖和干式连接的做法。

2. 技术指标

高层装配整体式剪力墙结构和多层装配式剪力墙结构的设计应符合国家现行标准《装配式混凝土结构技术规程》JGJ 1 和《装配式混凝土建筑技术标准》GB/T 51231 的有关规定。《装配式混凝土结构技术规程》JGJ 1、《装配式混凝土建筑技术标准》GB/T 51231 中将装配整体式剪力墙结构的最大适用高度比现浇结构适当降低。装配整体式剪力墙结构的高宽比限值，与现浇结构基本一致。

作为混凝土结构的一种类型，装配式混凝土剪力墙结构在设计和施工中应该符合现行国家标准《混凝土结构设计规范》GB 50010、《混凝土结构工程施工规范》GB 50666、《混凝土结构工程施工质量验收规范》GB 50204 中各项基本规定；若房屋层数为 10 层及 10 层以上或者高度大于 28m，还应该参照《高层建筑混凝土结构技术规程》JGJ 3 中关于剪力墙结构的一般性规定。

针对装配式混凝土剪力墙结构的特点，结构设计中还应该注意以下基本概念：

（1）应采取有效措施加强结构的整体性。装配整体式剪力墙结构是在选用可靠的预制构件受力钢筋连接技术的基础上，采用预制构件与后浇混凝土相结合的方法，通过连接节点的合理构造措施，将预制构件连接成一个整体，保证其具有与现浇混凝土结构基本等同的承载能力和变形能力，达到与现浇混凝土结构等同的设计目标。其整体性主要体现在预制构件之间、预制构件与后浇混凝土之间的连接节点上，包括接缝混凝土粗糙面及键槽的处理、钢筋连接锚固技术、各类附加钢筋、构造钢筋等。

（2）装配式混凝土结构的材料宜采用高强钢筋与适宜的高强混凝土。预制构件在工厂生产，混凝土构件可实现蒸汽养护，对于混凝土的强度、抗冻性及耐久性有显著提升，方便高强混凝土技术的采用，且可以提早脱模提高生产效率。采用高强混凝土可以减小构件截面尺寸，便于运输吊装。采用高强钢筋，可以减少钢筋数量，简化连接节点，便于施工，降低成本。

（3）装配式结构的节点和接缝应受力明确、构造可靠，一般采用经过充分的力学性能试验研究、施工工艺试验和实际工程检验的节点做法。节点和接缝的承载力、延性和耐久性等一般通过对构造、施工工艺等的严格要求来满足，必要时须单独对节点和接缝的承载力进行验算。若采用相关标准、图集中均未涉及的新型节点连接构造，应进行必要的技术研究与试验验证。

（4）装配整体式剪力墙结构中，预制构件合理的接缝位置、尺寸及形状的设计是十分重要的，应以模数化、标准化为设计工作基本原则。接缝对建筑功能、建筑平立面、结构受力状况、预制构件承载能力、制作安装、工程造价等都会产生一定的影响。设计时应满足建筑模数协调、建筑物理性能、结构和预制构件的承载能力、便于施工和进行质量控制等多项要求。

3. 施工要点

（1）施工工艺流程。

装配式混凝土结构施工工艺流程：浇筑混凝土→放线抄平→预制外墙板吊装→预制内墙板吊装→塞缝灌浆→绑扎墙身钢筋及封板→提升安装外防护架→搭楼板支架及吊装楼面板→安装机电管线→绑扎楼面钢筋→浇筑混凝土。

（2）施工操作要点

① 放线抄平

A. 建筑物宜采用"内控法"放线，在建筑物的基础层根据设置的轴线控制桩，向以上各层的建筑物控制轴线投测。根据控制轴线依次放出建筑物的纵横轴线，依据各层控制轴线放出本层构件的细部位置线和构件控制线，在构件的细部位置线内标出编号。每栋建筑物设标准水准点 1～2 个，在首层墙、柱上确定控制水平线。以后每完成一层，楼面用钢卷尺把首层的控制线传递到上一层楼面的预留钢筋上，用红油漆标示。

B. 根据楼内主控线，放出墙体安装控制线、边线、预制墙体两端安装控制线。

C. 钢筋校正。根据预制墙板定位线，使用钢筋定位框检查预留钢筋位置是否准确，偏位的应及时调整。

D. 垫片找平。预制墙板下口与楼板间设计有 20mm 的缝隙（灌浆用），吊装预制件前，在所有构件框架线内取构件长度总尺寸 1/4 的两点铁垫片找平，垫起总厚度 2cm，垫片厚度应有 10mm、5mm、2mm 等规格，应用垫片厚度不同调节预制件找平。

② 预制外墙板吊装

A. 首先做好安装前的准备工作，对基层插筋部位按图纸依次校正，同时将基层垃圾清理干净，松开吊架上用于稳固构件的侧向支撑木楔，做好起吊准备。

B. 预支外墙板吊装时将吊扣与吊钉进行连接，再将吊链与吊梁连接，要求吊链与吊梁接近垂直。开始起吊时应缓慢进行，待构件完全脱离支架后可匀速提升。

C. 预制剪力墙就位时，需要人工扶正预理竖向外露钢筋与预制剪力墙预留空孔洞一一对应插入，另外，预制墙体安装时应以先外后内的顺序，相邻剪力墙体应连续安装。

D. 为防止发生预制剪力墙倾斜等现象，预制剪力墙就位后，应及时用螺栓和膨胀螺丝将可调节斜支撑固定在构件及现浇完成的楼板面上，通过调整斜支撑和底部的固定角码对预制剪力墙各墙面进行垂直平整检测并校正，直到预制剪力墙达到设计要求范围，然后固定。

E. 待预制件的斜向支撑及固定角码全部安装完成后方可摘钩，进行下一件预制件的吊装，同时，对已完成吊装的预制墙板进行校正。

③ 塞缝灌浆

A. 灌浆材料机械用具准备。需要准备的机械用具主要包括：与灌浆套筒匹配的灌胶料、普通灌浆料、座浆料、塞缝料；压力灌浆泵、应急用手动灌浆枪、电动搅拌器、电子秤、水桶、搅拌桶；垫片、橡胶条、胶塞等；灌浆料试块模具、流动性检测模具。

B. 内、外墙灌浆

a. 外墙板：外墙板外侧及墙宽度范围属掩蔽位置，预制件吊装后，该位置无法进行后续封堵。因此，外墙板外侧应于吊装前在相应位置粘贴 $30mm \times 30mm$ 的橡胶条。粘贴位置应位于 $30mm$ 保温材料处，以不占用结构混凝土位置为宜。墙宽度范围内亦应置于暗柱钢筋外 $100mm$ 处的非结构区域粘贴橡胶条。外墙板校正完成后，使用塞缝料将外墙板外露面（非掩蔽可后续操作面）与楼面间的缝隙填嵌密实，与吊装前粘贴的橡胶条牢固连接形成密闭空间。

b. 内墙板：内墙板坐浆位置亦应于吊装前铺设坐浆料。内墙板校正完成后，亦使用塞缝料将内墙板外露面与楼面间的缝隙填嵌密实，与吊装前铺设的座浆料牢固连接形成密闭空间。

c. 初插灌浆嘴的灌浆孔除外，其他灌浆孔使用橡皮塞封堵密实。灌浆应使用灌浆专用设备，并严格按厂家当期提供的配比调配灌浆料，将配比好的水泥浆料搅拌均匀后倒入灌浆专用设备中，保证灌浆料的流动度。灌浆料拌合物应在制备后 $0.5h$ 内用完。灌浆施工时的环境温度应在 $5℃$ 以上，必要时，应对连接处采取保温加热措施，保证浆料在 $48h$ 凝结硬化过程中连接部位温度不低于 $10℃$。灌浆后 $24h$ 内不得使构件和灌浆层受到振动、碰撞。

④ 绑扎墙身钢筋及封板

A. 外墙校正固定后，外墙板内侧用与预制外墙相同的保温板塞住预制外墙板与 PCF 间的缝隙，然后进行后浇带钢筋绑扎；安装时应相邻墙体连续依次安装，固定校正后及时对构件连接处的钢筋进行绑扎，以加强构件的整体牢固性。

B. 外墙现浇剪力墙节点内模采用木模或钢模，模板拉杆螺栓直径为 $\phi 12$。内墙现浇剪力墙节点采用木方做龙骨，木胶板做面板配制。对拉螺杆采用可拆卸式，拆模后一并回收利用，螺杆形式以翻样图为基准。

C. 混凝土浇筑应布料均衡。构件接缝混凝土浇筑和振捣应采取措施防止模板、相连接构件、钢筋、预埋件及其定位件移位。节点处混凝土应连续浇筑并确保振捣密实。

D. 预制墙体斜向支撑须在墙体后浇带侧模拆模后方可拆除。

⑤ 搭楼板支架及吊装楼面板

A. 支设预制板下支撑

a. 内外墙安装完成后，按设计位置支设专用三脚架可调节支撑，每块预制板支撑为 $4 \sim 6$ 个。

b. 将木（铝合金）工字梁放在可调节三角支撑上，方木顶标高为楼面板下标高，转动支撑调节螺丝将所有标高调至设计要求标高。竖向连续支撑层数不应少于 2 层且上下层支撑应在同一直线上。

B. 依排板图弹板、梁位置线及楼板、梁吊装

a. 根据楼板、梁吊装图在预制墙体上画出板、梁缝位置线，在板底或侧面事先划好隔置长度位置线，以保证板的定位和隔置长度。

b. 预制楼板起吊时，吊点不应少于 4 个，叠合楼板起吊点设置在桁架钢筋上弦钢筋与斜向腹筋交接处，吊点距离板端为整个板长的 1/4～1/5。预制梁起吊时，吊点不少于 2 个。预制梁、板吊装必须用专用吊具吊装。

c. 由于预制楼面板面积大、厚度薄，吊车起升速度要求稳定，覆盖半径要大，下降速度要慢；楼面板应从楼梯间开始向外扩展安装，便于人员操作，安装时两边设专人扶正构件，缓缓下降。

d. 将楼面板校正后，预制楼面板各边均落在剪力墙、现浇梁（叠合梁）上 15mm，预制楼面板预留钢筋落于支座处后下落，完成预制楼面板的初步安装就位。预制楼板与墙体之间 1cm 缝隙用干硬性座浆料堵实。

e. 预制楼面板安装初步就位后，转动调节支撑架上的可调节螺丝对楼面板进行三向微调，确保预制部品调整后标高一致、板缝间隙一致。

C. 调整板、梁的位置及整理锚固筋

a. 用撬棍拨动板端，使板两端搭接长度及板间距离符合设计要求。叠合梁、板安装就位后应对水平度、安装位置、标高进行检查。

b. 将板端伸出的锚固筋进行整理，严禁将锚固筋弯折或压在板下，弯钢筋用套管弯，防止弯断。

⑥ 预支楼梯安装

A. 首先支设预制板下钢支撑，按设计位置支设楼梯板专用三脚架可调节支撑。每块预制楼梯板支撑为 4 个；长方向在梯板两端平台处各设一组独立钢支撑。

B. 预制楼梯安装前，弹出楼梯构件的端部和侧边控制线以及标高控制线。

C. 在摆放预制楼梯前应在现浇接触位置用 C25 细石混凝土找平，同时安放钢垫片调整预制楼梯安放标高；预制楼梯分为上下两个梯段，两端楼梯待完成楼面混凝土浇筑后吊装；吊装时应用一长一短的两根钢丝绳将楼梯放坡，保证上下高差相符，顶面和底面平行，便于安装；将楼梯预留孔对正现浇位预留钢筋，缓慢下落。脱钩前用撬棍调节楼梯段水平方向位置。完成下段楼梯后，安装上段楼梯。注意角铁位置预留螺丝的要相对应。

D. 吊装完成后，用撬棍拨动楼梯板端，使板两端搭接长度及位置符合设计要求，待固定楼梯后，用连接角铁固定上段楼梯与外墙，最后，用聚苯材料对楼梯板端周边缝隙进行填充，锚固孔灌浆锚固。

4. 适用范围

适用于抗震设防烈度为 6～8 度的地区。装配整体式剪力墙结构可用于高层居住建筑，多层装配式剪力墙结构可用于低、多层居住建筑。

5. 工程案例

北京万科新里程，北京金域缇香高层住宅，北京金域华府 019 地块住宅，合肥滨湖桂园 6 号、8～11 号楼住宅，合肥市包河公租房 1～5 号楼住宅，海门中南世纪城 96～99 号

楼公寓等。

4.16.2　装配式混凝土框架结构技术

1. 技术内容

装配式混凝土框架结构包括装配整体式混凝土框架结构及其他装配式混凝土框架结构。装配整体式框架结构是指全部或部分框架梁、柱采用预制构件通过可靠的连接方式装配而成，连接节点处采用现场后浇混凝土、水泥基灌浆料等将构件连成整体的混凝土结构。其他装配式框架主要指各类干式连接的框架结构，主要与剪力墙、抗震支撑等配合使用。

装配整体式框架结构可采用与现浇混凝土框架结构相同的方法进行结构分析，其承载力极限状态及正常使用极限状态的作用效应可采用弹性分析方法。在结构内力与位移计算时，对现浇楼盖和叠合楼盖，均可假定楼盖在其平面为无限刚性。装配整体式框架结构构件和节点的设计均可按与现浇混凝土框架结构相同的方法进行，此外，尚应对叠合梁端竖向接缝、预制柱柱底水平接缝部位进行受剪承载力验算，并进行预制构件在短暂设计状况下的验算。装配整体式框架结构中，应通过合理的结构布置，避免预制柱的水平接缝出现拉力。

装配整体式框架主要包括框架节点后浇和框架节点预制两大类：前者的预制构件在梁柱节点处通过后浇混凝土连接，预制构件为一字形；而后者的连接节点位于框架柱、框架梁中部，预制构件有十字形、T形、一字形等并包含节点，由于预制框架节点制作、运输、现场安装难度较大，现阶段工程较少采用。

装配整体式框架结构连接节点设计时，应合理确定梁和柱的截面尺寸以及钢筋的数量、间距及位置等，钢筋的锚固与连接应符合国家现行标准相关规定，并应考虑构件钢筋的碰撞问题以及构件的安装顺序，确保装配式结构的易施工性。装配整体式框架结构中，预制柱的纵向钢筋可采用套筒灌浆、机械冷挤压等连接方式。当梁柱节点现浇时，叠合框架梁纵向受力钢筋应伸入后浇节点区锚固或连接，其下部的纵向受力钢筋也可伸至节点区外的后浇段内进行连接。当叠合框架梁采用对接连接时，梁下部纵向钢筋在后浇段内宜采用机械连接、套筒灌浆连接或焊接等连接形式连接。叠合框架梁的箍筋可采用整体封闭箍筋及组合封闭箍筋形式。

2. 技术指标

装配式框架结构的构件及结构的安全性与质量应满足国家现行标准《装配式混凝土结构技术规程》JGJ 1、《装配式混凝土建筑技术标准》GB/T 51231、《混凝土结构设计规范》GB 50010、《混凝土结构工程施工规范》GB 50666、《混凝土结构工程施工质量验收规范》GB 50204 以及《预制预应力混凝土装配整体式框架结构技术规程》JGJ 224 等的有关规定。当采用钢筋机械连接技术时，应符合现行行业标准《钢筋机械连接技术规程》JGJ 107 的有关规定；当采用钢筋套筒灌浆连接技术时，应符合现行行业标准《钢筋套筒灌浆连接应用技术规程》JGJ 355 的有关规定；当钢筋采用锚固板的方式锚固时，应符合现行行业标准《钢筋锚固板应用技术规程》JGJ 256 的有关规定。

装配整体式框架结构的关键技术指标如下：

(1) 装配整体式框架结构房屋的最大适用高度与现浇混凝土框架结构基本相同。

(2) 装配式混凝土框架结构宜采用高强混凝土、高强钢筋，框架梁和框架柱的纵向钢筋尽量选用大直径钢筋，以减少钢筋数量，拉大钢筋间距，有利于提高装配施工效率，保证施工质量，降低成本。

（3）当房屋高度大于12m或层数超过3层时，预制柱宜采用套筒灌浆连接，包括全灌浆套筒和半灌浆套筒。矩形预制柱截面宽度或圆形预制柱直径不宜小于400mm，且不宜小于同方向梁宽的1.5倍；预制柱的纵向钢筋在柱底采用套筒灌浆连接时，柱箍筋加密区长度不应小于纵向受力钢筋连接区域长度与500mm之和；当纵向钢筋的混凝土保护层厚度大于50mm时，宜采取增设钢筋网片等措施，控制裂缝宽度以及在受力过程中的混凝土保护层剥离脱落。当采用叠合框架梁时，后浇混凝土叠合层厚度不宜小于150mm，抗震等级为一、二级叠合框架梁的梁端箍筋加密区宜采用整体封闭箍筋。

（4）采用预制柱及叠合梁的装配整体式框架中，柱底接缝宜设置在楼面标高处，且后浇节点区混凝土上表面应设置粗糙面。柱纵向受力钢筋应贯穿后浇节点区，柱底接缝厚度为20mm，并应用灌浆料填实。装配式框架节点中，包括中间层中节点、中间层端节点、顶层中节点和顶层端节点，框架梁和框架柱的纵向钢筋的锚固和连接可采用与现浇框架结构节点的方式，对于顶层端节点还可采用柱伸出屋面并将柱纵向受力钢筋锚固在伸出段内的方式。

3. 施工要点

（1）工艺流程。装配式混凝土框架结构施工工艺流程为：承台模、承台钢筋、柱、梁、板工厂内预制→现场承台基础开挖、平整→预制承台运至现场并安装完成→承台基础混凝土浇筑→柱吊装（校正→定位→焊接）→梁吊装（校正→主筋焊接）→梁柱节点核心区处理→预制楼板安装→自保温墙板安装→叠合层楼板钢筋施工→叠合层楼板混凝土施工。

（2）预制承台施工要点。现场基坑开挖后，放入预制承台，绑扎钢筋及安放柱连接埋件，混凝土浇筑完成后即可在其上进行立柱或连续梁、墙施工。预制承台放至准确位置后，放入在工厂内绑扎完成的钢筋笼，再根据柱的定位放置与柱连接的连接件或抗剪构件焊接牢固，在混凝土浇筑过程中确保不会偏位。

（3）预制梁施工要点。预制梁吊装施工过程中，先要按设计要求明确吊点位置，施工人员进行挂钩与锁绳工作，吊绳夹角应控制在45°以内，钩绳挂到位后应缓慢进行提升，待与地面相距500mm时应停止上升，施工人员应对吊具进行全面检查，确保处于稳固状态后方可进行吊运。为避免发生梁偏移现象，可事先用支柱对梁进行固定，固定完成后再对梁的标高与支点位置进行校验，若与标准值相差较小，可稍微拨动进行对准即可；若与标准值出入较大，则应重新将梁吊起放置在固定的位置。在对梁身进行校正过程中，应确保柱子的垂直度处于允许误差内。确定梁标高与支点位置后，将钢筋连接到位，并进行灌浆套筒施工。

（4）预制柱吊装施工要点。在进行预制桩吊装施工中，应严格按照一定的顺序进行施工，分步骤逐层分段进行作业。在正式吊装前，施工人员应将柱子安装部位的杂物彻底清理；检查柱子轴线是否满足要求，并对预制桩的结构尺寸、型号进行全面检查。柱吊装施工流程如下：

① 先将柱子放置在车上，直接进行起吊，施工人员先安装吊点，柱子的根部应设置防护垫，避免对柱子造成损伤，柱子应放在指定区域进行吊装。

② 柱子与楼地面相距 1m 左右时，施工人员应确保柱子处于稳定状态，并将其缓慢移动至指定位置，待接近 30cm 时，应适当调整柱子位置，确保钢筋头部与柱子底部相对应后，慢慢插入其中。

③ 按照柱的边线明确柱的具体位置，初步吊装到位后，施工人员应在柱缝隙部位使用泡沫条进行密封处理，并使用螺母垫片调节标高。

④ 施工人员应对柱子垂直度进行检测，确保柱子处于垂直状态后方可进行固定。柱子就位后应进行校验，误差在许可范围内后才能进行柱脚灌浆工作。

（5）叠合楼板吊装施工要点。板底要确保光滑，无凹凸现象，顶棚部位无须进行抹灰作业。须先将支承架龙骨找平并固定到位后，才能进行吊装薄板作业。预应力薄板可直接在车上进行起吊，到达楼面位置后放置在最佳区域。叠合楼板吊装完成后，对楼板的缝隙部位可使用普通砂浆并结合泡沫条进行密封处理。预埋水电管线盒与梁板钢筋的安装工作可同步实施。

（6）阳台吊装施工要点。预制阳台构件吊装前，须先清理干净水泥砂浆找平层杂物，并对水泥砂浆表层进行湿润处理。构件起吊时，吊绳与构件间夹角在 45° 以内，且吊索要受力均匀，构件达到距预定标高 1m 时，按外挑尺寸控制线，明确压墙距离，将构件放置在指定位置。在构件卸钩后，若发现构件错位，可借助垫木块拨动板端，对其进行校正。预制阳台安装就绪后，须将内边预留钢筋理直，与梁钢筋进行有效连接。梁、板混凝土应同时浇筑，从一端向另一端推进，浇筑完成后应做好浇水养护工作。

（7）外墙挂板吊装施工要点。外墙挂板起吊前，先检查吊环，确定竖向位置后将外墙挂板缓慢放下，确保墙身处于垂直状态，企口缝不得出现错位现象。外墙挂板与拉结钢筋应锚入叠合板内，与楼层现浇板一并进行施工。安装时，在标高及尺寸确定后，将预制板上预留孔的保护塞取出，准备好吊装卡口，用螺栓穿好旋入预留孔内，将卡扣与墙板面紧密连接，将吊装用钢丝绳通过连接锁锁定，然后在中心位置挂在起重机吊钩上。吊至预定安装位置后，在墙板内侧预留套管内旋入安装螺栓，将专用扣件固定好后吊装至预定位置，将连接扣件与柱的钢筋焊接固定，拆掉安装设备，用同样方法吊装第二块板。安装第二块板后，在板的接缝内塞入防水胶条，缝口用密封胶勾缝密封。若接缝内塞入防水胶条后缝隙仍过大，则用发泡剂填充。

（8）楼梯吊装施工要点。楼梯吊装过程中，可采取手动葫芦调节楼梯底部，使楼梯呈现出"之"字形放置，将调整到位的楼梯段用连接件与支座预埋件进行加固处理，确保固定到位后即可卸钩。初步安装完成后应适当调节支架，确保楼梯标高满足要求后安装可调斜支撑再进行加固，即可完成全部的楼梯吊装工作。

（9）梁、柱节点处理要点。箍筋采用预制焊接封闭箍，整个加密区的箍筋间距、直径、数量、135° 弯钩、平直部分长度等，均应满足设计要求及施工规范规定。在叠合梁的上铁部位应设置 1φ12 焊接封闭定位箍，用来控制柱子主筋上下接头的正确位置。梁和柱主筋的搭接锚固长度和焊缝，必须满足设计图纸和抗震规范要求。顶层边角柱接头部位梁的上钢筋除去与梁的下钢筋搭接焊之外，其余上钢筋要与柱顶预埋锚固筋焊牢。柱顶锚固筋应对角设置焊牢。节点区可浇筑掺 UEA 的补偿收缩混凝土，其强度等级也应比柱混凝土强度等级提高 10MPa。

（10）其他施工要点

① 堆放构件场地应平整坚实，并具有排水措施，堆放构件时应使构件与地面之间留有一定空隙。根据构件刚度及受力情况，确定构件平放或立放，板类构件一般采用叠层平放，柱梁一体构件应选择立放；墙板类构件宜立放。

② 对预吊柱伸出的上下主筋进行检查，按设计长度将超出部分割掉，确保定位小柱头平稳地坐落在柱子接头的定位钢板上。将下部伸出的主筋理直、理顺，保证同下层柱子钢筋搭接时贴靠紧密，便于施焊。

③ 在吊装过程中被碰撞的钢筋，在焊接前要将主筋调直、理顺，确保主筋位置正确，互相靠紧，便于施焊。当采用帮条焊时，应当用与主筋级别相同的钢筋；当采用搭接焊时，应满足搭接长度的要求，分上下两条双面焊缝。

④ 预制叠合楼层板侧面中线及板面垂直度的偏差应以中线为主进行调整。当板不方正时，应以竖缝为主进行调整；当板接缝不平时，应以满足外墙面平整为主，内墙面不平或翘曲时，可在内装饰调整；板阳角与相邻板有偏差时，以保证阳角垂直为准进行调整；若板拼缝不平整，应以楼地面水平线为准进行调整。

⑤ 构件安装前应标明型号和使用部位，复核放线尺寸后进行安装，防止放线误差造成构件偏移。操作时应认真负责，细心校正，上层与下层轴线不对应，影响构件安装，施工放线时，上层的定位线应由底层引上去，测定正确的楼层轴线，保证上、下层之间轴线完全吻合。

⑥ 节点混凝土浇捣不密实，节点模板不严跑浆，浇筑前应将节点处模板缝堵严。核心区钢筋较密，浇筑时应认真振捣。混凝土要有较好的和易性、适宜的坍落度。模板要留清扫口，认真清理，避免夹渣。

⑦ 构件生产时应采取措施控制主筋位置，构件在运输和吊装过程中避免造成主筋变形，保证梁柱主筋位置正确，吊装时避免碰撞，安装前理顺。

4. 适用范围

装配整体式混凝土框架结构可用于 6～8 度抗震设防地区的公共建筑、居住建筑以及工业建筑。除 8 度（0.3g）外，装配整体式混凝土结构房屋的最大适用高度与现浇混凝土结构相同。其他装配式混凝土框架结构，主要适用于各类低多层居住、公共与工业建筑。

5. 工程案例

中建国际合肥住宅工业化研发及生产基地项目配套综合楼、南京万科上坊保障房、南京万科九都荟、乐山市第一职业高中实训楼、沈阳浑南十二运安保中心、沈阳南科财富大厦、海门老年公寓、上海颛桥万达广场、上海临港重装备产业区 H36-02 地块项目等。

4.16.3　混凝土叠合楼板技术

1. 技术内容

混凝土叠合楼板技术是指将楼板沿厚度方向分成两部分，底部是预制底板，上部后浇混凝土叠合层。配置底部钢筋的预制底板作为楼板的一部分，在施工阶段作为后浇混凝土叠合层的模板承受荷载，与后浇混凝土层形成整体的叠合混凝土构件。

混凝土叠合楼板按具体受力状态，分为单向受力和双向受力叠合板；预制底板按有无外伸钢筋可分为"有胡子筋"和"无胡子筋"；拼缝按照连接方式可分为分离式接缝（即底板间不拉开的"密拼"）和整体式接缝（底板间有后浇混凝土带）。

预制底板按照受力钢筋种类可以分为预制混凝土底板和预制预应力混凝土底板；预制

混凝土底板采用非预应力钢筋时，为增强刚度目前多采用桁架钢筋混凝土底板；预制预应力混凝土底板可为预应力混凝土平板和预应力混凝土带肋板、预应力混凝土空心板。

跨度大于 3m 时预制底板宜采用桁架钢筋混凝土底板或预应力混凝土平板，跨度大于 6m 时预制底板宜采用预应力混凝土带肋底板、预应力混凝土空心板，叠合楼板厚度大于 180mm 时宜采用预应力混凝土空心叠合板。

保证叠合面上下两侧混凝土共同承载、协调受力是预制混凝土叠合楼板设计的关键，一般通过叠合面的粗糙度以及界面抗剪构造钢筋实现。

施工阶段是否设置可靠支撑决定了叠合板的设计计算方法。设置可靠支撑的叠合板，预制构件在后浇混凝土重量及施工荷载下，不至于发生影响内力的变形，应按整体受弯构件设计计算；无支撑的叠合板，二次成型浇筑混凝土的重量及施工荷载影响了构件的内力和变形，应按二阶段受力的叠合构件进行设计计算。

2. 技术指标

（1）预制混凝土叠合楼板的设计及构造要求应符合国家现行标准《混凝土结构设计规范》GB 50010、《装配式混凝土结构技术规程》JGJ 1、《装配式混凝土建筑技术标准》GB/T 51231 的相关要求；预制底板制作、施工及短暂设计状况设计应符合《混凝土结构工程施工规范》GB 50666 的相关要求；施工验收应符合《混凝土结构工程施工质量验收规范》GB 50204 的相关要求。

（2）相关国家建筑标准设计图集包括《桁架钢筋混凝土叠合板（60mm 厚底板）》15G 366—1、《预制带肋底板混凝土叠合板》14G 443、《预应力混凝土叠合板（50mm、60mm 实心底板）》06SG 439—1。

（3）预制混凝土底板的混凝土强度等级不宜低于 C30；预制预应力混凝土底板的混凝土强度等级不宜低于 C40，且不应低于 C30；后浇混凝土叠合层的混凝土强度等级不宜低于 C25。

（4）预制底板厚度不宜小于 60mm，后浇混凝土叠合层厚度不应小于 60mm。

（5）预制底板和后浇混凝土叠合层之间的结合面应设置粗糙面，其面积不宜小于结合面的 80%，凹凸深度不应小于 4mm；设置桁架钢筋的预制底板，设置自然粗糙面即可。

（6）预制底板跨度大于 4m，或用于悬挑板及相邻悬挑板上部纵向钢筋在悬挑层内锚固时，应设置桁架钢筋或设置其他形式的抗剪构造钢筋。

（7）预制底板采用预制预应力底板时，应采取控制反拱的可靠措施。

3. 适用范围

各类房屋中的楼盖结构，特别适用于住宅及各类公共建筑。

4. 工程案例

京投万科新里程、金域华府、宝业万华城、上海城建浦江基地五期经济适用房、合肥蜀山公租房、沈阳地铁惠生新城、深港新城产业化住宅等。

4.16.4　预制混凝土外墙挂板技术

1. 技术内容

预制混凝土外墙挂板是安装在主体结构上，起围护、装饰作用的非承重预制混凝土外墙板，简称外墙挂板。外墙挂板按构件构造可分为钢筋混凝土外墙挂板、预应力混凝土外墙挂板两种形式；按与主体结构连接节点构造可分为点支承连接、线支承连接两种形式；

按保温形式可分为无保温、外保温、夹心保温三种形式；按建筑外墙功能定位可分为围护墙板和装饰墙板。各类外墙挂板可根据工程需要与外装饰、保温、门窗结合形成一体化预制墙板系统。

预制混凝土外墙挂板可采用面砖饰面、石材饰面、彩色混凝土饰面、清水混凝土饰面、露骨料混凝土饰面及表面带装饰图案的混凝土饰面等类型外墙挂板，可使建筑外墙具有独特的表现力。

预制混凝土外墙挂板在工厂采用工业化方式生产，具有施工速度快、质量好、维修费用低的优点，相关技术主要包括预制混凝土外墙挂板（建筑和结构）设计技术、预制混凝土外墙挂板加工制作技术和预制混凝土外墙挂板安装施工技术。

2. 技术指标

支承预制混凝土外墙挂板的结构构件应具有足够的承载力和刚度，民用外墙挂板仅限跨越一个层高和一个开间，厚度不宜小于100mm，混凝土强度等级不低于C25，主要技术指标如下：

（1）结构性能应满足现行国家标准《混凝土结构设计规范》GB 50010 和《混凝土结构工程施工质量验收规范》GB 50204 的相关要求。

（2）装饰性能应满足现行国家标准《建筑装饰装修工程质量验收标准》GB 50210 的有关要求。

（3）保温隔热性能应满足设计及现行行业标准《严寒和寒冷地区居住建筑节能设计标准》JGJ 26 的有关要求。

（4）抗震性能应满足国家现行标准《装配式混凝土结构技术规程》JGJ 1、《装配式混凝土建筑技术标准》GB/T 51231 的有关要求。与主体结构采用柔性节点连接，地震时适应结构层间变位性能好，抗震性能满足抗震设防烈度为 8 度的地区应用要求。

（5）构件燃烧性能及耐火极限应满足现行国家标准《建筑防火设计规范》GB 50016 的有关的要求。

（6）作为建筑围护结构，产品定位应与主体结构的耐久性要求一致，即不应低于 50 年设计使用年限，饰面装饰（涂料除外）及预埋件、连接件等配套材料耐久性设计使用年限不低于 50 年，其他如防水材料、涂料等应采用 10 年质保期以上的材料，定期进行维护更换。

（7）外墙挂板防水性能与有关构造应符合国家现行有关标准的规定，并符合《10 项新技术》8.6 节的有关规定。

3. 适用范围

预制混凝土外挂墙板适用于工业与民用建筑的外墙工程，可广泛应用于混凝土框架结构、钢结构的公共建筑、住宅建筑和工业建筑。

4. 工程案例

国家网球中心、奥运会射击馆、（北京）中建技术中心实验楼、（北京）软通动力研发楼、北京昌平轻轨站、国家图书馆二期、河北怀来迦南葡萄酒厂、大连 IBM 办公楼、苏州天山厂房、威海名座、武汉琴台文化艺术中心、安慧千伏变电站、拉萨火车站、杭州奥体中心体育游泳馆、扬州体育公园体育场、济南万科金域国际、天津万科东丽湖等。

第 17 节　深基坑施工监测技术

4.17.1　技术内容

基坑工程监测是指通过对基坑控制参数进行一定期间内的量值及变化进行监测，并根据监测数据评估判断或预测基坑安全状态，可为安全控制措施提供技术依据。

监测内容一般包括支护结构的内力和位移、基坑底部及周边土体的位移、周边建筑物的位移、周边管线和设施的位移及地下水状况等。

监测系统一般包括传感器、数据采集传输系统、数据库、状态分析评估与预测软件等。

通过在工程支护（围护）结构上布设位移监测点，进行定期或实时监测，根据变形值判定是否需要采取相应措施，消除影响，避免进一步变形发生的危险。监测方法可分为基准线法和坐标法。

在水平位移监测点旁布设围护结构的沉降监测点，布点要求间隔 $15\sim25\mathrm{m}$ 布设一个监测点，可利用高程监测的方法对围护结构顶部进行沉降监测。

基坑围护结构沿垂直方向水平位移的监测，可用测斜仪由下至上测量预先埋设在墙体内测斜管的变形情况，以了解基坑开挖施工过程中基坑支护结构在各个深度上的水平位移情况，用以了解和推算围护体变形。

临近建筑物沉降监测，可利用高程监测的方法来了解临近建筑物的沉降，从而了解其是否会引起不均匀沉降。

在施工现场沉降影响范围之外，应布设 3 个基准点为该工程临近建筑物沉降监测的基准点。临近建筑物沉降监测的监测方法、使用仪器、监测精度同建筑物主体沉降监测。

4.17.2　技术指标

（1）变形报警值。水平位移报警值，按一级安全等级考虑，最大水平位移 $\leqslant0.14\%H$；按二级安全等级考虑，最大水平位移 $\leqslant0.3\%H$。

（2）地面沉降量报警值。按一级安全等级考虑，最大沉降量 $\leqslant0.1\%H$；按二级安全等级考虑，最大沉降量 $\leqslant0.2\%H$。

（3）监测报警指标一般以总变化量和变化速率两个量控制，累计变化量的报警指标一般不宜超过设计限值。若有监测项目的数据超过报警指标，应从累计变化量与日变量两方面考虑。

4.17.3　施工监测要点

（1）施工监测应采用仪器监测与巡视相结合的方法。用于监测的仪器应按测量仪器有关要求定期标定。

（2）基坑施工和使用中应采取多种方式进行安全监测，对有特殊要求或安全等级为一级的基坑工程，应根据基坑现场施工作业计划制定基坑施工安全监测应急预案。

（3）施工监测应包括下列主要内容：①基坑周边地面沉降；②周边重要建筑沉降；③周边建筑物、地面裂缝；④支护结构裂缝；⑤坑内外地下水位；⑥地下管线渗漏情况；⑦安全等级为一级的基坑工程施工监测尚应包含下列主要内容：围护墙或临时开挖边坡面顶部水平位移，围护墙或临时开挖边坡面顶部竖向位移，坑底隆起，支护结构与主体结构相结合时，主体结构的相关监测。

（4）基坑工程施工过程中每天应有专人进行巡视检查，巡视检查应符合下列规定

① 支护结构，应包含下列内容：冠梁、腰梁、支撑裂缝及开展情况，围护墙、支撑、立柱变形情况，截水帷幕开裂、渗漏情况，墙后土体裂缝、沉陷或滑移情况，基坑涌土、流砂、管涌情况。

② 施工工况，应包含下列内容：土质条件与勘察报告的一致性情况，基坑开挖分段长度、分层厚度、临时边坡、支锚设置与设计要求的符合情况，场地地表水、地下水排放状况，基坑降水、回灌设施的运转情况，基坑周边超载与设计要求的符合情况。

③ 周边环境，应包含下列内容：周边管道破损、渗漏情况，周边建筑开裂、裂缝发展情况，周边道路开裂、沉陷情况，邻近基坑及建筑的施工状况，周边公众反映。

④ 监测设施，应包含下列内容：基准点、监测点完好状况，监测元件的完好和保护情况，影响观测工作的障碍物情况。

（5）巡视检查宜以目视为主，可辅以锤、钎、量尺、放大镜等工具以及摄像、摄影等手段进行，并应作好巡视记录。如发现异常情况和危险情况，应对照仪器监测数据进行综合分析。

4.17.4　适用范围

用于深基坑钻、挖孔灌注桩、地连墙、重力坝等围（支）护结构的变形监测。

4.17.5　工程案例

深圳中航广场工程、上海万达商业中心等。

第18节　混凝土裂缝控制技术和超高泵送混凝土技术

4.18.1　混凝土裂缝控制技术

1. 技术内容

混凝土裂缝控制与结构设计、材料选择和施工工艺等多个环节相关。结构设计主要涉及结构形式、配筋、构造措施及超长混凝土结构的裂缝控制技术等；材料方面主要涉及混凝土原材料控制和优选、配合比设计优化；施工方面主要涉及施工缝与后浇带、混凝土浇筑、水化热温升控制、综合养护技术等。

（1）结构设计对超长结构混凝土的裂缝控制要求

超长混凝土结构如不在结构设计与工程施工阶段采取有效措施，将会引起不可控制的非结构性裂缝，严重影响结构外观、使用功能和结构的耐久性。超长结构产生非结构性裂缝的主要原因是混凝土收缩、环境温度变化在结构上引起的温差变形与下部竖向结构的水平约束刚度的影响。

为控制超长结构的裂缝，应在结构设计阶段采取有效的技术措施。主要应考虑以下几点：

① 对超长结构宜进行温度应力验算，温度应力验算时应考虑下部结构水平刚度对变形的约束作用、结构合拢后的最大温升与温降及混凝土收缩带来的不利影响，并应考虑混凝土结构徐变对减少结构裂缝的有利因素与混凝土开裂对结构截面刚度的折减影响。

② 为有效减少超长结构的裂缝，对大柱网公共建筑可考虑在楼盖结构与楼板中采用预应力技术，楼盖结构的框架梁应采用有粘接预应力技术，也可在楼板内配置构造无粘接预应力钢筋，建立预压力，以减小由于温度降温引起的拉应力，对裂缝进行有效控制。除了施加预应力以外，还可适当加强构造配筋、采用纤维混凝土等用于减小超长结构裂缝的

技术措施。

③ 设计时应对混凝土结构施工提出要求，如对大面积底板混凝土浇筑时采用分仓法施工、对超长结构采用设置后浇带与加强带，以减少混凝土收缩对超长结构裂缝的影响。当大体积混凝土置于岩石地基上时，宜在混凝土垫层上设置滑动层，以达到减少岩石地基对大体积混凝土的约束作用。

（2）原材料要求

① 水泥宜采用符合现行国家标准规定的普通硅酸盐水泥或硅酸盐水泥；大体积混凝土宜采用低热矿渣硅酸盐水泥或中、低热硅酸盐水泥，也可使用硅酸盐水泥同时复合大掺量的矿物掺合料。水泥比表面积宜小于 $350m^2/kg$，水泥碱含量应小于 0.6%；用于生产混凝土的水泥温度不宜高于 $60℃$，不应使用温度高于 $60℃$ 的水泥拌制混凝土。

② 应采用二级或多级级配粗骨料，粗骨料的堆积密度宜大于 $1500kg/m^3$，紧密堆积密度的空隙率宜小于 40%。骨料不宜直接露天堆放、暴晒，宜分级堆放，堆场上方宜设罩棚。高温季节，骨料使用温度不宜高于 $28℃$。

③ 根据需要，可掺加短钢纤维或合成纤维的混凝土裂缝控制技术措施。合成纤维主要是抑制混凝土早期塑性裂缝的发展，钢纤维的掺入能显著提高混凝土的抗拉强度、抗弯强度、抗疲劳特性及耐久性；纤维的长度、长径比、表面性状、截面性能和力学性能等应符合国家有关标准的规定，并根据工程特点和制备混凝土的性能选择不同的纤维。

④ 宜采用高性能减水剂，并根据不同季节和不同施工工艺分别选用标准型、缓凝型或防冻型产品。高性能减水剂引入混凝土中的碱含量（以 $Na_2O+0.658K_2O$ 计）应小于 $0.3kg/m^3$；引入混凝土中的氯离子含量应小于 $0.02kg/m^3$；引入混凝土中的硫酸盐含量（以 Na_2SO_4 计）应小于 $0.2kg/m^3$。

⑤ 采用的粉煤灰矿物掺合料，应符合现行国家标准《用于水泥和混凝土中的粉煤灰》GB/T 1596 的有关规定。粉煤灰的级别不宜低于 Ⅱ 级，且粉煤灰的需水量比不宜大于 100%，烧失量宜小于 5%。

⑥ 采用的矿渣粉矿物掺合料，应符合《用于水泥、砂浆和混凝土中的粒化高炉矿渣粉》GB/T 18046 的有关规定。矿渣粉的比表面积宜小于 $450m^2/kg$，流动度比应大于 95%，28d 活性指数不宜小于 95%。

（3）配合比要求

① 混凝土配合比应根据原材料品质、混凝土强度等级、混凝土耐久性以及施工工艺对工作性的要求，通过计算、试配、调整等步骤选定。

② 配合比设计中应控制胶凝材料用量，C60 以下混凝土最大胶凝材料用量不宜大于 $550kg/m^3$，C60、C65 混凝土胶凝材料用量不宜大于 $560kg/m^3$，C70、C75、C80 混凝土胶凝材料用量不宜大于 $580kg/m^3$，自密实混凝土胶凝材料用量不宜大于 $600kg/m^3$；混凝土最大水胶比不宜大于 0.45。

③ 对于大体积混凝土，应采用大掺量矿物掺合料技术，矿渣粉和粉煤灰宜复合使用。

④ 纤维混凝土的配合比设计应满足《纤维混凝土应用技术规程》JGJ/T 221 的有关要求。

⑤ 配制的混凝土除满足抗压强度、抗渗等级等常规设计指标外，还应考虑满足抗裂性指标要求。

（4）大体积混凝土设计龄期。大体积混凝土宜采用长龄期强度作为配合比设计、强度评定和验收的依据。基础大体积混凝土强度龄期可取为 60d（56d）或 90d；柱、墙大体积混凝土强度等级不低于 C80 时，强度龄期可取为 60d（56d）。

（5）施工要求

① 大体积混凝土施工前，宜对施工阶段混凝土浇筑体的温度、温度应力和收缩应力进行计算，确定施工阶段混凝土浇筑体的温升峰值、里表温差及降温速率的控制指标，制定相应的温控技术措施。

一般情况下，温控指标宜符合下列要求：夏（热）期施工时，混凝土入模前模板和钢筋的温度以及附近的局部气温不宜高于 40℃，混凝土入模温度不宜高于 30℃，混凝土浇筑体最大温升值不宜大于 50℃；在覆盖养护期间，混凝土浇筑体的表面以内（40～100mm）位置处温度与浇筑体表面的温度差值不应大于 25℃；结束覆盖养护后，混凝土浇筑体表面以内（40～100mm）位置处温度与环境温度差值不应大于 25℃；浇筑体养护期间内部相邻两点的温度差值不应大于 25℃；混凝土浇筑体的降温速率不宜大于 2.0℃/d。

基础大体积混凝土测温点设置和柱、墙、梁大体积混凝土测温点设置及测温要求应符合《混凝土结构工程施工规范》GB 50666 的有关要求。

② 超长混凝土结构施工前，应按设计要求采取减少混凝土收缩的技术措施，当设计无规定时，宜采用下列方法：

A. 分仓法施工：对大面积、大厚度的底板可采用留设施工缝分仓浇筑，分仓区段长度不宜大于 40m，地下室侧墙分段长度不宜大于 16m；分仓浇筑间隔时间不应少于 7d，跳仓接缝处按施工缝的要求设置和处理。

B. 后浇带施工：对超长结构一般应每隔 40～60m 设一宽度为 700～1000mm 的后浇带，缝内钢筋可采用直通或搭接连接；后浇带的封闭时间不宜少于 45d；后浇带封闭施工时应清除缝内杂物，采用强度提高一个等级的无收缩或微膨胀混凝土进行浇筑。

③ 在高温季节浇筑混凝土时，混凝土入模温度应低于 30℃，应避免模板和新浇筑的混凝土直接受阳光照射；混凝土入模前模板和钢筋的温度以及附近的局部气温均不应超过 40℃；混凝土成型后应及时覆盖，并应尽可能避开炎热的白天浇筑混凝土。

④ 在相对湿度较小、风速较大的环境下浇筑混凝土时，应采取适当挡风措施，防止混凝土表面失水过快，此时应避免浇筑有较大暴露面积的构件；雨期施工时，必须有防雨措施。

⑤ 混凝土的拆模时间除考虑拆模时的混凝土强度外，还应考虑拆模时的混凝土温度不能过高，以免混凝土表面接触空气时降温过快而开裂，更不能在此时浇凉水养护；混凝土内部开始降温以前以及混凝土内部温度最高时不得拆模。

一般情况下，结构或构件混凝土的里表温差大于 25℃、混凝土表面与大气温差大于 20℃时不宜拆模；大风或气温急剧变化时不宜拆模；在炎热和大风干燥季节，应采取逐段拆模、边拆边盖的拆模工艺。

⑥ 混凝土综合养护技术措施。对于高强混凝土，由于水胶比较低，可采用混凝土内掺养护剂的技术措施；对于竖向等结构，为避免间断浇水导致混凝土表面干湿交替对混凝土的不利影响，可采取外包节水养护膜的技术措施，保证混凝土表面的持续湿润。

⑦ 纤维混凝土的施工应满足《纤维混凝土应用技术规程》JGJ/T 221 的有关规定。

2. 技术指标

混凝土的工作性、强度、耐久性等应满足设计要求，关于混凝土抗裂性能的检测评价方法主要方法如下：

（1）圆环抗裂试验，见《混凝土结构耐久性设计与施工指南》CCES 01 附录 A1。

（2）平板诱导试验，见《普通混凝土长期性能和耐久性能试验方法标准》GB/T 50082。

（3）混凝土收缩试验，见《普通混凝土长期性能和耐久性能试验方法标准》GB/T 50082。

3. 适用范围

适用于各种混凝土结构工程，特别是超长混凝土结构，如工业与民用建筑，隧道，码头，桥梁及高层、超高层混凝土结构等。

4. 工程案例

北京地铁、天津地铁、中央电视台新办公楼、红沿河核电站安全壳、润扬长江大桥等。

4.18.2　超高泵送混凝土技术

1. 技术内容

超高泵送混凝土技术，一般是指泵送高度超过 200m 的现代混凝土泵送技术。近年来，随着经济和社会发展，超高泵送混凝土的建筑工程越来越多，因而超高泵送混凝土技术已成为现代建筑施工中的关键技术之一。超高泵送混凝土技术是一项综合技术，包含混凝土制备技术、泵送参数计算、泵送设备选定与调试、泵管布设和泵送过程控制等内容。

（1）原材料的选择。宜选择硅酸二钙含量高的水泥，对于提高混凝土的流动性和减少坍落度损失有显著的效果；粗骨料宜选用连续级配，应控制针片状含量，而且要考虑最大粒径与泵送管径之比，对于高强混凝土，应控制最大粒径范围；细骨料宜选用中砂，因为细砂会使混凝土变得黏稠，而粗砂容易使混凝土离析；采用性能优良的矿物掺合料，如矿粉、Ⅰ级粉煤灰、Ⅰ级复合掺合料或易流型复合掺合料、硅灰等，高强泵送混凝土宜优先选用能降低混凝土黏性的矿物外加剂和化学外加剂，矿物外加剂可选用降黏增强剂等，化学外加剂可选用降黏型减水剂，可使混凝土获得良好的工作性；减水剂应优先选用减水率高、保塑时间长的聚羧酸系减水剂，必要时掺加引气剂，减水剂应与水泥和掺合料有良好的相容性。

（2）混凝土的制备。通过原材料优选、配合比优化设计和工艺措施，使制备的混凝土具有较好的和易性，流动性高，虽黏度较小，但无离析泌水现象，因而有较小的流动阻力，易于泵送。

（3）泵送设备的选择和泵管的布设。泵送设备的选定应参照《混凝土泵送施工技术规程》JGJ/T 10 中规定的技术要求，首先要进行泵送参数的验算，包括混凝土输送泵的型号和泵送能力，水平管压力损失、垂直管压力损失、特殊管的压力损失和泵送效率等。对泵送设备与泵管的要求如下。

① 宜选用大功率、超高压的 S 阀结构混凝土泵，其混凝土出口压力应满足超高层混凝土泵送阻力要求。

　　② 应选配耐高压、高耐磨的混凝土输送管道。

　　③ 应选配耐高压管卡及其密封件。

　　④ 应采用高耐磨的 S 管阀与眼镜板等配件。

　　⑤ 混凝土泵基础必须浇筑坚固并固定牢固，以承受巨大的反作用力，混凝土出口布管应有利于减轻泵头承载。

　　⑥ 输送泵管的地面水平管折算长度不宜小于垂直管长度的 1/5，且不宜小于 15m。

　　⑦ 输送泵管应采用承托支架固定，承托支架必须与结构牢固连接，下部高压区应设置专门支架或混凝土结构以承受管道重量及泵送时的冲击力。

　　⑧ 在泵机出口附近应设置耐高压的液压或电动截止阀。

　　（4）泵送施工的过程控制。应对到场的混凝土进行坍落度、扩展度和含气量的检测，根据需要对混凝土入泵温度和环境温度进行监测，如出现不正常情况，及时采取应对措施；泵送过程中，要实时检查泵车的压力变化，泵管有无渗水、漏浆情况以及各连接件的状况等，发现问题及时处理。泵送施工控制要求如下：

　　① 合理组织，连续施工，避免中断。

　　② 严格控制混凝土流动性及其经时变化值。

　　③ 根据泵送高度适当延长初凝时间。

　　④ 严格控制高压条件下的混凝土泌水率。

　　⑤ 采取保温或冷却措施控制管道温度，防止混凝土摩擦、日照等因素引起管道过热。

　　⑥ 弯道等易磨损部位应设置加强安全措施。

　　⑦ 泵管清洗时应妥善回收管内混凝土，避免污染或材料浪费。泵送和清洗过程中产生的废弃混凝土，应按预先确定的处理方法和场所，及时进行妥善处理，并不得将其用于浇筑结构构件。

　　2. 技术指标

　　（1）混凝土拌合物的工作性应良好，无离析泌水，坍落度宜大于 180mm，混凝土坍落度损失不应影响混凝土的正常施工，经时损失不宜大于 30mm/h，混凝土倒置坍落筒排空时间宜小于 10s。泵送高度超过 300m 的，扩展度宜大于 550mm；泵送高度超过 400m 的，扩展度宜大于 600mm；泵送高度超过 500m 的，扩展度宜大于 650mm；泵送高度超过 600m 的，扩展度宜大于 700mm。

　　（2）硬化混凝土物理力学性能应符合设计要求。

　　（3）混凝土的输送排量、输送压力和泵管的布设要依据准确的计算，并制定详细的实施方案，进行模拟高程泵送试验。

　　（4）其他技术指标应符合《混凝土泵送施工技术规程》JGJ/T 10 和《混凝土结构工程施工规范》GB 50666 的有关规定。

　　3. 适用范围

　　超高泵送混凝土技术适用于泵送高度大于 200m 的各种超高层建筑混凝土泵送作业，长距离混凝土泵送作业参照超高泵送混凝土技术。

　　4. 工程案例

　　上海中心大厦、天津 117 大厦、广州珠江新城西塔等。

第 19 节　基于 BIM 的现场施工管理信息技术

基于 BIM 的现场施工管理信息技术是指利用 BIM 技术，并借助移动互联网技术实现施工现场可视化、虚拟化的协同管理。在施工阶段结合施工工艺及现场管理需求对设计阶段施工图模型进行信息添加、更新和完善，以得到满足施工需求的施工模型。依托标准化项目管理流程，结合移动应用技术，通过基于施工模型的深化设计，以及场布、施组、进度、材料、设备、质量、安全、竣工验收等管理应用，实现施工现场信息高效传递和实时共享，提高施工管理水平。

4.19.1　技术内容

（1）深化设计：基于施工 BIM 模型结合施工操作规范与施工工艺，进行建筑、结构、机电设备等专业的综合碰撞检查，解决各专业碰撞问题，完成施工优化设计，完善施工模型，提升施工各专业的合理性、准确性和可校核性。

（2）场布管理：基于施工 BIM 模型对施工各阶段的场地地形、既有设施、周边环境、施工区域、临时道路及设施、加工区域、材料堆场、临水临电、施工机械、安全文明施工设施等进行规划布置和分析优化，以实现场地布置科学合理。

（3）施组管理：基于施工 BIM 模型，结合施工工序、工艺等要求，进行施工过程的可视化模拟，并对方案进行分析和优化，提高方案审核的准确性，实现施工方案的可视化交底。

（4）进度管理：基于施工 BIM 模型，通过计划进度模型（可以通过 Project 等相关软件编制进度文件、生成进度模型）和实际进度模型的动态链接，进行计划进度和实际进度的对比，找出差异，分析原因，BIM 4D 进度管理直观地实现了对项目进度的虚拟控制与优化。

（5）材料、设备管理：基于施工 BIM 模型，可动态分配各种施工资源和设备，并输出相应的材料、设备需求信息，并与材料、设备实际消耗信息进行比对，实现施工过程中对材料、设备的有效控制。

（6）质量、安全管理：基于施工 BIM 模型，对工程质量、安全关键控制点进行模拟仿真以及方案优化。利用移动设备对现场工程质量、安全进行检查与验收，实现质量、安全管理的动态跟踪与记录。

（7）竣工管理：基于施工 BIM 模型，将竣工验收信息添加到模型，并按照竣工要求进行修正，进而形成竣工 BIM 模型，作为竣工资料的重要参考依据。

4.19.2　技术指标

（1）基于 BIM 技术，在设计模型基础上，应结合施工工艺及现场管理需求进行深化设计和调整，形成施工 BIM 模型，实现 BIM 模型在设计与施工阶段的无缝衔接。

（2）运用的 BIM 技术应具备可视化、可模拟、可协调等能力，实现施工模型与施工阶段实际数据的关联，进行建筑、结构、机电设备等各专业在施工阶段的综合碰撞检查、分析和模拟。

（3）采用的 BIM 施工现场管理平台应具备角色管控、分级授权、流程管理、数据管理、模型展示等功能。

（4）通过物联网技术自动采集施工现场实际进度的相关信息，实现与项目计划进度的虚拟比对。

（5）利用移动设备，可即时采集图片、视频信息，并能自动上传到 BIM 施工现场管理平台，责任人员可在移动端即时得到整改通知、整改回复的提醒，实现质量管理任务在线分配、处理过程及时跟踪的闭环管理等要求。

（6）运用 BIM 技术，可实现危险源的可视标记、定位、查询分析。安全围栏、标识牌、遮拦网等需要进行安全防护和警示的地方应在模型中进行标记，提醒现场施工人员安全施工。

（7）应具备与其他系统进行集成的能力。

4.19.3 适用范围

适用于建筑工程项目施工阶段的深化、场布、施组、进度、材料、设备、质量、安全等业务管理环节的现场协同动态管理。

4.19.4 工程案例

湖北武汉绿地中心、北京中国建筑科学研究院科研楼、云南昆明润城第二大道、越南越中友谊宫、北京通州行政副中心、广东东莞国贸中心、北京首都医科大学附属北京天坛医院、广东深圳腾讯滨海大厦工程、广东深圳平安金融中心、北京中国卫星通信大厦、天津 117 大厦、山西晋中矿山综合治理技术研究中心等。

第 20 节　装配式支护结构施工技术和地下连续墙施工技术

4.20.1 装配式支护结构施工技术

1. 技术内容

装配式支护结构是以成型的预制构件为主体，通过各种技术手段在现场装配的支护结构。与常规支护手段相比，该支护技术具有造价低、工期短、质量易于控制等特点，从而大大降低了能耗、减少了建筑垃圾，有较高的社会、经济效益与环保作用。

目前，市场上较为成熟的装配式支护结构有：预制桩、预制地下连续墙结构、预应力鱼腹梁支撑结构、工具式组合内支撑等。

预制桩作为基坑支护结构使用时，主要是采用常规的预制桩施工方法，如静压或者锤击法施工，还可以作为芯材采用插入水泥土搅拌桩，TRD 搅拌墙或 CSM 双轮铣搅拌墙内形成连续的水泥土复合支护结构。预应力预制桩用于支护结构时，应注意防止预应力预制桩发生脆性破坏并确保接头的施工质量。

预制地下连续墙技术即按照常规的施工方法成槽后，在泥浆中先插入预制墙段、预制桩、型钢或钢管等预制构件，然后以自凝泥浆置换成槽用的护壁泥浆，或直接以自凝泥浆护壁成槽插入预制构件，以自凝泥浆的凝固体填塞墙后空隙和防止构件间接缝渗水，形成地下连续墙。采用预制的地下连续墙技术施工的地下墙面光洁、墙体质量好、强度高，并可避免在现场制作钢筋笼和浇混凝土及处理废浆。近年来，在常规预制地下连续墙技术的基础上，又出现了一种新型预制连续墙，即不采用昂贵的自凝泥浆而仍用常规的泥浆护壁成槽，成槽后插入预制构件并在构件间采用现浇混凝土将其连成一个完整的墙体。该工艺是一种相对经济又兼具现浇地下墙和预制地下墙优点的新技术。

预应力鱼腹梁支撑技术，由鱼腹梁（高强度低松弛的钢绞线作为上弦构件，H 型钢作为受力梁，与长短不一的 H 型钢撑梁等组成）、对撑、角撑、立柱、横梁、拉杆、三角形节点、预压顶紧装置等标准部件组合并施加预应力，形成平面预应力支撑系统与立体结构体系，支撑体系的整体刚度高、稳定性强。本技术能够提供开阔的施工空间，使挖土、运土及地下结构施工便捷，不仅显著改善地下工程的施工作业条件，而且大幅减少支护结构的安装、拆除、土方开挖及主体结构施工的工期和造价。

工具式组合内支撑技术是在混凝土内支撑技术的基础上发展起来的一种内支撑结构体系，主要利用组合式钢结构构件其截面灵活可变、加工方便、适用性广的特点，可在各种地质情况和复杂周边环境下使用。该技术具有施工速度快、支撑形式多样、计算理论成熟、可拆卸重复利用、节省投资等优点。

2. 技术指标

（1）预制地下连续墙

① 通常预制墙段厚度较成槽机抓斗厚度小 20mm 左右，常用的墙厚有 580mm、780mm，一般适用于 9m 以内的基坑。

② 应根据运输及起吊设备能力、施工现场道路和堆放场地条件，合理确定分幅和预制件长度，墙体分幅宽度应满足成槽稳定性要求。

③ 成槽顺序宜先施工 L 形槽段，再施工 "一" 字形槽段。

④ 相邻槽段应连续成槽，幅间接头宜采用现浇接头。

（2）预应力鱼腹梁支撑

① 型钢立柱的垂直度控制在 1/200 以内；型钢立柱与支撑梁托座要用高强螺栓连接。

② 施工围檩时，牛腿平整度误差要控制在 2mm 以内，且不能下垂，平直度用拉绳和长靠尺或钢尺检查，如有误差则进行校正，校正后采用焊接固定。

③ 整个基坑内的支撑梁要求必须保证水平，并且支撑梁必须能承受架设在其上方的支撑自重和来自上部结构的其他荷载。

④ 预应力鱼腹梁支撑的拆除是安装作业的逆顺序。

（3）工具式组合内支撑

① 标准组合支撑构件跨度为 8m、9m、12m 等。

② 竖向构件高度为 3m、4m、5m 等。

③ 受压杆件的长细比不应大于 150，受拉杆件的长细比不应大于 200。

④ 进行构件内力监测的数量不少于构件总数量的 15%。

⑤ 围檩构件为 1.5m、3m、6m、9m、12m。

主要参考标准：《钢结构设计标准》GB 50017、《建筑基坑支护技术规程》JGJ 120。

3. 适用范围

预制地下连续墙一般仅适用于 9m 以内的基坑，适用于地铁车站、周边环境较为复杂的基坑工程等；预应力鱼腹梁支撑适用于市政工程中地铁车站、地下管沟基坑工程以及各类建筑工程基坑，预应力鱼腹梁支撑适用于温差较小地区的基坑，当温差较大时应考虑温度应力的影响；工具式组合内支撑适用于周围建筑物密集、施工场地狭小、岩土工程条件复杂或地基软弱等类型的深大基坑。

4. 工程案例

预制地下连续墙技术已成功应用于上海建工活动中心、明天广场、达安城单建式地下车库和瑞金医院单建式地下车库、华东医院停车库等工程。

预应力鱼腹梁支撑已成功应用于广州地铁网运营管理中心、江阴幸福里老年公寓和商业用房、南京绕城公路地道工程、宁波轨道交通 1、2 号线鼓楼站车站等工程。

工具式组合内支撑已成功应用于北京国贸中心、上海临港六院、上海天和锦园、广东工商行业务大楼、广东荔湾广场、广东金汇大厦、杭州杭政储住宅、宁波轨交 1 号线鼓楼站及北京地铁 13 号线等工程。

4.20.2　地下连续墙施工技术

1. 技术内容

地下连续墙，就是在地面上先构筑导墙，采用专门的成槽设备，沿着支护或深开挖工程的周边，在特制泥浆护壁条件下，每次开挖一定长度的沟槽至指定深度，清槽后，向槽内吊放钢筋笼，然后用导管法浇注水下混凝土，混凝土自下而上充满槽内并把泥浆从槽内置换出来，筑成一个单元槽段，并依此逐段进行，这些相互邻接的槽段在地下筑成了一道连续的钢筋混凝土墙体。地下连续墙主要作承重、挡土或截水防渗结构之用。

地下连续墙具有如下优点：（1）施工低噪声、低振动，对环境的影响小；（2）连续墙刚度大、整体性好，基坑开挖过程中安全性高，支护结构变形较小；（3）墙身具有良好的抗渗能力，坑内降水时对坑外的影响较小；（4）可作为地下室结构的外墙，可配合逆作法施工，缩短工期、降低造价。

随着城市土地资源日趋紧张，高层和超高层建筑的不断"崛起"，基坑深度也突破初期的十几米，不断地朝更深的几十米发展，目前建筑领域地下连续墙最深已经超过了 110m。随着技术的进步和城市发展的需求，地下连续墙将会向更深的深度发展。例如软土地区的超深地下连续墙施工，可利用成槽机、铣槽机在黏土和砂土环境下各自的优点，以抓铣结合的方法进行成槽，并可通过合理选用泥浆配比，控制槽壁变形，优势明显。

由于地下连续墙是由若干个单元槽段分别施工后再通过接头连成整体，各槽段之间的接头有多种形式，目前最常用的接头形式有圆弧形接头、橡胶带接头、工字型钢接头、十字钢板接头、套铣接头等。其中橡胶带接头是一种相对较新的地下连续墙接头工艺，通过横向连续转折曲线和纵向橡胶防水带延长了可能出现的地下水渗流路线，接头的止水效果较以前的各种接头工艺有大幅改观。目前超深的地下连续墙多采用套铣接头，利用铣槽机可直接切削硬岩的能力直接切削已成槽段的混凝土，在不采用锁口管、接头箱的情况下形成止水良好、致密的地下连续墙接头。套铣接头具有施工设备简单、接头水密性良好等优点。

2. 技术指标

地下连续墙根据施工工艺，可分为导墙制作、泥浆制备、成槽施工、混凝土水下浇筑、接头施工等。主要技术指标如下：

（1）新拌制泥浆指标：比重 1.03～1.10，黏度 22～35s，胶体率大于 98%，失水量小于 30ml/30min，泥皮厚度小于 1mm，pH 值 8～9。

（2）循环泥浆指标：比重 1.05～1.25，黏度 22～40s，胶体率大于 98%，失水量小于 30ml/30min，泥皮厚度小于 3mm，pH 值 8～11，含砂率小于 7%。

（3）清基后泥浆指标：密度不大于 1.20，黏度 20～30s，含砂率小于 7%，pH 值 8～10。

（4）混凝土：坍落度 200±20mm，抗压强度和抗渗压力应符合设计要求。

　　实际工程中，以上参数应根据土的类别、地下连续墙的结构用途、成槽形式等因素适当调整，并通过现场试成槽试验最终确定。

3. 适用范围

一般情况下地下连续墙适用于如下条件的基坑工程：

（1）深度较大的基坑工程。一般开挖深度大于 10m 才有较好的经济性。

（2）邻近存在保护要求较高的建（构）筑物；对基坑本身的变形和防水要求较高的工程。

（3）基坑内空间有限，地下室外墙与红线距离极近，采用其他围护形式无法满足留设施工操作空间要求的工程。

（4）围护结构亦作为主体结构的一部分，且对防水、抗渗有较严格要求的工程。

（5）采用逆作法施工，地上和地下同步施工的工程。

4. 工程案例

上海中心大厦、上海金茂大厦、上海环球金融中心、深圳国贸地铁车站等。目前地下连续墙广泛应用于北京、上海、深圳、南京、兰州等地的江河湖泊防渗工程及港口、船坞和污水处理厂、高层建筑的地下室、地下停车场、地铁甚至于大桥的建设中，市场前景广阔。

参 考 文 献

[1] 住房和城乡建设部.建筑业 10 项新技术（2017）[M].北京：中国建筑工业出版社，2017.